U0177509

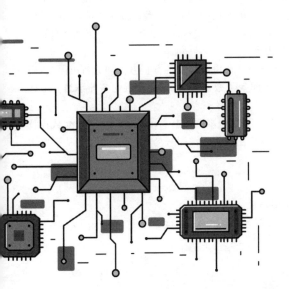

电力电子
技术及应用

蒋瑾瑾　许　娅　■主　编

张　磊　周　森　■副主编

清华大学出版社
北　京

内 容 简 介

本书内容分为三大部分,第一部分为电力电子器件,包括第1章和第2章,是全书的基础;第二部分为各种电力电子电路(即变流技术),包括第3章至第6章,分别为DC-DC变换器(直流斩波电路)、AC-DC逆变器(整流和有源逆变电路)、DC-AC逆变器(无源逆变电路)、AC-AC变换器,是全书的主体;第三部分为交直流调速技术,对应第7章,可以作为选学内容。

本书根据高职学生的学习基础和学习规律,在系统阐述变流电路理论的分析方法和分析思路后,每章都设置了仿真和实训项目,针对书中重点、难点内容还配备了微课视频,每章课后配备的小结和习题则可以用来巩固理论知识的掌握。

本书既可作为高等职业院校工业自动化、电气工程技术、机械制造及其自动化、机电一体化、数控技术等相关专业的教材,也可作为各类成人教育的电力电子应用技术相关课程的教材,亦可作为从事电力电子相关工作的工程技术人员的参考资料。

图书在版编目(CIP)数据

电力电子技术及应用/蒋瑾瑾,许娅主编.—北京:清华大学出版社,2024.6
ISBN 978-7-302-65079-9

Ⅰ.①电… Ⅱ.①蒋…②许… Ⅲ.①电力电子技术 Ⅳ.①TM1

中国国家版本馆 CIP 数据核字(2024)第 006401 号

责任编辑:刘翰鹏
封面设计:曹 来
责任校对:刘 静
责任印制:刘 菲

出版发行:清华大学出版社
    网 址:https://www.tup.com.cn,https://www.wqxuetang.com
    地 址:北京清华大学学研大厦A座 **邮 编:**100084
    社 总 机:010-83470000 **邮 购:**010-62786544
    投稿与读者服务:010-62776969,c-service@tup.tsinghua.edu.cn
    质量反馈:010-62772015,zhiliang@tup.tsinghua.edu.cn
    课件下载:https://www.tup.com.cn,010-83470410
印 装 者:三河市龙大印装有限公司
经 销:全国新华书店
开 本:185mm×260mm **印 张:**14.25 **字 数:**331千字
版 次:2024年6月第1版 **印 次:**2024年6月第1次印刷
定 价:49.00元

产品编号:104352-01

前　言

　　电力电子技术是一门专业技术性很强且与生产应用实际紧密联系的课程,在高等职业院校电气工程类专业中被确定为专业核心课程。本书以学生能力培养为主线,着重基本概念和基本原理的阐述,注重理论知识的应用,紧密联系工程实际,体现出实用性、实践性、创新性。

　　本书系统地介绍了各种电力电子器件、电力电子变流电路、电力电子装置的基本结构、特性、基本原理、波形和相位的分析及主要参数的计算。在编写过程中紧紧围绕电力电子器件的工程应用,力求将较深的理论与复杂的数学分析归纳和简化,将定量分析转化为定性说明并将其工程实用化,将器件、电路与应用有机结合。

　　本书在内容处理上,既注重反映电力电子领域的最新技术,又注重高等职业院校学生的知识和能力结构,吸收和借鉴了各地高等职业院校教学改革的成功经验,同时参照了人力资源和社会保障部对技能等级考试的要求,立足于高职应用型教育这一特点,在保证必需的理论基础与常规技术的同时,探索新型的教学模式,通过仿真和实训内容,使学生能够通过动手巩固所学知识,以培养学生的动手能力、分析和解决实际问题的能力。

　　本书是编者在多年从事本课程及相关课程的教学、教改及科研的基础上编写的。多数章节的内容包括理论、仿真和实训三个部分,课后配有习题,重点、难点配有微课,可扫码观看,方便学生课下自主预习和复习。本书建议总课时为60～80学时,理论课时和仿真实训各占一半,对于基础较好的学生可以提高理论课时占比,对于基础较差的学生可以适当提高仿真实训的占比。本书既可作为高等职业院校工业自动化、电气工程技术、机械制造及其自动化、机电一体化、数控技术等相近专业的教材,也可作为各类成人教育的电力电子应用技术相关课程的教材,亦可作为从事电力电子相关工作的工程技术人员参考资料。

　　使用本书学习时,要注意概念与基本分析方法的学习,理论要结合实践,尽量以器件为基础、电路为重点并结合其应用进行学习。抓住器件导通与截止的变化过程,从而分析电路的波形与相位的变化,从波形的分析中,掌握器件的选取方法,具备电路参数的计算、测量、调整以及故障分析等实践方面的能力。

　　本书由蒋瑾瑾、许娅担任主编,张磊、周森担任副主编。其中,蒋瑾瑾编写前言、第1章和第4章,许娅编写第2章和第3章,周森编写第5章和第6章,张磊编写第7章。在此也向对本书编写给予帮助的同仁表示衷心感谢!

　　由于编者水平有限,书中难免存在不足之处,恳切希望广大读者批评指正。

编　者

2023 年 11 月

目　　录

第1章 绪　　论

对于初次了解电力电子技术的人,往往一开始会有诸多疑问,如什么是电力电子技术,它和电子技术有没有什么不同,它包括哪些内容,应用在哪些领域。针对这些问题的了解,非常有利于对这门课的学习。

1.1　电力电子技术与电子技术

什么是电力电子技术,它与模拟电子技术和数字电子技术有什么不同? 电力电子技术和电子技术的关系如图 1-1 所示。电力电子技术是用电力电子器件对电能进行变换和控制的技术,即应用于电力领域的电子技术。它与通常所说的信息电子技术(包括模拟电子技术和数字电子技术)同属于电子技术。信息电子技术的任务是进行信息处理,电力电子技术的任务是对电能进行变换和控制,将传统意义上电网发出的"粗电"变成"精电"。

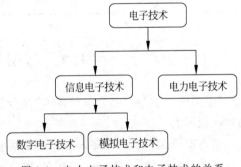

图 1-1　电力电子技术和电子技术的关系

目前所用的电力电子器件均由半导体制成,也被称作电力半导体器件。需要注意的是,电力电子技术中的"电力"和电力系统中所指"电力"有一定区别。电力电子技术变换的"电力",可大到数百兆瓦甚至吉瓦,也可小到数瓦甚至毫瓦级。

1.2　电力电子技术的内容

通常把电力电子技术的内容分为电力电子器件和变流技术两部分。电力电子器件是电力电子技术的基础,没有晶闸管、电力晶体管、IGBT 等电力电子器件,也就没有电力电子技术。电力电子器件的理论基础是半导体物理。

变流技术是电力电子技术的核心,"变流"不只是交流与直流之间的变换,还包括直流与直流、交流与交流之间的变换。变流技术是用电力电子器件构成电力变换电路和对其进行控制的技术,以及构成电力电子装置和电力电子系统的技术。变流技术是电力电子技术的核心,它的理论基础是电路理论。

1.3　电力变换的种类和变流技术

通常电力包括交流和直流两种,从公用电网直接得到的是交流,从蓄电池和干电池得到的是直流。从这些电源得到的电力往往不能直接满足要求,需要进行电力变换。

基本的电力变换有四大类:交流变直流(AC-DC,整流)、直流变交流(DC-AC,逆变)、直流变直流(DC-DC,直流斩波)、交流变交流(AC-AC,交流电力控制)。直流变直流是指一种电压(或电流)的直流变为另一种电压(或电流)的直流,可以用直流斩波电路实现。交流变交流可以是电压或电力的变换,也可以是频率或相数的变换,称为交流电力控制。上述这四种基本电力变换还可以组合成更多形式的其他电力变换种类,如先整流后逆变就可以实现变频技术。进行上述电力变换的技术称为变流技术,见表1-1。

表 1-1　电力变换技术的种类

输　　入	输　　出	
	直　　流	交　　流
交流	整流	交流电力控制变频、变相
直流	直流斩波	逆变

1.4　与相关学科的关系

"电力电子学"和"电力电子技术"是分别从学术和工程技术两个不同角度的称呼,其内容区别不大。

电力电子学(power electronics)的名称出现在 20 世纪 60 年代。1974 年,美国的 W. Newell 用图 1-2 所示的倒三角形对电力电子学进行了描述。

1. 与电子学(信息电子学)的关系

电力电子学和信息电子学比较如下。

(1) 电力电子学和信息电子学的内容都可分为器件和应用两大分支。

(2) 电力电子学和信息电子学器件的材料、工艺基本相同,都采用微电子技术。

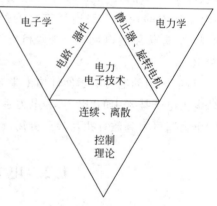

图 1-2　描述电力电子学的倒三角形

(3) 电力电子学和信息电子学应用的理论基础、分析方法、分析软件基本相同。

(4) 信息电子电路的器件既可以工作在开关状态,也可以工作在放大状态;电力电子电路的器件一般只工作在开关状态。

(5) 电力电子学和信息电子学二者同根同源。

2. 与电力学(电气工程)的关系

电力电子技术广泛用于电气工程中:如高压直流输电、静止无功补偿、电力机车牵引、交直流电力传动、电解、电镀、电加热、高性能交直流电源等。国内外均把电力电子技术归为电气工程的一个分支,电力电子技术是电气工程学科中最为活跃的一个分支。

3. 与控制理论(自动化技术)的关系

控制理论广泛用于电力电子系统中,电力电子技术是弱电控制强电的技术,是弱电和强电的接口,控制理论是这种接口的有力纽带,电力电子装置是自动化技术的基础元件和重要支撑技术。

1.5 电力电子技术的应用

电力电子技术的应用范围十分广泛。从电子装置电源(为信息电子装置提供动力)到一般工业(如交直流电机、电化学工业、冶金工业),从电力系统(高压直流输电、柔性交流输电、无功补偿)到交通运输(电气化铁道、电动汽车、航空、航海),以及家用电器("节能灯"、变频空调)、UPS、航天飞行器、新能源、发电装置等其他方面的应用。

1.5.1 电力电子技术在各种电源技术中的应用

1. 通信电源

在通信领域中,往往需要通过 AC-DC 变换器整流电路,将单相电压 220V 或者三相 380V 的交流电整流成一定的直流电(如 48V),再经过 DC-DC 的直流变换器变换成所需要的各种不同电压的直流电,供各种通信领域中的设备使用。

2. UPS 不间断电源

不间断电源(UPS)广泛地应用于计算机相关设备、医疗设备、工业自动化控制系统等。

UPS 的基本原理如图 1-3 所示,是将输入交流电转换成直流电,再将直流电转换成需要的交流电输出,以便为负载供电。当主电源发生异常时,逆变器将电池组的直流电转换回交流电,并提供给负载使用。当主电源恢复正常时,UPS 会将电网重新接入负载,同时通过逆变器将电池组电量补充至正常水平。通过这些步骤,UPS 可以在市电中断或不稳定时为负载提供连续的电力保障,从而避免因电力中断造成的数据丢失、设备损坏或生产中断等问题。

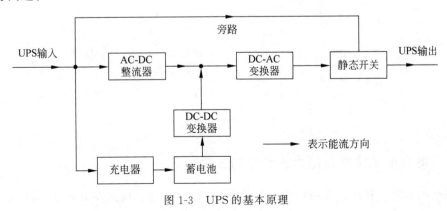

图 1-3 UPS 的基本原理

3. 直流电源

许多负载必须使用直流电源,世界上发电总量的 20%～30% 需要使用直流电,如电镀、电解等需要大容量可控整流电源。有些是为了提高产品质量而用直流电源,如直流电弧炉炼钢、直流电焊机焊接。以直流焊机为例,直接电焊供电电源是电焊用直流发电机,其特殊构造可以实现电流的陡降情况,但它的效率只有 30%,重 200～300kg;由晶闸管供电的直流焊机效率可达 75%,重 100kg 左右;采用 IGBT 高频逆变的直流焊机,效率在 85% 以上,重量只有 20～30kg,且其控制特征好,可以实现恒流、恒压焊接,脉冲焊接等工艺要求,保证了焊接质量。

程控交换站、计算机、电视、医疗设备、航天、航海舰艇及家电上广泛应用开关电源,这些开关电源采用高频化技术,使其体积重量大大减小,能耗和材料也大为降低。为提高电源的单位功率密度,开关电源高频化是发展的方向。为减少由于频率提高而使开关损耗增加的问题,从而发展了各种软开关技术。

4. 各种频率的全固态化交流电源

全固态化交流电源是为各种工业需要的变频电源。在 20 世纪 80 年代末,我国约有 20 万台 60～200kW 的高频设备,现在用晶闸管中频感应加热装置已完全取代了中频发电机,国内已形成 200～8000Hz,功率为 100～3000kW 的系列产品。在高频电源方面则用功率 MOSFET 制造出 1000kW/15～600kHz(比利时),用 SIT(静电感应晶闸管)制造出 1000kW/200kHz 和 400kW/400kHz(日本)的感应加热装置,效率都在 90% 以上。国内已研制出 75kW/200kHz 的 SIT 感应加热装置,这样采用全固态高频感应加热装置可以大大节能。

1.5.2　电力电子技术在变频器中的应用

变频器是把工频电源(50Hz 或 60Hz)变换成各种频率的交流电源,以实现电机变速运行的设备。如图 1-4 所示,变频器电路主要包括控制电路、整流电路、逆变电路和中间电路。控制电路完成对主电路的控制,整流电路将交流电变换成直流电,直流中间电路对整流电路的输出进行平滑滤波,逆变电路将直流电再逆变成交流电。对于如矢量控制变频器这种需要大量运算的变频器来说,有时还需要一个进行转矩计算的 CPU 以及一些相应的电路。

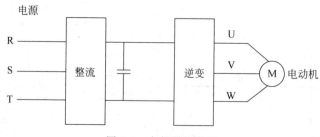

图 1-4　变频器的应用

1.5.3　电力电子技术在电力系统中的应用

目前电力电子技术的应用已涉及电力系统的各个方面,包括发电环节、输配电系统、储能系统等。

电力系统的发电环节涉及发电机组的多种设备,电力电子技术的应用以改善这些设备的运行特性为主要目的。

1. 大型发电机的静止励磁控制

发电机的静止励磁就是采用先进的电力电子励磁系统取代原有的旋转励磁机组,例如目前大型发电机的励磁采用了晶闸管整流自并励方式,具有结构简单、可靠性高及造价低等优点,被世界各大电力系统广泛采用。由于省去了励磁机这个中间惯性环节,因而具有其特有的快速性调节,给先进的控制规律提供了充分发挥作用并产生良好控制效果的有利条件。

此外,风力发电的有效功率与风速的三次方成正比,风车捕捉最大风能的转速随风速而变化。为了获得最大有效功率,可使机组变速运行,通过调整转子励磁电流的频率,使其与转子转速叠加后保持定子频率(输出频率恒定)。

2. 发电厂风机水泵的变频调速

发电厂用电率平均为 8%,风机水泵耗电量约占火电设备总耗电量的 65%,且运行效率低。实施风机水泵的变频调速,可以达到节能的目的。目前,低压变频器技术已非常成熟,高压大容量变频器设计和生产是变频器技术的难点。

3. 太阳能光伏发电和风力发电技术

太阳能是调整未来能源结构的一项重要战略措施。如图 1-5 所示,大功率太阳能发电,无论是独立系统还是并网系统,通常需要将太阳能电池阵列发出的直流电转换为交流电,所以具有最大功率跟踪功能的逆变器成为系统的核心。日本实施的阳光计划以 3～4kW 的户用并网发电系统为主,我国实施的送电到乡工程则以 10～15kW 的独立系统居多,而大型系统有在美国加州的西门子太阳能发电厂(7.2MW)等。

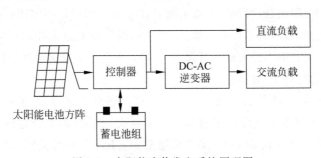

图 1-5　太阳能光伏发电系统原理图

除了太阳能光伏发电技术以外,风力发电也是目前较为成熟的可再生能源发电技术之一。并网式风力发电系统的基本原理图如图 1-6 所示,桨叶带动发电机发出的电,要经过整流电路整成直流电再逆变成交流电,以此来改善其发出的交流电的性能。

4. 柔性交流输电技术(FACTS)

柔性的交流输电技术是 20 世纪 80 年代后期出现的新技术,近年来在世界上发展迅速。柔性交流输电技术是指电力电子技术与现代控制技术结合,以实现对电力系统电压、参数(如线路阻抗)、相位角、功率潮流的连续调节控制,从而大幅度提高输电线路输送能力和提高电力系统稳定水平,降低输电损耗。传统的调节电力潮流的措施,如机械控制的

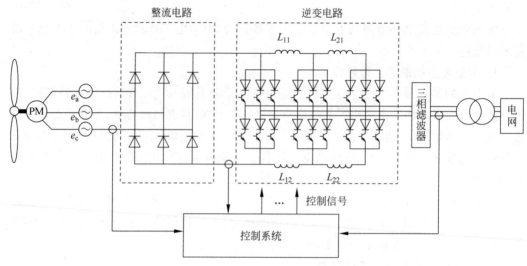

图 1-6　并网式风力发电系统的基本原理图

移相器、带负荷调变压器抽头、开关投切电容和电感、固定串联补偿装置等,只能实现部分稳态潮流的调节功能,而且由于机械开关动作时间长、响应慢,无法适应在暂态过程中快速柔性连续调节电力潮流、阻尼系统振荡的要求。因此,电网发展的需求促进了柔性交流输电这项新技术的发展和应用。到目前,FACTS 控制器已有数十种,按其安装位置可分为发电型、输电型和供电型 3 大类,但共同的功能都是通过快速、精确、有效地控制电力系统中一个或几个变量(如电压、功率、阻抗、短路电流、励磁电流等),从而增强交流输电或电网的运行性能。已应用的 FACTS 控制器有静止无功补偿器(SVC)、静止调相机(STATCOM)、静止快速励磁器(PSS)、串联补偿器(SSSC)等。近年来,柔性交流输电技术已经在美国、日本、瑞典、巴西等国重要的超高压输电工程中得到应用。国内也对 FACTS 进行了深入的研究和开发,每年都有数篇论文发表,但是具有自主知识产权的 FACTS 设备只有清华大学和河南省电力公司联合开发的 ±20Mvar 新型静止无功发生器(ASVG)。

5. 高压直流输电技术(HVDC)

1970 年世界上第一项晶闸管换流阀试验工程在瑞典建成,取代了原有的汞弧阀换流器,标志着电力电子技术正式应用于直流输电。从此以后世界上新建的直流输电工程均采用晶闸管换流阀。新一代 HVDC 技术采用 GTO、IGBT 等可关断器件,以及脉宽调制(PWM)等技术。省去了换流变压器,整个换流站可以搬迁,可以使中型的直流输电工程在较短的输送距离也具有竞争力。此外,可关断器件组成的换流器,由于采用可关断的电力电子器件,可避免换相失败,对受端系统的容量没有要求,故可用于向孤立小系统(海上石油平台、海岛)供电,今后还可用于城市配电系统,并用于接入燃料电池、光伏发电等分布式电源。目前,全球已建成的直流输电工程超过 60 项,其中具有代表性的工程如下。

(1) 天生桥—广州直流输电工程(2001 年)±500kV,1800MW,980km。

(2) 三峡—常州直流输电工程(2003 年)±500kV,3000MW,890km。

(3) 三峡—广州直流输电工程(2004 年)±500kV,3000MW,962km。

近年来,直流输电技术又有新的发展,轻型直流输电采用 IGBT 等可关断电力电子器件组成换流器,应用脉宽调制技术进行无源逆变,解决了用直流输电向无交流电源的负荷点送电的问题,如图 1-7 所示。同时大幅度简化设备,降低造价。世界上第一个采用 IGBT 构成电压源换流器的轻型直流输电工业性试验工程于 1997 年投入运行。

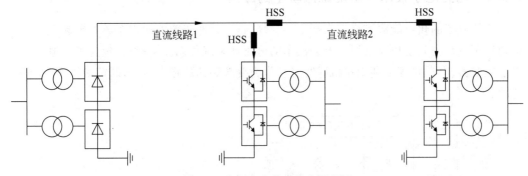

图 1-7　高压直流输电技术原理图

6. 静止无功补偿器(SVC)

SVC 是用以晶闸管为基本元件的固态开关替代了电气开关,实现快速、频繁地以控制电抗器和电容器的方式改变输电系统的导纳。SVC 可以有不同的回路结构,按控制的对象及控制的方式不同分别称为晶闸管投切电容器(TSC)、晶闸管投切电抗器(TSR)或晶闸管控制电抗器(TCR),如图 1-8 所示。我国输电系统五个 500kV 变电站用的 SVC 容量在 105～170Mvar,均为进口设备,型式为 TCR 加 TSC 或机械投切电容器组。国内工业应用的 TCR 装置大约有 20 套,容量在 10～55Mvar,其中一小半为国产设备。低压 380V 供电系统有各类 TSC 型国产无功补偿设备在运行,但至今仍没有一套国产的 SVC 在我国的输变电系统运行。

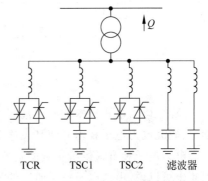

图 1-8　静止无功补偿器典型结构

7. 配电环节

配电系统迫切需要解决的问题是如何加强供电可靠性和提高电能质量。电能质量控制既要满足对电压、频率、谐波和不对称度的要求,还要抑制各种瞬态的波动和干扰。电力电子技术和现代控制技术在配电系统中的应用,即定制电力(custom power)技术。定制电力技术(CP)技术和 FACTS 技术是快速发展的姊妹型新式电力电子技术。采用 FACTS 的核心是加强交流输电系统的可控性和增大其电力传输能力;发展 CP 的目的是在配电系统中加强供电的可靠性和提高供电质量。CP 和 FACTS 的共同基础技术是电力电子技术,各自的控制器在结构和功能上也相同,其差别仅是额定电气值不同,目前二者已逐渐融合于一体,即所谓的 DFACTS 技术。具有代表性的定制电力技术产品包括动态电压恢复器(DVR)、固态断路器(SSCB)、故障电流限制器(FCL)、统一电能质量调节器(PQC)等。

8. 其他应用(同步开断技术)

实现同步开断的根本出路在于用电子开关取代机械开关。美国西屋公司已制造出 13kV、600A、由 GTO 元件组成的固态开关,安装在新泽西州的变电站中使用。GTO 开断时间可缩短到 1/3ms,这是一般机械开关无法比拟的。现在,由固态开关构成的电容器组的配电系统"软开关"已问世。

1.5.4 电力电子技术在新能源汽车中的应用

传统汽车的化石能源燃烧带来严重的空气污染,近些年新能源汽车异军突起,国内的电动汽车更是得到了快速发展。电动汽车的电驱动系统如图 1-9 所示,包含了电池、电力电子逆变器、电动机等。利用司机踩"油门"作为变频调速的指令,调节新能源汽车的行驶速度。

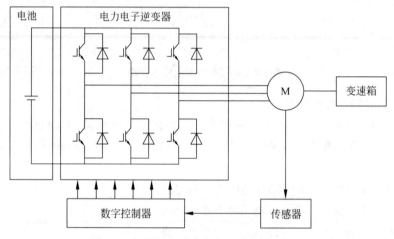

图 1-9　新能源电动汽车电驱系统原理框图

总之,电力电子技术的应用范围十分广泛,激发了一代又一代的学者和工程技术人员学习、研究电力电子技术并使其飞速发展。

电力电子装置提供给负载的是各种不同的直流电源、恒频交流电源和变频交流电源,因此也可以说,电力电子技术研究的是电源技术。

电力电子技术对节省电能有重要意义。特别在大型风机、水泵采用变频调速方面,在使用量十分庞大的照明电源等方面,电力电子技术的节能效果十分显著,因此被称为节能技术。

1.6　电力电子技术的诞生与发展

电力电子技术是 20 世纪后半叶诞生和发展的一门崭新的技术。电力电子技术的发展史是以电力电子器件的发展史为纲的,没有电力电子器件的发展,就没有电力电子技术的发展。可以预见电力电子技术将与以计算机为核心的信息科学一起成为 21 世纪主导的科学技术之一。

电力电子器件的发展史如图 1-10 所示。电力电子学发展过程中的重要事件如下。

1803 年,整流器的发明。

1876 年,硒整流器的发明。

1896 年,单相桥式整流电路的发明。

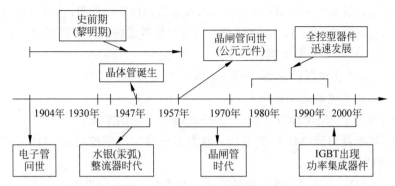

图 1-10 电力电子器件的发展史

1897 年,三相桥式整流电路的发明。

1902 年,水银整流器的发明。

1903 年,相控整流原理的提出。

1911 年,金属封装水银整流器的发明。

1922 年,周波变换器原理的提出。

1923 年,电子晶闸管的发明。

1924 年,斩波器原理的提出。

1925 年,逆变器换流原理的提出。

1926 年,热阴极电子晶闸管的发明。

1931 年,铁路牵引用周波变换器的发明。

1933 年,引燃管的发明。

1935 年,高压直流输电系统的提出。

1939 年,电机驱动概念的引入。

1942 年,20MW 25/60Hz 功率变换器的发明。

1953 年,100A 错功率二极管的发明。

1954 年,硅功率二极管的发明。

1957 年,半导体晶闸管的发明。

1958 年,半导体晶闸管的商业化。

1961 年,小功率可关断晶闸管(GTO)的发明。

1964 年,三端双向可控开关元件用于直流电机驱动理论的提出。

1965 年,光激硅可控整流器的发明。

1967 年,用于高压直流输电系统的晶闸管的发明。

1970 年,500V/20A 硅双极型晶体管(BJT)的发明。

1971 年,磁场定向原理的提出(矢量控制)。

1973 年,用周波变换器实现的无齿轮传动球磨机的发明。

1975 年,300V/400A 巨型晶体管(GTR)的发明。

1978 年,100V/25A 功率场效应管(MOSFET)的发明。

1979 年,采用微处理器实现矢量控制的晶体管逆变器(LEONHARD)的发明。

1980 年,矩阵变换器的发明;4kV/1.5kA 光触发晶闸管的发明;开关磁阻电机的发明。

1981 年,2500V/1000A GTO 的发明;周波变换器实现的球磨机驱动的成功。

1982 年,CUK 变换器的发明。

1983 年,IGBT 变换器的发明;谐振链 DC-DC 变换器的发明。

1986 年,柔性输电概念的提出。

1987 年,双向 PWM RECTIFIER-INVERTER 系统的实现。

1987 年,场控晶闸管(MCT)的发明;电力系统有功功率控制器(APLC)的发明;直接转矩控制理论的提出。

1989 年,85MW 变速泵储能系统的完成;准谐振变换器的发明。

1990 年,SMART 功率驱动的实现。

1991 年,80Mvar(1var＝1W)静止无功功率补偿器(SVC)的发明。

1992 年,6kV/2.5kA,300MW 直流输电的成功。

1993 年,模糊逻辑神经元网络在电力电子学及电力传动上的应用。

1994 年,1MV-AIGBT 不停电电源(UPS)的发明;38MV-AGTO 牵引逆变器的发明;400MW 变速泵储能系统的完成。

1995 年,3 电平 GTO/IGBT 逆变器在球磨机传动中的应用(15/1.5MV·A);100Mvar 静止无功补偿装置(SVC)的发明。

1997 年,IGCT 概念的提出和商业化。

1998 年,5MW 3 电平直接转矩控制变换器的实现;1MW 50kHz 电流型感应加热逆变器的运行。

1998 年,300MW GTO 高压输电变换系统的完成;6.5kV 双向晶闸管(BCT)的发明。

1999 年,6.5kV/600A IGBT 模块在 3000V 直流系统中成功替代 GTO;双向 MOS 开关(MBS)的发明。

2000 年,反向阻断性 IGBT 的发明;用 3 电平 1GCT 逆变器实现的 45MV-A 动态电压补偿器(DVR)的完成;矩阵变换器模块的发明。

2001 年,英飞凌公司推出首个商业化的碳化硅肖特基二极管。

2003 年,碳化硅 GCT(SICGT)高压模块的成功研制。

2006 年,中国株洲中车电气成功研制出世界上第一只 6 英寸 8500V 商用 HVDC 晶闸管。

2009 年,中国成功投运世界首个±800kV 高压直流输电工程——云南至广东直流工程。

2013 年,ABB 推出 6.5kV 等级的 IGCT(集成门极换流晶闸管)。

2013 年,中国许继集团研制出世界首个额定电流 6250A 的特高压直流输电换流阀组件。

2016 年,美国 Cree 半导体器件商推出 1700V 电压等级的碳化硅肖特基二极管。

2017 年,ABB 宣布轻型高压直流领域的最新进展,传输能力达到 3000MW。

2017 年,中国研制出世界首套±1100kV/5500A 换流阀样机。

2018 年,ABB 推出了全球首台集成了数字化解决方案的电力变压器——ABB Ability™ 数字化电力变压器。

本 章 小 结

　　本章主要介绍了电力电子技术的基本概念、电力电子技术与电子技术的区别、电力变换的种类和变流技术、与其他学科的关系,以及电力电子技术在各行各业的应用,旨在帮助初学者更好地了解这门技术,建立对电力电子技术的初步认识。

习 　 题

　　(1) 什么是电力电子技术、它与电子技术有哪些区别?
　　(2) 四种基本变流技术的类型是什么?
　　(3) 简述电力电子技术在现实生活中的应用。

第 2 章　电力电子器件及应用

电力半导体器件是构成各种电力电子电路的三大核心元件(开关器件、电感和电容元件)中最为关键的器件。这些开关器件性能的优劣在很大程度上决定了电力电子设备的技术经济指标。在确定了主电路形式和控制方式之后,设计者就需把精力集中到合理选用电力半导体器件上。为此,设计者应对开关器件的基本工作原理、外部影响因素、器件的特性及参数等有比较全面和深入的理解;否则,设计出来的电路将很难达到预期目的。

本章主要介绍各种器件的工作原理、基本特性、主要参数以及选择和使用中应注意的一些问题,然后集中讲述电力电子器件的驱动、缓冲保护和串、并联使用这三个问题。建议读者在学习本章前先复习一下电子技术中的 PN 结、二极管、晶体三极管、场效应晶体管等内容。

2.1　电力电子器件的特点和分类

2.1.1　电力电子器件的特点

电力电子器件(power electronic device)是指能实现电能变换或控制的电子器件。和信息系统中的电子器件相比,电力电子器件具有以下特点。

电力电子
器件概念
及分类

(1) 具有较大的耗散功率。与信息系统中的电子器件主要承担信号传输任务不同,电力电子器件处理的功率较大,具有较高的导通电流和阻断电压。由于自身的导通电阻和阻断时的漏电流,电力电子器件会产生较大的耗散功率,往往是电路中主要的发热源。为便于散热,电力电子器件具有较大的体积,在使用时一般都要安装散热器,以限制因耗散功率造成的升温。

(2) 工作在开关状态。例如,若一个晶体管处于放大工作状态,承受 1000V 的电压,且流过 200A 的电流,该晶体管承受的瞬时功耗是 200kW,显然这么严重的发热会使该晶体管无法工作。因此为了降低工作损耗,电力电子器件往往工作在开关状态。关断时承受一定的电压,但基本无电流流过;导通时流过一定的电流,但器件只有很小的导通压降。电力电子器件工作时在导通和关断之间不断切换,其动态特性(即开关特性)是器件的重要特性。

(3) 需要专门的驱动电路控制。电力电子器件的工作状态通常由信息电子电路控制。由于电力电子器件处理的电功率较大,信息电子电路不能直接控制,需要中间电路将控制信号放大,该放大电路就是电力电子器件的驱动电路。

(4) 需要缓冲和保护电路。电力电子器件的主要用途是高速开关,与普通电气开关、熔断器和接触器等电气元件相比,其过载能力不强,因此电力电子器件导通时的电流要严格控制在一定范围内。过电流不仅会使器件特性恶化,还会破坏器件结构,导致器件永久失效。与过电流相比,电力电子器件承受过电压的能力更弱,为降低器件导通压降,器件的芯片总是做得尽可能薄,仅有少量的裕量,因此即使是微秒级的过电压脉冲都可能造成器件永久性的损坏。

在电力电子器件开关过程中,电压和电流会发生急剧变化,为了增强器件工作的可靠性,通常要采用缓冲电路来抑制电压和电流的变化率,降低器件的电应力,并采用保护电路来防止电压和电流超过器件的极限值。

2.1.2　电力电子器件的分类

按照电力电子器件能够被控制电路信号所控制的程度,可对电力电子器件进行如下分类。

(1) 不可控器件。不可控器件不能用控制信号控制其通断,器件的导通与关断完全由自身在电路中承受的电压和电流决定。这类器件主要指功率二极管。

(2) 半控型器件。半控型器件指通过控制信号能控制其导通而不能控制其关断的电力电子器件。这类器件主要是指晶闸管,它由普通晶闸管及其派生器件组成。

几种主流
电力电子
器件

(3) 全控型器件。全控型器件指通过控制信号既可以控制其导通,又可以控制其关断的电力电子器件。这类器件的品种很多,目前常用的有门极可关断晶闸管(GTO)、功率场效应晶体管(power MOSFET)、绝缘栅双极晶体管(IGBT)和电力晶体管(GTR)等。

按照控制电路加在电力电子器件控制端和公共端之间信号的性质,又可将可控器件分为电流驱动型和电压驱动型。电流驱动型器件通过从控制极注入和抽出电流来实现器件的通断,其典型代表是电力晶体管(GTR)。大容量 GTR 的开通电流增益较低,即基极平均控制功率较大。而电压驱动型器件则通过在控制极上施加正向控制电压来实现器件导通,通过撤除控制电压或施加反向控制电压使器件关断。当器件处于稳定工作状态时,其控制极无电流,因此平均控制功率较小。由于电压驱动型器件是通过控制极电压在主电极间建立电场来控制器件导通,故也称场控或场效应器件,其典型代表是功率MOSFET 和 IGBT。

根据器件内部带电粒子参与导电的种类不同,电力电子器件又可分为单极型、双极型和复合型三类。器件内部只有一种带电粒子参与导电的称为单极型器件,如功率 MOSFET;器件内有电子和空穴两种带电粒子参与导电的称为双极型器件,如 GTO 和 GTR;由双极型器件与单极型器件复合而成的新器件称为复合型器件,如 IGBT 等。

2.1.3　电力电子器件的封装

电力电子器件的种类繁多,即便是同一类型的器件也有众多的产品型号。若生产厂家都采用自定的结构形式,必然造成使用者无所适从。因此,电力电子器件通常都是将器件和集成结构按一定统一的标准封装起来。

图 2-1 所示为电力电子器件常见的封装形式。以 TO-220 封装形式为例,TO 代表直

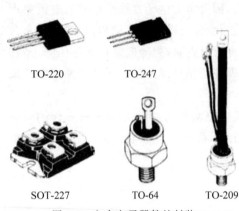

TO-220　　　TO-247

SOT-227　　　TO-64　　　TO-209

图 2-1　电力电子器件的封装

插件,220 是封装定型号。对于 TO-220 封装的 3 管脚器件而言,器件两相邻的管脚间距为 2.54mm;而对于 TO-247 封装的 3 管脚器件而言,器件两相邻的管脚间距则为 5.08mm。随着电力电子器件功率等级的提高,为便于散热,其自身的散热片面积也随之增大,如图 2-1 中 SOT-227 的功率器件。对于图 2-1 中 TO-64 和 TO-209 封装的功率器件,可采用螺栓结构以确保外加散热器与功率器件自身散热片的紧密接触,从而增加散热效果。这种封装形式一般用于较大功率等级的半导体器件。需要注意的是,同样的封装形式能用于不同的电力电子器件,如图 2-1 中的 TO-247,功率 MOSFET 和 IGBT 均有该封装形式的型号。

2.2　功率二极管

功率二极管(power diode)属于不可控电力电子器件,是 20 世纪最早获得应用的电力电子器件,它在整流、逆变等领域都发挥着重要的作用。基于导电机理和结构的不同,功率二极管可分为结型二极管和肖特基势垒二极管。

2.2.1　结型功率二极管基本结构和工作原理

普通结型功率二极管又称整流管(rectifier diode),是指以 PN 结为基础的整流管,其基本结构是半导体 PN 结,具有单向导电性,正向偏置时表现为低阻态,形成正向电流,称为正向导通;而反向偏置时表现为高阻态,几乎没有电流流过,称为反向截止。

在电力电子应用中,为了提高 PN 结二极管承受反向电压的阻断能力,需要增加硅片的厚度来提高耐压,但相应的厚度的增加也会使二极管导通压降增加。由于 PIN(I 是 intrinsic 的首字母,意思为"本征")结构可以用很薄的硅片厚度得到,而 PN 结构在硅片很厚时才能获得高反向电压阻断能力,故结型功率二极管多采用 PIN 结构。PIN 功率二极管在 P 型半导体和 N 型半导体之间夹有一层掺有轻微杂质的高阻抗 N^- 区域,该区域由于掺杂浓度低而接近于纯半导体,即本征半导体。在 NN^- 界面附近,尽管因掺杂浓度的不同也会引起载流子的扩散,但由于其扩散作用产生的空间电荷区远没有 PN^- 界面附近的空间电荷区宽,故可以忽略,内部电场主要集中在 PN^- 界面附近。由于 N^- 区域比 P 区域的掺杂浓度低得多,PN^- 空间电荷区主要在 N^- 侧展开,故 PN 结的内电场基本集中在 N^- 区域中,N^- 区域将承受很高的外向击穿电压,低掺杂 N^- 区域越厚,功率二极管能够承受的反向电压就越高。在 PN 结反向偏置的状态下,N^- 区域的空间电荷区宽度增加,其阻抗增大,足够高的反向电压还可以使整个 N^- 区域耗尽,甚至将空间电荷区扩展到 N 区域。如果 P 区域和 N 区域的掺杂浓度足够高,则空间电荷区将被局限在 N^- 区域,从而避免电极的穿通。

根据容量和型号,整流管有各种不同的封装外形,如图 2-2(a)所示,其结构和电气图形符号如图 2-2(b)和(c)所示。功率二极管有两个电极,分别是阳极 A 和阴极 K。当结型功率二极管外加一定的正向电压时,有正向电流流过,功率二极管电压降一般较小,处于正向导通状态;当它的反向电压在允许范围之内时,只有很小的反向漏电流流过,表现为高电阻,处于反向截止状态;若反向电压超过允许范围,则可能造成反向击穿,损坏二极管。

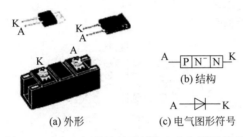

(a) 外形　　　　(c) 电气图形符号

图 2-2　功率二极管的外形结构和电气图形符号

2.2.2　结型功率二极管的基本特性

一种导电类型的半导体基片通过工艺方法(扩散或合金法)在其上形成导电类型相反的两部分,则在交界面处形成了 PN 结。整流管是由一个 PN 结构成的,它的特性与 PN 结的特性是一样的。

1. PN 结静态特性

1) PN 结为零偏置

在 PN 结不加电压(零偏置)时,交界面处两边的多子浓度差引起了两边的多子各自向对方区扩散,致使 PN 结附近形成了一个空间电荷区,建立了一个自建电场,其方向如图 2-3(a)所示,该电场方向恰好起着阻碍多子扩散的作用,直到建立动平衡为止,空间电荷区也展宽到一定的宽度。这时通过空间电荷区的多子扩散电流与在自建电场推动下通过空间电荷区的少子漂移电流相等,因此从总体上看,没有电流通过 PN 结。

2) PN 结为正偏置

在 PN 结加正电压(正偏置)下,如图 2-3(b)所示,外加电压削弱了内部电场,空间电荷区缩小,削弱了自建电场对多子扩散的阻碍作用,原先的动平衡被破坏。这时 P 区的空穴不断涌入 N 区,而 N 区的电子也会不断涌入 P 区,各自成为对方区中的少数载流子。因此把多数载流子在外部因素(外加电压)作用下不断向导电类型相反的区域运动的现象称为少子注入。这些注入的多余载流子在几个扩散长度内部被复合掉,在几个扩散长度之外的载流子运动为漂移运动,以维持电流的连续流动。这样,PN 结中也就通过了一个正向电流。随着外加电压的增加,正向电流按指数规律增长,因此 PN 结的正向伏安特性如图 2-4 的第一象限所示。

当 PN 结通过正向大电流时,其上的压降约为 1V。这是因为在通过正向大电流时,注入基区(通常是 N 型材料)的空穴浓度大大超过原始 N 型基片的多子浓度,为了维持半导体中电中性条件,多子浓度也要相应大幅度地增加。这意味着,在大注入条件下原始基片的电阻率实际上大大地下降了,也就是电导率大大地增加了,这种现象称为基区电导调

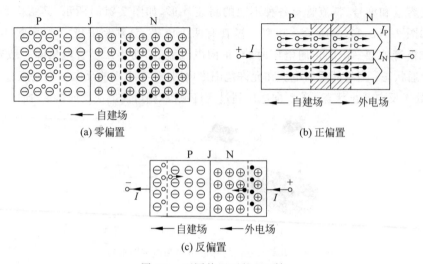

图 2-3　不同偏置下的 PN 结

制效应。这样一来,P 区和 N 区两端部的电压就维持在很低水平,即 1V 左右,所以正偏置的 PN 结相当于"低阻态"。在 GTR、SCR、IGBT、SITH 和 MCT 器件中都存在着这种电导调制效应。因此它们导通后的压降都很低。

3）PN 结为反偏置

在 PN 结加上反向电压(反偏置)下,如图 2-3(c)所示,外加电压加强了内部电场,从而强烈地阻止 PN 结两边多子的扩散,多子的扩散电流变得微不足道。但对 PN 结两边的少子却不起阻碍作用,它们以漂移电流的形式通过空间电荷区,形成了 PN 结反偏置下的漏电流。也就是说,反偏的 PN 结存在少子抽取现象。由于 PN 结两边热平衡状态下的少子浓度很低,所以所形成的反向漏电流也就很小,而且随着外加电压增大(雪崩击穿电压以内)变化很小。由此可知,反偏置的 PN 结相当于"高阻态"。这时空间电荷区承受着全部外加电压。随着外加电压的增加,空间电荷区变宽,其内的场强也增加,当外加电压增加到空间电荷区内场强达到雪崩击穿强度时,反向漏电流急剧增加,故 PN 结反偏置时的伏安特性曲线如图 2-4 的第三象限所示。雪崩击穿时,PN 结会因其内部的损耗急剧增加而损坏,所以 PN 结上所加反向电压要受雪崩击穿电压的限制。

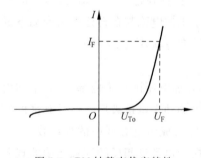

图 2-4　PN 结静态伏安特性

由上面分析可知:

(1) 在具有 PN 结结构的器件中,参与导电的有两种相反类型的载流子(空穴和电子)。我们把有两种载流子参与导电的器件称为双极型器件(或少子器件),而只有一种载流子参与导电的器件称为单极型器件(或多子器件)。

(2) PN 结通过正向大电流时,在基区存在着强烈的电导调制效应,因此双极型器件通态压降比较小。

(3) 反偏置的 PN 结存在着少子抽取现象。空间电荷区内的雪崩击穿电场强度决定了 PN 结承受外加电压的大小。雪崩击穿前,反向漏电流很小;而一旦出现雪崩击穿,反向漏电流急剧增加。

　　(4) PN 结的静态伏安特性曲线应如图 2-4 所示。PN 结正偏置时呈现"低阻态",反偏置时呈现"高阻态",即通常所说的,PN 结具有单向导电的整流特性。

2. PN 结的动态行为

　　当将流管置于图 2-5 所示电路中,只要晶体管一直交替通断,那么按照电路工作原理,整流管也一直交替通断地工作着。当电路迫使整流管(PN 结)从正向导通转入反向闭锁时,PN 结不能在正向电流降到零时就立即承受反向电压,而需过了反向恢复期后方能完全恢复"高阻态"。在这期间,PN 结将通过很大

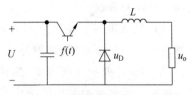

图 2-5　整流管通断工作电路

的反向恢复电流(取决于当时电路的状况),如图 2-6(a)所示。这是因为 PN 结正向导通时在基区储存了大量少数载流子的缘故,要清除这些少数载流子达到稳态值就需要一段恢复时间(反向恢复时间)。在这期间,这些多余的少数载流子一方面通过复合消失掉,另一方面被空间电荷区内的电场扫出去,从而形成很大的反向恢复电流。

　　当电路迫使 PN 结从反向闭锁状态转入正向导通时,PN 结的通态压降并不立即达到其静态伏安特性所对应的稳态压降值,而需经过一段正向恢复时期(t_{fr})。在这期间,正向动态峰值压降可以达到数伏至数十伏。这是因为基区少子的储存也需要一定时间才能达到稳态值。图 2-6(b)给出了 PN 结正向导通时的动态波形。

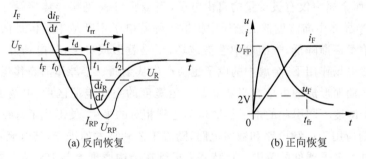

(a) 反向恢复　　　　　　　　　　　　(b) 正向恢复

图 2-6　PN 结的动态波形

　　整流管的动态行为除了影响自身的开关损耗外,还能引起其他开关器件附加的损耗。在高频整流电路中,整流管的反向恢复时间和正向动态峰值压降都是影响电路性能的主要因素。因此,在设计电路时应考虑到整流管动态行为的影响。

　　空间电荷区就像一个平板电容器,基区储存的电荷在外加电压变化时也发生相应的变化,因此也起着电容的作用,前者称为结电容,后者称为扩散电容。这些电容都是外加电压的函数。PN 结的电容即由上述这两部分组成。在开关电路中,PN 结的电容同电路中的杂散电感可能引起高频振荡,此点应引起使用者的注意。

2.2.3　快速功率二极管

　　整流管的反向恢复时间在 $5\mu s$ 以上,多用于开关频率在 1kHz 的整流电路中。若是

高频电路,应采用快速功率二极管。快速功率二极管也称快恢复功率二极管,是反向恢复速度很快而恢复特性较软的功率二极管。

1. 提高结型功率二极管开关速度的措施

(1) 在硅材料中掺入金或铂等杂质可有效提高少子复合率,促使存储在 N 区的过剩载流子减少,从而缩短反向恢复时间 t_{rr}。但少子数量的减少会削弱电导调制效应,导致正向导通压降升高。

(2) 在 P 和 N 掺杂区之间夹入一层高阻 N⁻ 型材料以形成 PN⁻N 结构,在 P 区和 N 区外还各有一层金属层,采用外延及用掺铂的方法进行少子寿命控制。在相同耐压条件下,新结构硅片厚度要薄得多,具有更好的恢复特性和较低的正向导通压降,这种结构是目前快速二极管普遍采用的结构。

2. 快速型和超快速型

根据器件的恢复特性可将快速二极管分为快恢复和超快恢复两类。前者称为 FRED(fast soft recovery epitaxial diode),反向恢复时间为几百纳秒,应用于开关频率为 20~50kHz 的场合;后者简称 Hiper FRED(Hiper fast soft recovery epitaxial diode),反向恢复时间在 100ns 左右,可用于开关频率在 50kHz 以上的场合。

2.2.4 肖特基势垒二极管

肖特基势垒二极管(schottky barrier diode,SBD)简称肖特基二极管,是利用金属与 N 型半导体表面接触形成势垒的非线性特性制成的二极管。由于 N 型半导体中存在着大量的电子,而金属中仅有极少量的自由电子,当金属与 N 型半导体接触后,电子便从浓度高的 N 型半导体中向浓度低的金属中扩散。随着电子不断从半导体扩散到金属,半导体表面电子浓度逐渐降低,表面电中性被破坏,于是就形成势垒,其电场方向为半导体→金属。但在该电场作用下,金属中的电子也会产生从金属→半导体的漂移运动,从而削弱了由于扩散运动而形成的电场。当建立起一定宽度的空间电荷区后,电场引起的电子漂移运动和由于浓度不同引起的电子扩散运动达到相对的平衡,便形成了肖特基势垒。

SBD 早期应用于高频电路和数字电路,随着工艺和技术的进步,其电流容量明显增大并开始进入电力电子器件的范围。肖特基二极管在结构原理上与 PN 结二极管有很大区别,它的内部是由阳极金属(用铝等材料制成的阻挡层)、二氧化硅(SiO_2)电场消除材料、N⁻ 外延层(砷材料)、N 型硅基片、N⁺ 阴极层及阴极金属等构成,在 N 型基片和阳极金属之间形成肖特基势垒,如图 2-7 所示。

当 SBD 处于正向偏置时(即外加电压金属为正、半导体为负),合成势垒高度下降,这将有利于硅中电子向金属转移,从而形成正向电流;相反,当 SBD 处于反向偏置时,合成势垒高度升高,硅中电子转移比零偏置(无外部电压)时更困难。这种单向导电特性与结型二极管十分相似。

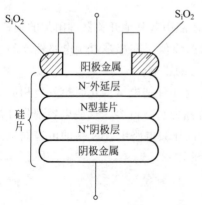

图 2-7 肖特基二极管内部结构图

尽管肖特基二极管具有和结型二极管相仿的单向导电性,但其内部物理过程却大不相同。由于金属中无空穴,因此不存在从金属流向半导体材料的空穴流,即 SBD 的正向电流仅由多子形成,从而没有结型二极管的少子存储现象,反向恢复时没有抽取反向恢复电荷的过程,因此反向恢复时间很短,仅为 10~40ns。肖特基二极管是一种只有多数载流子参与导电的单极型器件。

肖特基二极管导通压降一般为 0.4~1V(随着反向耐压的提高,正向导通压降呈增长趋势),比普通二极管和快恢复二极管低。快恢复二极管的正向导通压降一般都在 1V 以上,随着反向耐压的提高,其正向导通压降甚至会超过 2V。因此,在电路中使用肖特基二极管有助于降低二极管的导通损耗,提高电路的效率。但由于其反向势垒较薄,故肖特基二极管的反向耐压在 200V 以下,因此适用于低电压输出的场合。

2.2.5　功率二极管的主要参数

除了反向恢复时间 t_{rr} 和正向导通压降 U_F,选用功率二极管时,还应考虑以下几个参数。

1. 额定正向平均电流 $I_{T(AV)}$

功率二极管长期运行在规定管壳温度(一般为 100℃)和散热条件下,允许流过的最大工频正弦半波电流的平均值定义为额定正向平均电流。在实际工程中,不能简单地根据流过功率二极管的平均电流来进行选型,应根据具体工况下的导通损耗、开关损耗以及散热条件进行热计算后再确定二极管的额定电流,并应留有足够的裕量。

2. 额定反向电压 U_{RPM}

额定反向电压是指二极管能承受的重复施加的反向最高峰值电压(额定电压),此电压通常为击穿电压的 2/3。为避免发生击穿,在实际应用中应计算功率二极管有可能承受的反向最高电压,并在选型时留有足够的裕量。

3. 最高工作结温 T_{JM}

最高工作结温是指器件中 PN 结在不至于损坏的前提下所能承受的最高平均温度。T_{JM} 通常在 125~175℃ 的范围内。

2.2.6　功率二极管的应用特点

1. 功率二极管的选型

在选择功率二极管时,应根据应用场合确定二极管类型,如在低压整流电路中,可选择导通压降低的肖特基二极管作为整流器件来降低二极管的损耗。

在实际工程应用中,应根据电路中二极管可能承受的最大反向电压和通过的最大电流,结合热计算来选择具体的二极管型号。需要注意的是,二极管的关断时间和正向压降有一折中关系,通常低压器件具有较高的开关速度,故不应一味地追求二极管的反压耐量。

2. 功率二极管的串联和并联

在单个功率二极管不能满足电路工作需求时,可考虑对二极管采用串、并联的方法。

采用多个功率二极管串联时,应考虑断态时的均压问题。图 2-8 中的 R_1~R_3 可均衡静态压降,动态压降的平衡需要用到平衡电容,与平衡电容串联的电阻 R_4~R_6 是为了

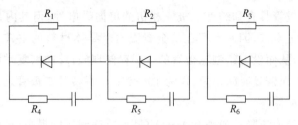

图 2-8   二极管串联均压措施

限制电容的反向冲击电流。

采用多个功率二极管并联提高电路的通流能力时,要克服工作电流在并联二极管中的不均匀分配现象。由于功率二极管导通压降具有负温度特性,均流特性有可能因温度的变化而恶化。在进行并联使用时,应尽量选择同一型号且同一生产批次的产品,使其静态和动态特性均比较接近。另外,实际并联应用时,要考虑一定的电流裕量。

2.3 晶 闸 管

晶闸管(thyristor)是晶体闸流管的简称,又称为可控硅整流器(silicon controlled rectifier,SCR)或逆阻晶闸管,以前简称为可控硅。在电力二极管开始得到应用后,1956年美国贝尔实验室(Bell Lab)发明了晶闸管,到 1957 年美国通用电气公司(GE)开发出第一只晶闸管产品并于 1958 年达到商业化。从此开辟了电力电子技术迅速发展和广泛应用的崭新时代,其标志是以晶闸管为代表的电力半导体器件的广泛应用,有人称为继晶体管之后的又一次电子技术革命。自 20 世纪 80 年代以来,晶闸管开始被性能更好的全控型器件取代,但由于能承受的电压和电流容量较高,工作可靠,因此在大容量的场合具有重要地位。

晶闸管往往专指晶闸管的一种基本类型——普通晶闸管,广义上讲,晶闸管还包括其许多类型的派生器件。在无特别说明的情况下,本书所说的晶闸管均为普通晶闸管。

2.3.1   晶闸管的结构和工作原理

图 2-9 所示为晶闸管的外形、结构和电气图形符号。晶闸管有三个电极,分别是阳极A、阴极 K 和门极(或称栅极)G。

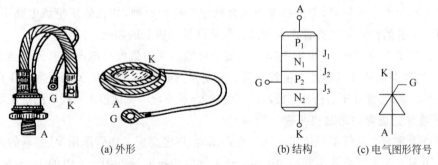

(a) 外形   (b) 结构   (c) 电气图形符号

图 2-9   晶闸管的外形、结构和电气图形符号

晶闸管内部是 PNPN 四层半导体结构,四个区域形成 J_1、J_2、J_3 三个 PN 结。若不施加控制信号,将正向电压(阳极电位高于阴极电位)加到晶闸管两端,J_2 处于反向偏置状态,A、K 之间处于阻断状态;若反向电压加到晶闸管两端,则 J_1、J_3 反偏,该晶闸管也处于阻断状态。

在分析晶闸管的工作原理时,常将其等效为一个 PNP 晶体管 V_1 和一个 NPN 晶体管 V_2 的复合双晶体管模型,如图 2-10 所示。定义 β 为三极管的电流放大系数,如果在 V_2 基极注入 I_G(门极电流),则由于 V_2 的放大作用会产生 I_{c2}($\beta_2 I_G$)。由于 I_{c2} 为 V_1 提供了基极电流,因此由 V_1 的放大作用使 $I_{c1} = \beta_1 I_{c2}$,这时 V_2 的基极电流由 I_G 和 I_{c1} 共同提供,从而使 V_2 的基极电流增加,并通过晶体管的放大作用形成强烈的正反馈,使 V_1 和 V_2 很快进入饱和导通。此时即使将 I_G 调整为零也不能解除正反馈,晶闸管会继续导通,即此时 G 极已失去控制作用。

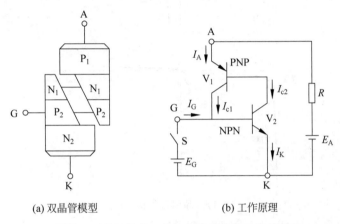

(a) 双晶管模型　　　　　　　(b) 工作原理

图 2-10　晶闸管的双晶体管模型及其工作原理

按照晶体管工作原理,忽略两个晶体管的共基极漏电流,可列出如下方程。

$$I_K = I_A + I_G \tag{2-1}$$

$$I_A = I_{c1} + I_{c2} = \beta_1 I_A + \beta_2 I_K \tag{2-2}$$

式中,β_1 和 β_2 分别是晶体管 V_1 和 V_2 的共基极电流增益。则可推导出

$$I_A = \frac{\beta_2 I_G}{1 - (\beta_1 + \beta_2)} \tag{2-3}$$

根据晶体管的特性,在低发射极电流下其共基极电流增益 β 很小,而当发射极电流建立起来后,β 迅速增大。因此,在晶体管阻断状态下,$\beta_1 + \beta_2$ 很小。若 I_G 使两个发射极电流增大以致 $\beta_1 + \beta_2 > 1$(通常晶闸管的 $\beta_1 + \beta_2 \gg 1.15$),由于形成强烈的正反馈,流过晶闸管的电流 I_A 将趋向无穷大,从而实现器件饱和导通,此时若忽略晶闸管通态压降,则实际通过晶闸管的电流为 E_A/R。由式(2-3)分析可知:当 $\beta_1 + \beta_2 \geq 1$ 时,晶闸管的正反馈才可能形成,其中 $\beta_1 + \beta_2 = 1$ 是临界导通条件,$\beta_1 + \beta_2 > 1$ 为饱和导通条件,$\beta_1 + \beta_2 < 1$ 则器件退出饱和而关断。

以上分析表明,晶闸管的导通条件可归纳为阳极正偏和门极正偏,即 $u_{AK} > 0$ 且 $u_{GK} > 0$。晶闸管导通后,即使撤除门极触发信号 I_G,也不能使晶闸管关断,只有设法使阳极电流

I_A 减小到维持电流 I_H (约十几毫安)以下,导致内部已建立的正反馈无法维持,晶闸管才能恢复阻断状态。虽然,如果给晶闸管施加反向电压,无论有无门极触发信号 I_G,晶闸管都不能导通。

2.3.2　晶闸管的特性和参数

1. 晶闸管的稳态伏安特性

晶闸管阳、阴极之间的电压 U_A 与阳极电流 I_A 的关系,被称为晶闸管的伏安特性,如图 2-11 所示。图中各物理量的定义为:U_{DRM}、U_{RRM} 为正、反向断态重复峰值电压;U_{DSM}、U_{RSM} 为正、反向断态不重复峰值电压;U_{bo} 为正向转折电压;I_H 为维持电流。

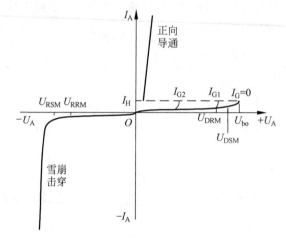

图 2-11　晶闸管的伏安特性

门极断开,晶闸管处于额定结温时,若正向阳极电压为正向阻断不重复峰值电压 U_{DSM} (此电压不可连续施加)的 80% 所对应的电压,则称为正向重复峰值电压 U_{DRM} (此电压可重复施加,其重复频率为 50Hz,每次持续时间不超过 10ms)。若晶闸管承受反向电压时,阳极电压为反向不重复峰值电压 U_{RSM} 的 80% 所对应的电压,则称为反向重复峰值电压 U_{RRM}。

晶闸管的反向特性与一般二极管的反向特性相似。正常情况下,晶闸管承受反向阳极电压时,晶闸管总是处于阻断状态,只有很小的反向漏电流流过。当反向电压增加到一定值时,反向漏电流增加较快,再继续增大反向阳极电压,会导致晶闸管反向击穿。

晶闸管的正向特性可分为阻断特性和导通特性。正向阻断时,晶闸管的伏安特性是一组随门极电流 I_G 的增加而不同的曲线簇。

$I_G = 0$ 时,逐渐增大阳极电压 U_A,只有很小的正向漏电流,晶闸管正向阻断;随着阳极电压的增加,当达到正向转折电压 U_{bo} 时,漏电流剧增,晶闸管由正向阻断突变为正向导通状态。这种在 $I_G = 0$ 时,仅依靠增大阳极电压而强迫晶闸管导通的方式称为硬开通,多次硬开通会使晶闸管损坏。

随着门极电流 I_G 的增大,晶闸管的正向转折电压 U_{bo} 迅速下降,当 I_G 足够大时,晶闸管的正向转折电压很小,可以看成与二极管一样,一旦加上正向阳极电压,晶闸管就导通了。晶闸管正向导通状态的伏安特性与二极管的正向特性相似,即当晶闸管导通时,导通压降一般较小。

当晶闸管正向导通后,要使晶闸管恢复阻断,只有逐步减小阳极电流 I_A,使其下降到维持电流 I_H 以下时,晶闸管才由正向导通状态变为正向阻断状态。

值得注意的是:

(1) 仅当晶闸管加正向电压时,晶闸管才具有可控性。因此触发脉冲到来的时刻必须处在 A-K 两端出现正向电压的期间,否则晶闸管将无法导通。

(2) 由于晶闸管内部存在正反馈过程,因此晶闸管一旦被触发导通后,只要晶闸管中流过的电流达到一定临界值时,就可以撤去触发信号,这时晶闸管仍自动维持导通,该临界电流值称为擎住电流(I_L)。

(3) 晶闸管完全导通后,不管采用哪种方法使通过晶闸管的电流下降到某一临界值,晶闸管将自动从通态转变为断态,该临界电流值称为维持电流(I_H)。

擎住电流和维持电流之间存在着重要的差别,不可混为一谈。通常晶闸管的擎住电流为维持电流的 2~3 倍,而且都随着结温的下降而增大。

2. 晶闸管的动态特性

1) 开通过程

由于晶闸管内部的正反馈形成需要时间,考虑到引线及外部电路中电感的限制,晶闸管受到触发后,其阳极电流的增加需要一定的时间。如图 2-12 所示,从门极电流阶跃时刻开始,到阳极电流上升到稳态值 I_A 的 10% 的时间称为延迟时间 t_d,同时晶闸管的正向电压减小。阳极电流从 10% 上升到稳态值的 90% 所需的时间称为上升时间 t_r,开通时间 $t_{gt}=t_d+t_r$。普通晶闸管延迟时间为 0.5~1.5μs,上升时间为 0.5~3μs,这是设计触发脉冲的依据。

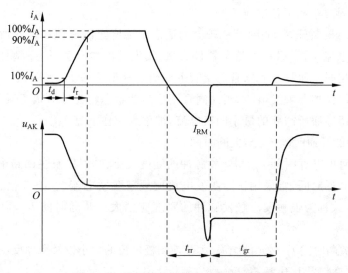

图 2-12 晶闸管的开通和关断过程波形

2) 关断过程

原处于导通状态的晶闸管在外加电压由正向变为反向时,由于外部电感的存在,其阳极电流的衰减也需要时间。阳极电流衰减到零后,在反方向会流过反向恢复电流,其过程与功率二极管的关断过程类似。从正向电流降为零到反向恢复电流衰减至接近于零的时间称为反向阻断恢复时间 t_{rr}。反向恢复过程结束后,晶闸管恢复对反向电压的阻断能力,但要恢复对正向电压的阻断能力还需要一段时间,该时间称为正向阻断恢复时间 t_{gr}。若在正向阻断恢复时间 t_{gr} 内,再次对晶闸管施加正向电压,晶闸管会重新导通。因此,在实际应用中,应对晶闸管施加足够长时间的反向电压,使晶闸管充分恢复其对正向电压的阻断能力,电路才能可靠工作。晶闸管的关断时间 $t_q = t_{rr} + t_{gr}$,约为几百微秒,这是设计反向电压时间的依据。

3. 晶闸管的主要特性参数

1) 晶闸管的重复峰值电压——额定电压 U_T

晶闸管铭牌标注的额定电压,通常取 U_{DRM} 与 U_{RRM} 中的最小值。晶闸管工作时,外加电压峰值瞬时超过反向不重复峰值电压会造成永久损坏。在实际使用中会出现各种过电压,因此选用元件的额定电压值应留有足够的裕量。

2) 晶闸管的额定通态平均电流——额定电流 $I_{T(AV)}$

在环境温度为 40℃ 和规定的冷却条件下,当结温稳定且不超过额定结温时,晶闸管所允许的最大工频正弦半波电流的平均值称为额定电流。同功率二极管一样,该参数是按照正向电流造成的器件的通态损耗的发热效应来定义的。在选用晶闸管额定电流时,根据实际最大的电流计算后至少还要乘以 1.5~2.0 的安全系数,使其具有一定的电流裕量。

3) 通态平均电压 $U_{T(AV)}$

在规定的环境温度、标准散热条件下,当晶闸管通以正弦半波额定电流时,阳极与阴极间电压降的平均值被称为通态平均电压(也称管压降)。在实际使用中,从减小损耗和元件发热来看,应选择 $U_{T(AV)}$ 小的晶闸管。

4) 维持电流 I_H 和擎住电流 I_L

在室温下门极断开时,晶闸管从较大的通态电流降至刚好能保持导通的最小阳极电流被称为维持电流 I_H。维持电流与器件容量、结温等因素有关,同一型号的晶闸管维持电流也不完全相同。通常在晶闸管的铭牌上标明了常温下的 I_H 实测值。

给晶闸管门极加上触发电压,当晶闸管刚从阻断状态转为导通状态就撤除触发电压,此时晶闸管维持导通所需要的最小阳极电流,被称为擎住电流 I_L。

5) 晶闸管的开通时间 t_{gt} 与关断时间 t_q

普通晶闸管的开通时间 t_{gr} 与触发脉冲的陡度大小、结温以及主回路中的电感量等有关。为了缩短开通时间,常采用实际触发电流比规定触发电流大 3~5 倍、前沿陡的窄脉冲来触发,该方式称为强触发。触发脉冲的宽度应稍大于开通时间 t_{gr},以保证晶闸管能可靠触发。

晶闸管的关断时间 t_q 与元件结温、关断前阳极电流的大小以及所加反压的大小有关。

6) 通态电流临界上升率 di/dt

门极注入触发电流后,晶闸管开始只在靠近门极附近的小区域内导通,随着时间的推移,导通区才逐渐扩大到 PN 结的全部面积。如果阳极电流上升太快,则会导致门极附近的 PN 结因电流密度过大而烧毁,使晶闸管损坏。因此,对晶闸管必须规定允许的最大通态电流上升率,称为通态电流临界上升率 di/dt。

7) 断态电压临界上升率 du/dt

晶闸管的结面在阻断状态下相当于一个电容,若突加一个正向阳极电压,便会有一个充电电流流过结面,该充电电流流经靠近阴极的 PN 结时,产生相当于触发电流的作用,如果这个电流过大,会导致晶闸管误触发导通,因此对晶闸管还必须规定允许的最大断态电压上升率。在规定条件下,晶闸管直接从断态转换到通态的最大阳极电压上升率,称为断态电压临界上升率 du/dt。

2.3.3 晶闸管派生器件

在晶闸管的家族中,除了最常用的普通型晶闸管外,根据不同的实际需要,衍生出了一系列的派生器件。

1. 快速晶闸管

普通晶闸管的开关时间较长,允许的电流上升率较小,工作频率受到限制。为提高工作频率,采用特殊工艺缩短开关时间,提高允许的电流上升率,就制造出快速晶闸管(fast switching thyristor,FST),其允许开关频率达到 400Hz 以上。其中开关频率在 10kHz 以上的快速晶闸管称为高频晶闸管。快速晶闸管和高频晶闸管的外形、电气符号、基本结构、伏安特性均与普通晶闸管相同,但与普通晶闸管相比,他们的电压和电流定额都相对较低。

2. 双向晶闸管

普通晶闸管是单向器件,在用于交流电力控制时,必须采用两个普通晶闸管组成反并联结构,增加了装置的复杂性。

双向晶闸管(triode AC switch,TRIAC)具有正、反两个方向都能控制导通的特性,在交流调压、交流开关电路及交流调速等领域得到广泛应用,其电气图形符号和伏安特性如图 2-13(a)和(b)所示。双向晶闸管有两个主电极 T_1、T_2 和一个门极 G。根据主电极间电压极性的不同和门极信号极性的不同,双向晶闸管有 4 种触发方式。

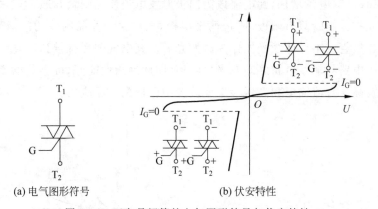

(a) 电气图形符号 　　　　(b) 伏安特性

图 2-13　双向晶闸管的电气图形符号与伏安特性

(1) I_+ 触发方式。当主电极 T_1 对 T_2 所加的电压为正向电压,门极 G 对 T_2 所加电压为正向触发信号时,双向晶闸管导通,其伏安特性处于第一象限。

（2）Ⅰ₋触发方式。保持主电极 T_1 对 T_2 所加的电压为正向电压，门极 G 触发信号改为反向信号，双向晶闸管也能导通。

（3）Ⅲ₊触发方式。当主电极 T_1 为负，门极 G 对 T_1 所加电压为正向触发信号时，双向晶闸管导通，电流从 T_2 流向 T_1，其伏安特性处于第三象限。

（4）Ⅲ₋触发方式。主电极 T_1 仍为负，门极 G 对 T_1 所加电压为反向触发信号时，双向晶闸管也导通。

在实际应用中，特别是直流信号触发时，常选用Ⅰ₋触发方式和Ⅲ₋触发方式。由于双向晶闸管是工作在交流回路中，其额定电流用正弦电流有效值而不用平均值来表示。

3. 逆导晶闸管

在逆变或直流电路中，经常需要将晶闸管和二极管反向并联使用，逆导晶闸管（reverse conducting thyristor，RCT）就是根据这一要求将晶闸管和二极管集成在同一硅

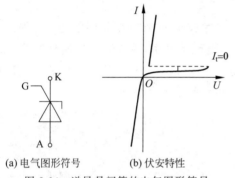

(a)电气图形符号　(b)伏安特性

图 2-14　逆导晶闸管的电气图形符号与伏安特性

片上制造而成的。逆导晶闸管主要应用在直流变换、中频感应加热及某些逆变电路中，它使两个元件合为一体，缩小了组合元件的体积，使器件的性能得到了很大的改善。逆导晶闸管的电气图形符号和伏安特性如图 2-14 所示。

逆导晶闸管的额定电流分别以晶闸管和整流二极管的额定电流表示（如 300A/300A、300A/150A 等），晶闸管额定电流列于分子，整流二极管额定电流列于分母。

4. 光控晶闸管

光控晶闸管（light triggered thyristor，LTT）是一种利用一定波长的光照信号控制的开关器件，它与普通晶闸管的不同之处在于其门极区集成了一个光电二极管。在光的照射下，光电二极管漏电流增加，此电流成为门极触发电流使晶闸管开通。

小功率光控晶闸管只有阳极、阴极两个电极，大功率光控晶闸管的门极带有光缆，光缆上有发光二极管或半导体激光器作为触发光源。其电气图形符号和伏安特性如图 2-15 所示。由于主电路与触发电路之间有光电隔离，因此绝缘性能好，可避免电磁干扰。目前光控晶闸管在高压直流输电和高压核聚变装置中已得到广泛应用。

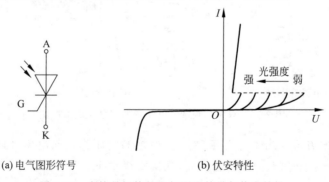

(a)电气图形符号　(b)伏安特性

图 2-15　光控晶闸管的电气图形符号与伏安特性

光控晶闸管的参数与普通晶闸管类同,只是触发参数特殊。

(1) 触发光功率。加有正向电压的光控晶闸管由阻断状态转变成导通状态所需的输入光功率称为触发光功率,其数值通常为几毫瓦到几十毫瓦。

(2) 光谱响应范围。光控晶闸管只对一定波长范围的光线敏感,超出波长范围则无法使其导通。

2.4 可关断晶闸管

门极可关断晶闸管(gate turn off thyristor,GTO)具有普通晶闸管的全部优点,如耐压高、电流大等,同时它又是全控型器件,即在门极正脉冲电流触发下导通,在负脉冲电流触发下关断。GTO 开关时间在几微秒至几十微秒之间,是目前容量与晶闸管最为接近的全控型器件,适用于开关频率为数百至几千赫兹的大功率场合。自 20 世纪以来,GTO 已被广泛应用于电力机车的逆变器、电网动态无功补偿和大功率直流斩波调速装置中。

1. 基本结构和工作原理

GTO 的内部结构与普通晶闸管相同,都是 PNPN 四层二端结构,但在制作时采用特殊的工艺使管子导通后处于临界饱和,而不像普通晶闸管那样处于深度饱和状态,这样可以利用门极负脉冲电流使其退出临界饱和状态从而关断。GTO 的外部管脚与普通晶闸管相同,也有阳极 A、阴极 K 和门极 G 三个电极,其外形、结构断面示意图和电气图形符号如图 2-16 所示。

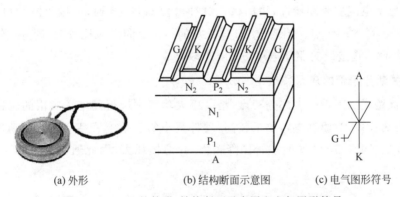

(a) 外形　　　　　　(b) 结构断面示意图　　　　(c) 电气图形符号

图 2-16　GTO 的外形、结构断面示意图和电气图形符号

GTO 是一种多元的功率集成器件,内部包含数十个甚至数百个共阳极的小 GTO 元件,这些小 GTO 元件的阴极和门极在器件内部并联在一起。这种结构使门极和阴极间的距离大为缩短,P_2 基区的横向电阻很小,便于从门极抽出较大的电流。

与普通晶闸管一样,可以用图 2-13 所示的双晶体管模型来分析。

在 GTO 的等效晶体管结构中,根据式(2-3)可推导出在门极电流为负时:

$$\beta_{off} = \frac{I_A}{I_G} = \frac{\beta_2}{(\beta_1 + \beta_2) - 1} \tag{2-4}$$

β_{off} 定义为 GTO 的电流关断增益。若 β_{off} 太大,则 GTO 处于深度饱和,不能用门极抽取电流的方法来关断。因此在允许的范围内,要求 $\beta_1 + \beta_2$ 尽可能接近于 1 的临界饱和状态。

GTO 与晶闸管在结构上的不同点,除了多元集成结构外,其 $\beta_1 + \beta_2$ 较大,使得晶体管 V_2 对门极电流的反应比较灵敏,同时其 $\beta_1 + \beta_2 \approx 1.05$,更接近于 1,使得 GTO 导通时饱和程度不深,更接近于临界饱和,从而为门极控制关断提供有利条件。

同导通时的正反馈相似,关断时也会产生正反馈:门极加负脉冲即从门极抽出电流,则 I_{b2} 减小,使 I_K 和 I_{c2} 减小,I_{c2} 的减小又使 I_A 和 I_{c1} 减小,从而进一步减小 V_2 的基极电流;当 I_A 和 I_K 的减小使 $\beta_1 + \beta_2 < 1$ 时,器件退出饱和而关断。

2. 可关断晶闸管特性

GTO 的特性与晶闸管大多相同,但也有其特殊性。图 2-17 给出了 GTO 开通和关断过程中阳极电流 i_A 的波形。与普通晶闸管类似,开通过程中需要经过延迟时间 t_d 和上升时间 t_r。关断过程则有所不同,首先需要经历抽取饱和导通时储存的大量载流子的储存时间 t_s,从而使等效晶体管退出饱和状态。其次是等效晶体管从饱和区退至放大区,阳极电流逐渐减小的下降时间 t_f。最后还有残存载流子复合所需的尾部时间如 t_t。

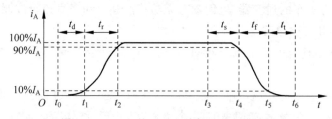

图 2-17 GTO 的开通和关断过程电流波形

GTO 也是电流型驱动器件,用门极正脉冲可使 GTO 开通,门极负脉冲可以使其关断,这是 GTO 最大的优点。但要求 GTO 关断的门极反向电流比较大,即 β_{off} 较小,约为阳极电流的 1/5,这造成对驱动电路功率要求较高。

3. 可关断晶闸管的应用特点

GTO 保留了晶闸管的大部分特点,是高压大功率领域得到广泛应用的全控型器件。但其控制灵活性差、对驱动电路要求较高,器件很小的引线电感都会影响驱动效果,而且工作频率较低,同时 GTO 的通态管压降较大,导通损耗大,因此通常只在特大功率场合使用 GTO。

2.5 功率场效应晶体管

功率场效应晶体管即功率 MOSFET,由于只有多数载流子参与导电,因而是一种单极型电压全控器件,具有输入阻抗高、工作速度快(开关频率可达 500kHz 以上)、驱动功率小且电路简单、热稳定性好等优点,在各类开关电路中应用极为广泛。

1. 基本结构和工作原理

MOSFET 的种类和结构繁多,按导电沟道可分为 P 沟道和 N 沟道。当栅极电压为零时漏源极间存在导电沟道的称为耗尽型;对于 N(P)沟道器件,当栅极电压大于(小于)零时才存在导电沟道的称为增强型。在功率 MOSFET 中,应用较多的是 N 沟道增强型。

功率 MOSFET 导电机理与普通 MOS 管相同,但在结构上有较大区别。普通 MOS 管是一次扩散形成的器件,其导电沟道平行于芯片表面,是横向导电器件。而功率 MOSFET 大都采用垂直导电结构,这种结构能大大提高器件的耐压和通流能力,所以功率 MOSFET 又称为 VMOSFET(vertical MOSFET)。

图 2-18(a)为常用的功率 MOSFET 的外形,图 2-18(b)给出了 N 沟道增强型功率 MOSFET 的结构,图 2-18(c)为功率 MOSFET 的电气图形符号,其引出的三个电极分别为栅极 G、漏极 D 和源极 S。当栅源极间电压为零时,若漏源极间加正电压,P 区与 N 区之间形成的 PN 结反偏,漏源极之间无电流流过,如图 2-19(a)所示。若在栅源极间加正电压 U_{GS},栅极是绝缘的,所以不会有栅极电流流过,但栅极的正电压会将其下面 P 区中的空穴推开,而将 P 区中的电子吸引到栅极下面的 P 区表面,当 $U_{GS} < U_T$(U_T 为 MOSFET 的开启电压,也称阈值电压,典型值为 2~4V)时,栅极下 P 区表面的电子浓度相对空穴浓度较低,无法形成导电沟道,即漏源极仍无法导电,如图 2-19(b)所示。当 $U_{GS} > U_T$ 时,栅极下 P 区表面的电子浓度超过空穴浓度,使 P 型半导体反型成 N 型而成为反型层,该反型层形成 N 沟道而使 PN 结消失,漏极和源极导电,如图 2-19(c)所示。

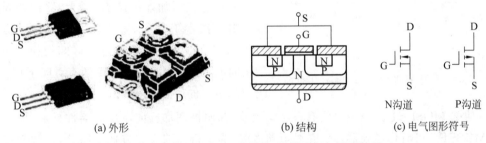

(a) 外形　　　　　　　(b) 结构　　　　　　　(c) 电气图形符号

图 2-18　功率 MOSFET 的外形、结构和电气图形符号

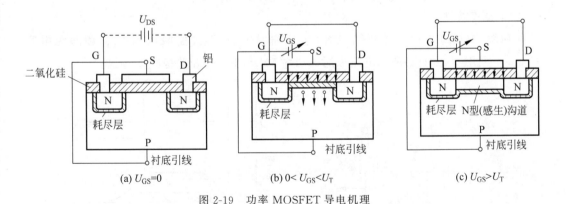

(a) $U_{GS}=0$　　　　　　(b) $0 < U_{GS} < U_T$　　　　　　(c) $U_{GS} > U_T$

图 2-19　功率 MOSFET 导电机理

2. 功率 MOSFET 的特性及主要参数

1) 通态电阻具有正温度系数

功率 MOSFET 的通态电阻 R_{DS} 具有正温度系数,即 R_{DS} 随着温度的上升而增大,而不像双极型器件中的通态电阻随着温度的上升而减小。

导致这个差异的根本原因是这两种器件的工作载流子的性质不同。双极型器件主要依靠少数载流子的注入传导电流,少数载流子的注入密度随结温升高而增大,相应的多数载流子浓度增大,导致电流增大,电流的增大使结温进一步升高,从而使得电流与结温之间具有正反馈的关系。而功率 MOSFET 主要依靠多数载流子导电,多数载流子的迁移率随温度的上升而下降,其宏观表现就是漂移区的电阻升高,电阻升高会使电流减小,电流的减小使得结温下降,从而使得电流与结温之间呈负反馈关系:电流越大,发热越大,通态电阻就加大,从而限制电流的进一步增大,这一特性对于功率 MOSFET 并联运行时的均流较为有利。

2) 静态特性

功率 MOSFET 的静态输出特性如图 2-20 所示,其描述了在不同的 U_{GS} 下,漏极电流

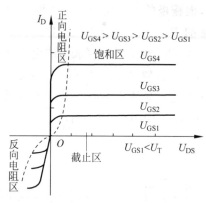

图 2-20　功率 MOSFET 的静态输出特性

I_D 与漏极电压 U_{DS} 间的关系曲线。它可以分为三个区域:当 $U_{GS} < U_T$,功率 MOSFET 工作在截止区;当 $U_{GS} > U_T$,功率 MOSFET 工作在饱和区,随着 U_{DS} 的增大,I_D 几乎不变,只有改变 U_{GS} 才能使 I_D 发生变化。而在正向电阻区(非饱和区),功率 MOSFET 处于充分导通状态,U_{GS} 和 U_{DS} 的增加都可使 I_D 增大,器件如同线性电阻。正常工作时,随着 U_{GS} 的变化,功率 MOSFET 在截止区和正向电阻区间切换。相对于正向电阻区,功率 MOSFET 还有对应于 $U_{GS} > U_T$、$U_{DS} < 0$ 的反向电阻区。

功率 MOSFET 漏源极之间有寄生二极管,漏源极间加反向电压时器件导通,因此功率 MOSFET 可看作逆导器件。在画电路图时,为了避免遗忘并方便电路分析,常常在功率 MOSFET 的电气符号两端反向并联一个二极管。

3) 动态特性

功率 MOSFET 存在等效结电容,包含栅源电容 C_{GS}、栅漏电容 C_{GD} 和漏源电容 C_{DS}。下面用图 2-21(a)所示电路来测试功率 MOSFET 的开关特性。

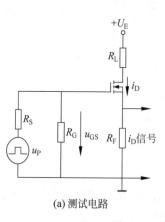

(a) 测试电路

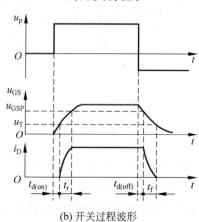

(b) 开关过程波形

图 2-21　功率 MOSFET 的开关过程

u_P—矩形脉冲信号源;R_S—信号源内阻;R_G—栅极电阻;R_L—漏极负载电阻;
R_F—检测漏极电流;U_T—开启电压或阈值电压

（1）开通过程主要由开通延迟时间和上升时间两部分组成。

开通延迟时间 $t_{d(on)}$ 为 u_P 前沿时刻到 $u_{GS}=U_T$ 并开始出现 i_D 的时刻间的时间段。

上升时间 t_r 为 u_{GS} 从 U_T 上升到 MOSFET 进入非饱和区的栅压 U_{GSP} 的时间段。

i_D 稳态值由源极所加电源电压 U_E 和漏极负载电阻决定。

U_{GSP} 的大小和 i_D 的稳态值有关。当 U_{GS} 达到 U_{GSP} 后，在 u_P 的作用下继续升高直至达到稳态，但 i_D 不变。

开通时间 t_{on} 是开通延迟时间与上升时间之和，即 $t_{on}=t_{d(on)}+t_r$。

（2）关断过程由关断延迟时间和下降时间组成。

关断延迟时间 $t_{d(off)}$ 指 u_P 下降到零，结电容内部储存的电量通过 R_S 和 R_G 放电，u_{GS} 按指数曲线下降到 U_{GSP} 时，i_D 开始减小为止的时间段。

下降时间 t_f 是指 u_{GS} 从 U_{GSP} 继续下降起，i_D 减小，到 $u_{GS}<U_T$ 时沟道消失，i_D 下降到零为止的时间段。

关断时间 t_{off} 是关断延迟时间和下降时间之和，即 $t_{off}=t_{d(off)}+t_f$。

从上面的开关过程可以看出，MOSFET 的开关速度和结电容充放电有很大关系。使用者无法降低结电容，但可降低驱动电路内阻 R_S，减小时间常数，加快开关速度。

4）主要参数

除前面已涉及的开启电压以及开关过程中的时间参数外，功率 MOSFET 还有以下主要参数。

（1）通态电阻 R_{on} 是影响最大输出功率的重要参数。功率 MOSFET 是单极型器件，没有电导调制效应，在相同条件下，耐压等级越高的功率 MOSFET 其 R_{on} 就越大，这是功率 MOSFET 耐压难以提高的原因之一。另外，R_{on} 随 I_D 的增加而增加，随 U_{GS} 的升高而减小。

（2）漏极电压最大值 U_{DSM}。这是标称功率 MOSFET 额定电压的参数，为避免功率 MOSFET 发生雪崩击穿，实际工作中的漏极和源极两端的电压不允许超过漏极电压最大值 U_{DSM}。

（3）漏极电流最大值 I_{DM}。这是标称功率 MOSFET 额定电流的参数，实际工作中的漏极和源极流过的电流与额定电流 I_{DM} 相比，要留有足够的电流裕量。

3. 功率 MOSFET 的应用特点

功率 MOSFET 的缺点是绝缘层易被击穿损坏，栅源间电压不得超过 20V。为此，在使用时必须注意若干保护措施。

（1）防止静电击穿。功率 MOSFET 具有极高的输入阻抗，因此在静电较强的场合难以释放电荷，容易引起静电击穿，功率 MOSFET 的存放应采取防静电措施。

（2）防止栅源过电压。由于功率 MOSFET 的输入电容是低泄漏电容，故栅极不允许开路或悬浮，否则会因静电干扰使输入电容上的电压上升到开启电压而造成误导通，甚至损坏器件，实际工程中可在栅极和源极之间并接阻尼电阻或并接约 15V 的稳压管。

功率 MOSFET 的通态电阻 R_{on}，具有正温度系数，并联使用时具有电流自动均衡能力，易进行并联使用。为了更好地动态均流，除选用参数尽量接近的器件外，还应在电路走线和布局方面做到尽量对称，也可在源极电路中串入小电感，起到均流电抗器的作用。

由于功率 MOSFET 属于多子导电的器件,其开关速度相对其他器件具有明显优势,其在导通时没有电导调制效应,通态压降与电流成正比,轻载时导通损耗较小,是性能理想的中小容量的高速压控型电力电子器件。

2.6 绝缘栅双极晶体管

功率 MOSFET 属于多子导电,无电导调制效应,当要提高阻断电压时,管芯增厚,其导通电阻将迅速增加,以至于器件无法正常工作。因此,功率 MOSFET 在同样的管芯面积下,随着耐压值的升高,通流能力下降得很厉害。例如,美国仙童公司生产的 FQP85N06 型功率 MOSFET 为 60V/85A,而同样尺寸的 FQP5N90 型功率 MOSFET 管的电压为 900V,而额定电流只有 5A。为克服这个缺点,在功率 MOSFET 中的漏极侧引入一个 PN 结,在正常导通时,等效导通电阻大幅降低,可大大提高电流密度,这样就产生了新的器件 IGBT。以美国仙童公司生产的功率 MOSFET 和 IGBT 为例,额定电压同样为 650V,封装都为 TO247。型号为 FGH40T65UQDF 的 IGBT,在通过 40A 电流时,导通压降为 1.33V,而型号为 FCH165N65S3R0 的功率 MOSFET 管的通态电阻 R_{on} 为 165mΩ,当通过 40A 时,导通压降会达到 6.6V。

IGBT 的等效结构具有晶体管模式,因此被称为绝缘栅双极晶体管(insulated gate bipolar transistor)。IGBT 于 1982 年开始研制,1986 年投产,是发展最快且很有前途的一种复合型器件。目前 IGBT 产品已系列化,最大电流容量达 3600A,最高电压等级达 6500V,工作频率可达 150kHz,在电机控制、中大功率开关电源中已得到广泛应用,正逐渐向 GTO 的应用领域扩展。

1. 基本结构和工作原理

图 2-22 是 IGBT 的结构、简化等效电路和电气图形符号,它有三个电极,分别是集电极 C、发射极 E 和栅极 G。在应用电路中,C 接外加电源正极,E 接外加电源负极,它的导通和关断由栅极电压控制。栅极加正电压时,MOSFET 内形成导电沟道,为 PNP 型大功率晶体管提供基极电流,则 IGBT 导通。撤除栅极正压或在栅极上加反向电压时,MOSFET 的导电沟道消失,晶体管的基极电流被切断,则 IGBT 被关断。

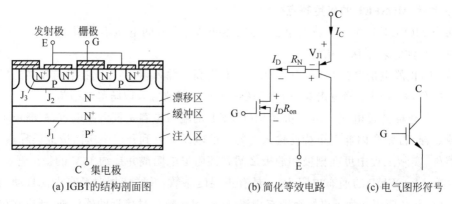

(a) IGBT的结构剖面图 (b) 简化等效电路 (c) 电气图形符号

图 2-22 IGBT 的结构、简化等效电路和电气图形符号

2. IGBT 的特性和主要参数

1）静态伏安特性

IGBT 的导通原理和功率 MOSFET 相似。图 2-23 为 IGBT 的伏安特性，它反映在一定的栅极-发射极电压 U_{GE} 下 IGBT 的输出端电压 U_{CE} 与集电极电流 I_C 的关系。当 $U_{GE} > U_{GE(th)}$（开启电压，一般为 3～6V）时，IGBT 开通；当 $U_{GE} < U_{GE(th)}$ 时，IGBT 关断。IGBT 的伏安特性分为正向阻断区、有源区和饱和区。值得注意的是，IGBT 的反向电压承受能力很差，其反向阻断电压只有几十伏，因此限制了它在需要承受高反压场合的应用。为满足实际电路的要求，IGBT 往往与反并联的快速功率二极管封装在一起，成为逆导器件，选用时应加以注意。

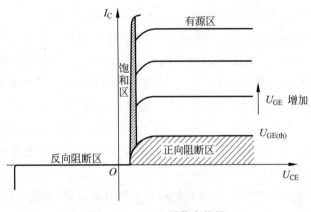

图 2-23 IGBT 的伏安特性

2）动态特性

图 2-24 所示为 IGBT 开关过程中集电极电流 i_C、集电极与发射极间电压 u_{CE} 的波形图。

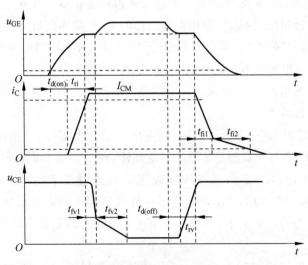

图 2-24 IGBT 的开关过程

IGBT 的开通过程与功率 MOSFET 的开通过程相似，因为 IGBT 在开通过程中大部分时间是作为 MOSFET 来运行的。从驱动电压 u_{GE} 的前沿上升至其幅值的 10% 的时刻起,到集电极电流 i_C 上升至稳态电流幅值 I_{CM} 的 10% 的时刻为止,这段时间为开通延迟时间 $t_{d(on)}$。而 i_C 从 $10\%I_{CM}$ 上升至 $90\%I_{CM}$ 所需时间为电流上升时间 t_{ri}。开通时,集射电压 u_{CE} 的下降过程分为 t_{fv1} 和 t_{fv2} 两段。t_{fv1} 为 IGBT 中 MOSFET 单独工作的电压下降过程,这一阶段中 IGBT 的栅极驱动电压 u_{GE} 基本维持在一个电压水平上,这主要是由 IGBT 的栅极-集电极寄生电容 C_{GC} 组成的;t_{fv2} 为 MOSFET 和 PNP 晶体管同时工作的电压下降过程,由于 u_{CE} 下降时 IGBT 中 MOSFET 的栅漏电容增加,而且 IGBT 中的 PNP 晶体管由放大状态转入饱和状态也需要一个过程,因此 t_{fv2} 段电压下降过程变缓。只有在 t_{fv2} 段结束时,IGBT 才完全进入饱和导通状态。开通时间 t_{on} 为开通延迟时间 $t_{d(on)}$、电流上升时间 t_n 与电压下降时间($t_{fv1}+t_{fv2}$)之和。

IGBT 关断时,从驱动电压 u_{GE} 的脉冲下降到其幅值的 90% 的时刻起,到集射电压 u_{CE} 上升到其幅值的 10%,这段时间为关断延迟时间 $t_{d(on)}$。随后是集射电压上升时间 t_{rv},这段时间内栅极-集电极寄生电容 C_{GC} 放电,栅极电压 u_{GE} 基本维持在一个电压水平上。集电极电流从 $90\%I_{CM}$ 下降至 $10\%I_{CM}$ 的这段时间为电流下降时间 t_f。电流下降时间分为 t_{fi1} 和 t_{fi2} 两段,其中 t_{fi1} 对应 IGBT 内部的 MOSFET 的关断过程,这段时间集电极电流 i_C 下降较快;t_{fi2} 对应 IGBT 内部的 PNP 晶体管的关断过程,这段时间内 MOSFET 已经关断,IGBT 又无反向电压,所以 N 区内的少子复合缓慢,造成 i_C 下降较慢,这称为 IGBT 的电流拖尾现象。由于此时 u_{CE} 已处于高位,因此相应的关断损耗增加。关断时间 t_{off} 为关断延迟时间 $t_{d(off)}$、电压上升时间 t_{rv} 与电流下降时间($t_{fv1}+t_{fv2}$)之和。

可以看出,IGBT 中双极型 PNP 晶体管的存在虽然可以增大器件的通流量,但也引入了少子存储现象,因而 IGBT 的开关速度要低于功率 MOSFET。

3) 主要参数

除了前面提到的各参数之外,IGBT 的主要参数还包括以下几点。

(1) 最大集射极间电压 U_{CEM} 是由器件内部的 PNP 晶体管所能承受的击穿电压所决定的,实际应用中应计算 IGBT 集射极两端的最大电压,并在选型时留有裕量。

(2) 最大集电极电流包括额定电流 I_C 和 1ms 脉宽最大电流 I_{CP}。

(3) 最大集电极功耗 P_{CM} 指在正常工作温度下允许的最大耗散功率。

3. IGBT 的应用特点

IGBT 是性能理想的中、大容量的中、高速电压控制型器件,在通流能力方面,IGBT 综合了功率 MOSFET 与双极型晶体管的导电特性,在 1/3 或 1/2 额定电流以下时,晶体管的压降起主要作用,IGBT 的通态压降表现出负的温度系数;当电流较大时,功率 MOSFET 的压降起主要作用,则 IGBT 通态压降表现出正的温度系数,并联使用时也具有电流的自动均衡能力。事实上,大功率的 IGBT 模块内部就是由许多电流较小的芯片并联制成的。

由于 IGBT 包含双极型导电机制,其开关速度受制于少数载流子的复合,与功率 MOSFET 相比有较长的尾部电流时间,因此在设计电路时应考虑降低尾部电流时间引起的功率损耗。

2.7　电力电子器件的集成和新型半导体材料

2.7.1　电力电子器件的集成

随着电力电子技术的飞速发展,电力电子技术已经深入工业界和日常生活的每一个角落,电力电子装置的复杂度也随着使用要求的提高越来越高。因此,面向不同应用需要不同的电路和结构设计,以及伴随而来的热设计、电磁兼容设计。但是在实际功能上这些电路并没有显著的区别,这样就造成了大量的重复劳动,也对电力电子系统的广泛应用造成了障碍。

电力电子集成技术被认为是解决电力电子技术发展障碍的重要途径。电力电子集成概念的提出有十余年的历史,早期的思路是单片集成,即将主电路、驱动、保护和控制电路等全部制造在同一个硅片上。由于大功率的主电路元件和其他控制电路元件的制造工艺差别较大,还有高压隔离和传热的问题,故电力电子领域单片集成难度很大,而在中大功率范围内,只能采用混合集成的办法,将多个不同工艺的器件裸片封装在一个模块内,现在广泛使用的功率模块和 IPM(intelligent power module)模块都体现了这种思想。

1. 单片集成

所谓单片集成,就是把一套电力电子电路中的功率器件、驱动、控制和保护电路集成在同一片硅片上。但是实际应用中的电力电子系统电路通常是强电和弱电的结合,当控制电路和功率电路功率等级相差过大时,在同一片硅片上是基本无法解决电路隔离、电磁兼容、电路保护、热设计等一系列问题的,所以单片集成的思想仅体现在一些很小功率的电力电子系统上。

2. 混合集成

混合集成主要是指采用封装的技术手段,将分别包含功率器件、驱动、保护和控制电路的多个硅片封入同一模块中,形成具有部分或完整功能且相对独立的单元。其中具有典型代表意义的就是被广泛应用的 IPM 模块,这种集成方法可以较好地解决不同工艺的电路之间的组合和高电压隔离等问题,具有较高的集成度,也可以有效地减小体积和重量,并且增加可靠性,但相对于自行设计的系统,采用混合集成模块在成本上通常要高出不少。

自 20 世纪 80 年代中后期开始,电力电子器件研制过程的共同趋势是模块化。将多个功率器件封装在一个模块中称为功率模块,如半桥、全桥和三相逆变桥等常用拓扑结构都有对应的产品。功率模块可缩小装置体积,降低成本,提高可靠性;对工作频率高的电路,可大大减小线路电感,从而简化对保护和缓冲电路的要求。

2.7.2　新型半导体材料

以上所述各种电力电子器件一般是由硅半导体材料制成的。除此之外,近年来还出现了一些性能优良的新型化合物半导体材料,如砷化镓(GaAs)和碳化硅(SiC)。由它们作为基础材料制成的电力电子器件正不断涌现。

1. 砷化镓材料

砷化镓是一种很有发展前景的半导体材料。与硅相比,砷化镓有两个优点:砷化镓整流器件可在 350℃的高温下工作(硅整流元件只能达 200℃),具有很好的耐高温特性,有利于模块小型化;砷化镓材料的电子迁移率是硅材料的 5 倍,因而同容量的器件几何尺寸更小,从而可减小寄生电容,提高开关频率(1MHz 以上)。其缺点是正向压降比较大。

砷化镓整流器件已由 Motorola 公司生产,用于制作各种输出电压(12V、24V、36V、48V)的直流电源,应用于通信设备和计算机中。

2. 碳化硅材料

近年来,作为一种新型的半导体材料,碳化硅因其出色的物理及电特性,越来越受到产业界的广泛关注。碳化硅功率器件的重要优势在于具有高压(数十千伏)、高温(大于500℃)特性,突破了硅半导体器件电压(数千伏)和温度(小于 150℃)的限制。由于受成本、产量以及可靠性的影响,碳化硅电力电子器件率先在低压领域实现了产业化,目前的商业产品电压等级在 600～1700V。随着高压碳化硅功率器件的发展,目前已经研发出了19.5kV 的碳化硅二极管、10kV 的碳化硅 MOSFET 和 13～15kV 碳化硅 IGBT 等。

在过去的 15 年中,碳化硅器件在材料和器件质量方面均取得了令未来应用市场瞩目的飞速发展。然而,目前碳化硅晶体缺陷和碳化硅晶片的高昂成本是其在电力电子器件上应用的一个主要制约因素,要生产电流和电压范围适用于中压驱动应用场合的器件的碳化硅材料和器件,目前还相当困难。

2.8 电力电子器件的保护和缓冲

2.8.1 电力电子器件的保护

在使用电力电子器件时,除了要注意选择参数合适的器件、设计有效的驱动电路,还要采取必要的措施,进行过电压和过电流保护。

1. 过电压保护

电力电子装置的过电压原因分为外因和内因。过电压外因主要来自雷击和系统中的操作过程等外部原因,如由分闸、合闸等开关操作引起的过电压。过电压内因主要来自电力电子装置内部器件的通断过程。

(1)换相过电压:晶闸管或与全控型器件反并联的二极管在换相结束后不能立刻恢复阻断,因而有较大的反向电流流过,当恢复了阻断能力时,该反向电流急剧减小,会因线路电感在器件两端感应出过电压,即换相过电压。

(2)关断过电压:全控型器件关断时,正向电流迅速降低而由线路电感在器件两端感应出的过电压。

除了采用专用的过压保护装置和器件,如压敏电阻和避雷器外,RC 过电压抑制电路最为常见。RC 过电压抑制电路可放置在变压器两侧和直流侧,其连接方法如图 2-25 所示。

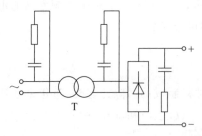

图 2-25 RC 过电压抑制电路连接方法

2．过电流保护

快速熔断器、快速断路器和过电流继电器都是专用的过电流保护装置，其中快速熔断器应用最为普及，图 2-26 所示为几种常用的快速熔断器连接方法。

对于全控器件来说，通过检测流过器件的电流来控制驱动电路是反应速度最快、最有效的过电流保护方法。在图 2-27 中，R 为电流取样电阻，R 两端的电压 u_R 反映流过功率 MOSFET 管 VT 电流 I 的大小。将 u_R 与预先设定的基准 V_{ref} 进行比较，当 $u_R > V_{\text{ref}}$ 时，比较电路动作，关闭驱动电路的输出信号，可达到过流保护的作用。在实际工程中，通常过流保护电路结合在检测和控制电路中，为实现检测电路和主电路的弱强电隔离，可采用电流霍尔传感器对流过开关管的电流进行隔离采样。

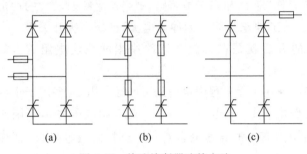

图 2-26　快速熔断器连接方法

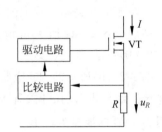

图 2-27　通过驱动电路实现过流保护的方法

2.8.2　RCD 缓冲电路

图 2-28(a)为以 IGBT 作为开关管的基本功率变换电路，通过控制开关管 VT 的开通和关断可调整负载 R 上的平均功率。图 2-28(b)为对应的开关管 VT 的开通和关断过程中流过开关管的电流 i_c 与开关管集射极两端承受电压 u_{ce} 的变化情况。图中直流侧电压为 E，故在开关管 VT 关断时，理论上 u_{ce} 应为 E，但实际情况如图 2-28(b)中虚线所示，会出现一个电压尖峰。若关断电压尖峰高于开关管 VT 的耐压值，则会造成 VT 过压击穿。虽然直流侧一般有大容量滤波电容 C 存在，使得 VT 关断时理论上承受的电压为 E，但在实际工程中滤波电容 C 到开关管 VT 之间并不是没有距离的。尤其是在大容量系统中滤波电容多采用螺栓式连接，电容 C 与开关管 VT 之间靠母排和电缆连接，即便是通过 PCB 上的走线连接，也不可避免地会存在分布电感，若将分布电感集中等效化，则实际电路拓扑如图 2-28(c)所示。

如图 2-28(c)所示，设 VT 导通时导通电流为 i_c，则 VT 关断时，VT 承受的电压 $u_{VT} = L\,di_c/dt + E$。开关管 VT 在关断时，流过 VT 的电流迅速降到 0，会产生很大的 di/dt，导致开关管关断时产生如图 2-28(b)中所示的过电压。因此，实际工程中直流侧会通过采用叠层母排或双绞线的方法来降低分布电感 L，也可通过加大关断时的驱动电阻来延长 dt，这些都是降低 $L\,di/dt$，进而降低关断电压 u_{VT} 的有效方法。与此同时，在条件许可时，尤其是中小功率系统，添加 RCD 电压缓冲电路也是工程上切实有效的方法。

并联电容能有效抑制开关管 VT 关断时两端电压尖峰，如图 2-29(a)所示，但带来的

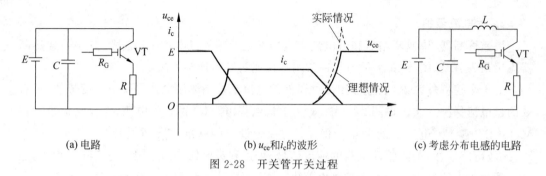

(a) 电路　　　　　　　　　　(b) u_{ce}和i_c的波形　　　　　　　　　(c) 考虑分布电感的电路

图 2-28　开关管开关过程

副作用是开关管 VT 关断时电容 C 储存的能量(约为 $C_s E^2/2$)在 VT 导通时要全部释放掉,此时 C 与 VT 之间没有任何限流元件,即 C 相当于被短路,则会产生瞬时较大的冲击电流。在 VT 开关频率较大的情况下,VT 要承受频繁的冲击电流,极易损害开关管。有效的抑制电容 C_s 瞬时大电流放电的方法就是在其放电回路中串联限流电阻 R_s,如图 2-29(b)所示。

图 2-29(b)所示的 RC 吸收电路本身在实际工程中也得到了广泛应用,但多用于小容量系统。经分析,设在开关管 VT 关断电容 C_s 充电时,电容 C_s 的起始电压为 0,则限流电阻 R 消耗的能量为 $C_s E^2/2$。而在开关管 VT 导通电容 C_s 放电时,限流电阻 R_s 消耗的能量同样为 $C_s E^2/2$。设开关管 VT 的开关频率为 f,则限流电阻 R_s 消耗的功率为 $C_s E^2 f$。当功率电路频率 f 较高或直流侧电压 E 较大时,限流电阻 R_s 功率会很大,导致电阻体积庞大而影响实际应用。如前所示,R_s 的作用是限制 C_s 的放电电流,避免对开关管 VT 造成电流冲击,而在 C_s 充电时则没有必要进行限流,即充电时可将 R_s 旁路,故顺向并联二极管 VD_s,这样限流电阻 R_s 消耗的功率就可降为 $C_s E^2 f/2$,由此可得到完整的 RCD 电压缓冲电路,如图 2-29(c)所示。

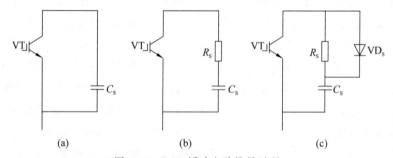

(a)　　　　　　　　　　(b)　　　　　　　　　　(c)

图 2-29　RCD 缓冲电路推导过程

该电路同样适用于其他全控器件,C_s 和 R_s 的取值可通过经验公式选取,但最终要通过实验确定。为尽量减小线路电感,应选用内部电感小的电容,如后面介绍的无感电容,而 VD_s 则要选用快恢复二极管,额定电流不小于开关管 VT 的 1/10。

本 章 小 结

本章介绍了功率二极管(power diode)、晶闸管(SCR)、可关断晶闸管(GTO)、功率场效应晶体管(power MOSFET)、绝缘栅双极晶体管(IGBT)等几种常用的半导体电力电子器件。

(1) 根据开关器件开通、关断可控性的不同,可将开关器件分为以下三类。

① 不可控器件。功率二极管是不可控器件,其处于正向偏置时自然导通,而处于反向偏置时自然关断。

② 半控型器件。当晶闸管承受正压时,在其控制极和阴极之间外加正向触发脉冲电流后,晶闸管从断态转入通态。一旦晶闸管导通后,撤除触发脉冲,晶闸管仍然处于通态,即控制极只能控制其导通而不能控制其关断。

③ 全控型器件。GTO、power MOSFET 和 IGBT 都是全控型器件,即通过控制极施加驱动信号既能控制其开通又能控制其关断。

(2) 根据开通和关断所需控制极驱动信号的不同要求,可控开关器件又可分为电流型控制器件和电压型控制器件。

(3) 按照电力电子器件内部电子和空穴两种载流子参与导电的情况,电力电子器件又可分为单极型器件、双极型器件和复合型器件。

电力电子器件是利用外加电流或电压信号形成电场改变半导体器件的导电性能而使其处于通态和断态。

在电力电子变换和控制电路中,电力电子器件在通态和断态之间周期性转换,在任何瞬间其承受的电压、电流均不应超过允许值,其发热造成的温升也应通过散热手段控制在允许限定值内。

习　题

1. 简答题

(1) 晶闸管串入如图 2-30 所示的电路中,试分析开关闭合和关断时电压表的读数。

(2) 简述电力电子器件与信息系统中的电子器件的异同。

(3) 比较电流驱动型和电压驱动型器件实现器件通断的原理。

(4) 普通二极管从零偏置转为正向偏置时会出现电压过冲,请解释原因。

(5) 说明功率二极管为什么在正向电流较大时导通压降仍然很低,且在稳态导通时其管压降随电流的大小变化很小。

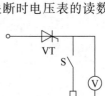

图 2-30　第 2 章题图 1

(6) 比较肖特基二极管和普通二极管的反向恢复时间和通流能力。从减小反向过冲电压的角度出发,应选择恢复特性软的二极管还是恢复特性硬的二极管?

(7) 简述晶闸管正常导通的条件。

(8) 维持晶闸管导通的条件是什么? 怎样才能使晶闸管由导通变为关断?

(9) 分析可能出现的晶闸管的非正常导通方式。

(10) 简述功率 MOSFET 的开关频率高于 IGBT、GTO 的原因。

(11) 从最大容量、开关频率和驱动电路三方面比较 SCR、功率 MOSFET 和 IGBT 的特性。

（12）简述电力电子装置产生过电压的原因。

（13）在电力电子装置中常用的过电流保护有哪些？

（14）分析电力电子器件串、并联使用时可能出现的问题及解决方法。

（15）电力电子器件为什么加装散热器？

2. 计算题

（1）在图 2-31 中，电源电压有效值为 20V，$R=10\Omega$，问晶闸管承受的正、反向电压最高是多少？考虑安全裕量为 2.0，其额定电压应如何选取？

（2）如图 2-32 所示，U 为正弦交流电 u 的有效值，VD 为二极管，忽略 VD 的正向压降及反向电流的情况下，说明电路工作原理。画出通过 R_1 的电流波形，并求出交流电压表 V 和直流电流表 A 的读数。

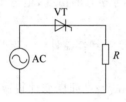

图 2-31　第 2 章题图 2

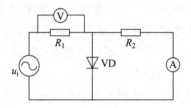

图 2-32　第 2 章题图 3

第 3 章　DC-DC 变换器(直流斩波电路)

将一个固定的直流电压变换成可变的直流电压称为 DC-DC 变换,又称为直流斩波。这种技术曾被广泛地应用于无轨电车、地铁列车、蓄电池供电的机动车辆的无级变速以及 20 世纪 80 年代兴起的电动汽车的控制,从而使上述控制获得加速平稳、快速响应的性能,并同时收到节约电能的效果。通常用直流斩波器代替变阻器调速可节约电能 20%～30%。直流斩波不仅能起调压的作用(开关电源),同时还能起到有效抑制网侧谐波电流的作用。

当 DC-DC 变换器输入为电压源,并完成电压-电压变换时,称为 DC-DC 电压变换器;而当 DC-DC 变换器输入为电流源,并完成电流-电流变换时,则称为 DC-DC 电流变换器。习惯上说的 DC-DC 变换器常指 DC-DC 电压变换器。

工程上,一般将以开关管按一定控制规律调制且无变压器隔离的 DC-DC 变换器或输入/输出频率相同的 AC-AC 变换器统称为斩波器(chopper)。当完成 AC-AC 变换时,称为交流斩波器(AC chopper);而当完成 DC-DC 变换时,则称为直流斩波器(DC chopper)。另外,称这种开关管按一定调制规律通断的控制为斩波控制。

直流斩波电路的种类较多,根据其电路结构及功能分类,主要有降压(Buck)斩波电路、升压(Boost)斩波电路、升降压(Buck-Boost)斩波电路、丘克(Cuk)斩波电路 4 种,其中前两种是基本电路,后两种是前两种基本电路的组合形式。由基本斩波电路衍生出来的 Sepic 斩波电路和 Zeta 斩波电路也是较为典型的电路。利用基本斩波电路进行组合,还可以构成复合斩波电路和多相多重斩波电路。本章将详细介绍基本斩波电路的工作原理和稳态工作特性,而对其他电路只作一般性的原理分析。

为了获得各类直流斩波电路的基本工作特性而又简化分析,在本章的分析中,都假定直流斩波电路是理想的,即满足以下条件:

(1) 开关器件和二极管从导通变为阻断,或从阻断变为导通的过渡时间均为零;

(2) 开关器件的通态电阻为零,电压降为零。断态电阻为无限大,漏电流为零;

(3) 电路中的电感和电容均为无损耗的理想储能元件,且电感量和电容量均足够大;

(4) 线路阻抗为零。无特殊说明时电源的输入功率等于输出功率。

最基本的直流斩波电路如图 3-1(a)所示,图中 S 是可控开关,R 为纯电阻负载。当 S 闭合时,输出电压 $u_o = E$;当 S 关断时,输出电压 $u_o = 0$,输出波形如图 3-1(b)所示。假设开关 S 通断的周期 T_S 不变,导通时间为 t_{on},关断时间为 t_{off},则输出电压的平均值 U_o 可表示为

$$U_o = \frac{1}{T_S} \int_0^{t_{on}} u_o \mathrm{d}t = \frac{1}{T_S} \int_0^{t_{on}} E \mathrm{d}t = \frac{t_{on}}{T_S} E = DE \tag{3-1}$$

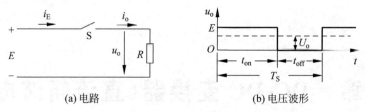

(a) 电路　　　　　　　　　　(b) 电压波形

图 3-1　最简单直流斩波电路图及输出电压波形

由式(3-1)可知,在周期 T_S 不变的情况下,改变 t_{on} 就可以改变 U_o 的大小。将 S 的导通时间与开关周期之比定义为占空比(duty ratio),用 D 表示。则

$$D = \frac{t_{on}}{T_S} \tag{3-2}$$

由于占空比 D 总是小于或等于 1,所以输出电压 U_o 总是小于或等于输入电压 E。因此,改变 D 值就可以改变输出电压平均值的大小。而占空比的改变可以通过改变 t_{on} 或 T_S 来实现。

斩波控制按开关管调制规律的不同主要分为以下两种。

(1) 脉冲宽度调制(PWM,即脉宽调制)。这种控制方式是指开关管调制信号的周期固定不变,而开关管导通信号的宽度可调,即维持 T_S 不变,改变 t_{on}。

(2) 脉冲频率调制(PFM)。这种控制方式是指开关管导通信号的宽度固定不变,而开关管调制信号的频率可调,即维持 t_{on} 不变,改变 T_S。

在以上两种调制方式中,脉冲宽度调制控制方式是电力电子开关变换器常用的开关控制方式,也是本章讨论所涉及的主要开关控制方式。

3.1　Buck 变换器

降压斩波电路又称 Buck 斩波电路,该电路的特点是输出电压比输入电压低,而输出电流则高于输入电流。也就是通过该电路的变换可以将直流电源电压转换为低于其值的输出直流电压,并实现电能的转换。那么如何完成这一变换呢? 首先来讨论图 3-2 所示 DC-DC 电压变换和电流变换的基本原理电路。

降压斩波电路

图 3-2(a)所示为基本的 DC-DC 电压变换原理电路,从图中可以看出: 输入电压源 u_i 通过开关管 VT 与负载 R_L 串联,当开关管 VT 导通时,输出电压等于输入电压,即 $u_o = u_i$;而当开关管 VT 关断时,输出电压等于零,即 $u_o = 0$。基本电压变换电路的输出电压波形如图 3-2(c)所示。显然,若令输出电压的平均值为 U_o,则 $U_o \leqslant u_i$。可见,图 3-2(a)所示的电压变换电路实现了降压型 DC-DC 变换器(Buck 电压变换器)的基本变换功能。

另外,图 3-2(b)为基本的 DC-DC 电流变换原理电路,从图中可以看出: 输入电流源 i_i 通过开关管 VT 与负载 R_L 并联,当开关管 VT 关断时,输出电流等于输入电流,即 $i_o = i_i$;而当开关管 VT 导通时,输出电流等于零,即 $i_o = 0$。基本电流变换电路的输出电流波形如图 3-2(d)所示。显然,若令输出电流的平均值为 I_o,则 $I_o \leqslant i_i$,可见,图 3-2(b)所示的电流变换电路实现了降流型 DC-DC 变换器(Buck 电流变换器)的基本变换功能。

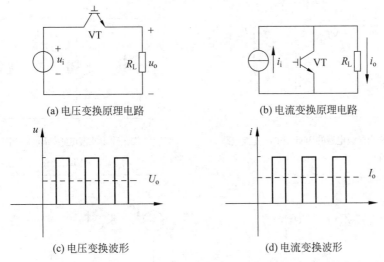

图 3-2　DC-DC 电压、电流变换原理电路及输入/输出波形

图 3-2(a)、(b)所示的原理电路分别实现了基本的 Buck 型电压变换和 Buck 型电流变换,但 Buck 型电压变换电路的输出电压和 Buck 型电流变换电路的输出电流均是脉动的,因此需进行改进。

为了抑制输出电压、电流脉动,可在图 3-2(a)、(b)所示的基本原理电路中加入输出滤波元件(如电容 C、电感 L),如图 3-3(a)、(b)所示。输出滤波元件的加入必然使变换电路中开关管 VT 的电压、电流应力增加。例如,由于 $u_o \neq u_i$,因此当图 3-3(a)所示电路中的开关管 VT 导通时,会造成输入/输出短路,以至于开关管 VT 流入很大的短路电流而毁坏;另外,图 3-3(b)所示的电路中,由于 $i_o \neq i_i$,而当开关管 VT 断开时,电感电流的突变将在电感 L 上感应出极高的电压,从而使开关管 VT 过电压而毁坏。

为了限制开关管的电压、电流应力,可以考虑在电路中加入适当的缓冲环节。在图 3-3(a)所示的 Buck 型电压变换电路中,为了限制开关管 VT 导通时的电流应力,则将缓冲电感 L 串入开关管 VT 的支路中,为了避免开关管 VT 关断时缓冲电感 L 中电流的突变(减少电压应力),应加入续流二极管 VD,如图 3-3(c)所示。在图 3-3(b)所示的 Buck 型电流变换电路中,为了限制开关管 VT 关断时的电压应力,则将缓冲电容 C 并入开关管 VT 的两端,而为了避免开关管 VT 导通时缓冲电容两端电压的突变(减少电流应力),应加入阻断二极管 VD,如图 3-3(d)所示。一般将上述加入缓冲电感和续流二极管所组成的电路或缓冲电容与阻断二极管所组成的电路统称为缓冲电路或缓冲单元。

以上分析表明,DC-DC 变换电路中的储能元件(电容、电感)有滤波与能量缓冲两种基本功能。一般而言,滤波元件常设置在变换器电路的输入或输出,而能量缓冲元件常设置在变换器电路的中间。例如,针对图 3-3(c)、(d)所示的 DC-DC 电压(电流)变换电路,由于输入为电压(电流)源,因此电路输入侧无须滤波电容(电感),但电路的输出侧则需要滤波,即图 3-3(c)、(d)所示的电容 C(电感 L)起滤波作用,而图 3-3(c)、(d)所示的电感 L(电容 C)起能量缓冲作用。

显然,图 3-3(c)、(d)所构建的电路就是结构较为完善的 Buck 型电压变换器(或称为

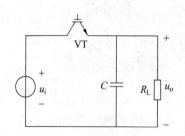
(a) 加入输出滤波电容的Buck型电压变换电路

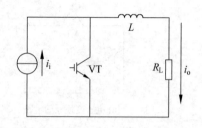
(b) 加入输出滤波电感的Buck型电流变换电路

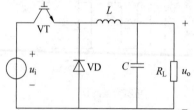
(c) 具有输出滤波和缓冲环节的Buck型电压变换电路

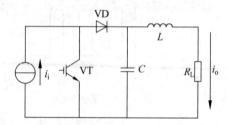
(d) 具有输出滤波和缓冲环节的Buck型电流变换电路

图 3-3　Buck 型变换器电路的构建

Buck 型电压斩波器)和 Buck 型电流变换器(或称为 Buck 型电流斩波器)电路。

图 3-3(c)的电压电流分析波形如图 3-4 所示。

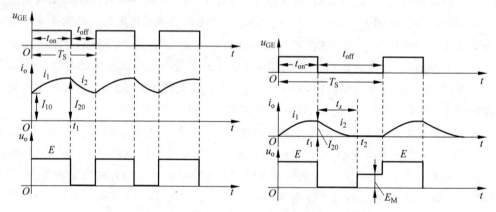

图 3-4　电流连续和断续时降压斩波电路的电压、电流波形图

电流连续时,负载电压平均值

$$U_o = \frac{t_{on}}{T_S} U_i = D U_i \tag{3-3}$$

式中,D 为导通占空比,简称占空比或导通比。

U_o 最大为 E,减小 D,U_o 随之减小,即负载上得到的直流平均电压小于直流输入电压,故称为降压斩波电路,也称为 Buck 变换器。

负载电流平均值

$$I = \frac{U_o}{R} \tag{3-4}$$

电流断续时,U_o 平均值会被抬高。

3.2 Boost 变换器

以上讨论了 Buck 型变换电路的构建,那么,如何实现升压型的电压变换和升流型的电压变换呢? 实际上,若考虑变换电路输入、输出能量的不变性(忽略电路及元件的损耗),则 Buck 型电压变换电路在完成降压变换的同时也完成了升流变换,同理 Buck 型电流变换电路在完成降流变换的同时也完成了升压变换。可见,Boost 型电压变换和 Buck 型电流变换以及 Boost 型电流变换和 Buck 型电压变换存在功能上的对偶性,因此从图 3-3(c)、(d)所示的 Buck 型电压变换器和 Buck 型电流变换电路出发,便可以导出 Boost 型电流变换电路和 Boost 型电压变换电路。

观察图 3-3(d)所示的 Buck 型 DC-DC 电流变换电路,为了将其转化为 Boost 型电压变换电路,先将 Buck 型电流变换电路中的输入电流源转化为电压源。当假设变换电路中开关管的开关频率(单位时间内开关管的通断次数)足够高时,图 3-3(d)所示的 Buck 型电流变换电路中的输入电流源支路可以用串联电感的电压源(L_i、u_i)支路取代,如图 3-5(a)所示。此时,变换电路的基本性能不变,若令变换电路中的开关管、二极管、电容、电感均为理想无损元件时,则图 3-5(a)所示电路的输入功率应等于其输出功率,即 $u_i i_i = u_o i_o$。由于该变换器电路的 Buck 型变换功能,使得 $i_o \leqslant i_i$,因此 $u_o \geqslant u_i$。可见,图 3-5(a)所示电路为 Boost 型电压变换电路,或简称为 Boost 型电压斩波器。另外,考虑到图 3-5(a)所示电路中滤波电容 C 的稳压作用以及该电路的变换功能,因此,输出滤波电感 L 是冗余元件,可以省略。结构简化后的 Boost 型 DC-DC 电压变换电路如图 3-5(c)所示。

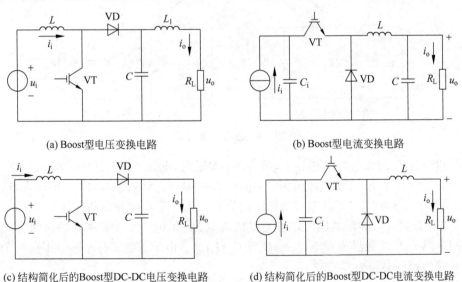

(a) Boost型电压变换电路

(b) Boost型电流变换电路

(c) 结构简化后的Boost型DC-DC电压变换电路

(d) 结构简化后的Boost型DC-DC电流变换电路

图 3-5 Boost 型变换电路

与上述分析类似,针对图 3-5(c)所示的 Buck 型 DC-DC 电压变换电路,为了将其转化为 Boost 型 DC-DC 电流变换电路,首先可以将 Buck 型 DC-DC 电压变换电路中的输入电压源转化为电流源。当变换电路中开关管的开关管频率足够高时,图 3-3(c)所示的 Buck 型 DC-DC 电压变换电路中的输入电压源支路可以用并联电容的电流源(C_i、i_i)支路取代,如图 3-5(b)所示。此时,变换电路的基本性能不变。若令变换电路中的开关管、二极管、电容、电感均为理想无损元件时,则如图 3-5(b)所示电路的输入功率等于输出功率,即 $u_i i_i = u_o i_o$。由于该变换电路的降压变换功能,使得 $u_o \leqslant u_i$,因此 $i_o \geqslant i_i$。可见,图 3-5(b)所示电路为 Boost 型电流变换电路,或简称为 Boost 型电流斩波器。另外,考虑到 3-5(b)所示电路中滤波电感 L 的稳流作用以及该电路的 AC-AC 变换功能,因此,输出滤波电容 C 是冗余元件,可以省略。结构简化后的 Boost 型 DC-DC 电流变换电路如图 3-5(d)所示。

图 3-6(a)给出了 3-5(c)在连续导电模式下的稳态波形。此时电感电流连续流动 ($i_i(t) > 0$)。在 t_{on} 和 t_{off} 期间的等效电路分别如图 3-6(b)和(c)所示。

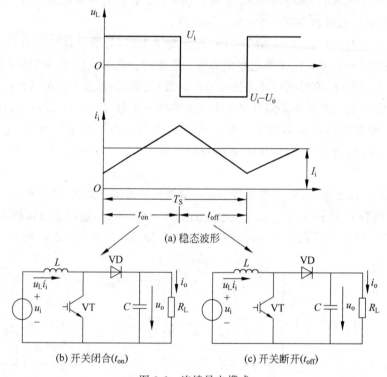

(a) 稳态波形

(b) 开关闭合(t_{on})   (c) 开关断开(t_{off})

图 3-6 连续导电模式

假设电感 L 值和电容 C 值很大,当 IGBT 导通时,电源 u_i(考虑到电源 u_i 为直流,故可记为 U_i)向 L 充电,充电电流恒为 I_i;同时 C 的电压向负载供电,因 C 值很大,输出电压 u_o 为恒值,记为 U_o。设 VT 导通的时间为 t_{on},此阶段 L 中积蓄的能量为 $U_i I_i t_{on}$。

VT 断开时,U_i 和 L 共同向 C 充电并向负载 R_L 供电。设 VT 断开的时间为 t_{off},则此期间电感 L 释放能量为 $U_i I_i t_{on} = (U_o - U_i) I_i t_{off}$。由于在稳态时电感电压在一个周期内对时间的积分必须为零,即

$$U_i t_{on} + (U_o - U_i) t_{off} = 0$$

两边除以 T_S,整理后可得

$$\frac{U_o}{U_i} = \frac{T_S}{t_{off}} = \frac{1}{1-D}$$

$$D = \frac{T_S - t_{off}}{T_S} = \frac{t_{on}}{T_S} \tag{3-5}$$

3.3 Cuk 变换电路

Cuk 变换电路是用设计者名字命名的变换电路,如图 3-7 所示,类似于降压-升压变换电路,Cuk 变换电路提供了一个相对于输入电压公共端为负极性的可调输出电压。这里,电容器 C_1 用于储存来自输入端的能量并将能量转移到输出端。

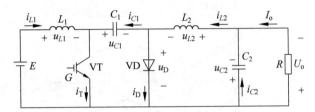

图 3-7 Cuk 变换电路

在稳态时,电感上的平均电压 U_{L1} 与 U_{L2} 均为零。所以由图 3-7 可见

$$U_{C1} = E + U_o \tag{3-6}$$

U_{C1} 既大于 E,也大于 U_o。假定 C_1 足够大,在稳态时不仅电容器 C_1 起到了从输入端吸收并将能量转移到输出端的作用,而且 u_{C1} 的变化与其平均值 U_{C1} 相比,差别小到可以忽略,即 $u_{C1} \approx U_{C1}$。

当 IGBT 断开时,电感电流 i_{L1} 和 i_{L2} 流经二极管,电压和电流波形如图 3-8(a)所示。此 t_{off} 段的等效电路如图 3-8(b)所示。这时,C_1 经过二极管 VD 被来自输入端的能量与 L_1 中的电流充电。因为 U_{C1} 大于 E,i_{L1} 在下降,这时储存在 L_2 中的能量供给输出端,所以 i_{L2} 也在下降,这导致了负载端 U_o 具有图 3-8(b)所示的极性。

当 IGBT 导通时,U_{C1} 使二极管反偏。电感电流 i_{L1} 与 i_{L2} 流经 IGBT,这时的等效电路如图 3-8(c)所示。由于 $U_{C1} > U_o$,C_1 经 IGBT 放电,将原先从输入端吸收的能量转移到输出端与 L_2 中,所以 i_{L2} 上升。同时,输入端馈送能量供给 L_1,引起 i_{L1} 上升。

假定电容电压 U_{C1} 为常数,于是利用 L_1 与 L_2 上的电压在一个周期中的积分等于零的概念,对电感 L_1 可得

$$EDT_S + (E - U_{C1})(1 - D)T_S = 0$$

所以

$$U_{C1} = \frac{1}{1-D}E \tag{3-7}$$

对于电感 L_2 可得

$$(U_{C1} - U_o)DT_S + (-U_o)(1 - D)T_S = 0$$

所以

$$U_{C1} = \frac{1}{D}U_o \tag{3-8}$$

由式(3-7)与式(3-8)可得

$$\frac{U_o}{E} = \frac{D}{1-D} \tag{3-9}$$

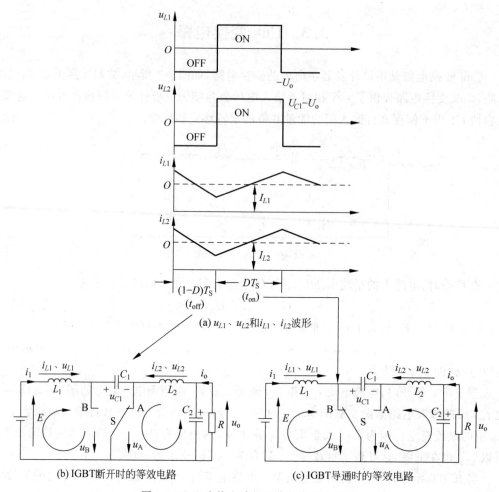

(a) u_{L1}、u_{L2}和i_{L1}、i_{L2}波形

(b) IGBT断开时的等效电路　　　(c) IGBT导通时的等效电路

图 3-8　Cuk 变换电路的工作状态及其波形

因为 $P_E = P_o$，所以

$$\frac{I_o}{I_1} = \frac{1-D}{D} \qquad (3\text{-}10)$$

这里，$I_{L1} = I_1$ 与 $I_{L2} = I_o$。

　　现在利用另外一种方法得到 Cuk 变换电路的输入与输出的关系。假定电感电流 i_{L1} 与 i_{L2} 基本上是无纹波的，即 $i_{L1} = I_{L1}$ 与 $i_{L2} = I_{L2}$。当 IGBT 断开时，传递到 C_1 上的电荷等于 $I_{L1}(1-D)T_S$。当 IGBT 导通时，电容器 C_1 放电，放出的电荷量为 $I_{L2}DT_S$。因为稳态时，C 上的电荷在一个周期中的净变化必须为零，即

$$I_{L1}(1-D)T_S = I_{L2}DT_S \qquad (3\text{-}11)$$

所以

$$\frac{I_{L2}}{I_{L1}} = \frac{I_o}{I_1} = \frac{1-D}{D} \qquad (3\text{-}12)$$

因为 $P_E = P_o$，所以

$$\frac{U_o}{E} = \frac{D}{1-D} \qquad (3\text{-}13)$$

以上两种方法得到的结果是相同的。

Cuk 变换电路的优点是输入电流与输出电流都可以认为是无纹波的,但是它的一个缺点是要求电容器 C_1 具有大的纹波电流的载流能力,即电容器的容量要大。正是这个原因,在实际电路中就认为 U_{C1} 近似为常数。

3.4 复合型变换电路

以上讨论的 DC-DC 变换电路实际上只是一些基本的 DC-DC 变换电路,如果将 DC-DC 变换电路的输出电压(纵坐标)、输出电流(横坐标)构成坐标系,那么上述各类基本的 DC-DC 变换电路由于各自的输出只能工作在输出电压、电流坐标系的第一象限。因此可称为单象限 DC-DC 变换电路。这类单象限 DC-DC 变换电路的共同特征就是各自的输出电压、电流不可逆,即 DC-DC 变换电路的能量不可逆。然而,在实际应用时能量可逆的 DC-DC 变换电路在驱动诸如阻感加反电动势型一类的负载(如电动机)时是必不可少的。当 DC-DC 变换电路输出的电压方向不变而输出电流方向可变,或者输出电流方向不变而输出电压方向可变,此种情况由于变换电路可在二个象限运行,因此称这类 DC-DC 变换电路为二象限 DC-DC 变换电路;当 DC-DC 变换电路的输出电流、输出电压均可逆时,由于变换电路可在四个象限运行,因此称这类 DC-DC 变换电路为四象限 DC-DC 变换电路。实际上,无论是二象限 DC-DC 变换电路,还是四象限 DC-DC 变换电路,它们的拓扑结构均可由基本的单象限 DC-DC 变换电路拓扑组合而成。另外,当单象限 DC-DC 变换电路需要扩大容量时,也可由单象限 DC-DC 变换电路拓扑组合而成。

一般将由基本的 DC-DC 变换电路拓扑组合而成的 DC-DC 变换电路统称为复合型 DC-DC 变换电路,下面分别讨论二象限和四象限 DC-DC 变换电路。

1. 二象限 DC-DC 变换电路

下面以阻感加反电动势(如直流电动机等)型负载为例,讨论电流可逆的二象限 DC-DC 变换电路。

为了能双向控制 DC-DC 变换电路输出电流,必须采用两个开关管以组成一双桥臂的 DC-DC 变换电路,如图 3-9(a)所示。显然,其中的二极管是为了缓冲负载的无功而设立的,常称为续流二极管。

(1) 输出电流 $i_o > 0$ 且 VT_1 导通过程。直流侧电源通过 VT_1 向负载供电,输出电压 $u_o = u_i$,此时输出电流 i_o 增加,负载电感和负载电动势储能也增加,由于 $i_o > 0$ 且 $u_o > 0$,因此变流电路工作在第一象限。

(2) 输出电流 $i_o > 0$ 且 VT_1 关断过程。由于电感电流不能突变,因此 VD_2 导通续流,输出电压 $u_o = 0$,此时尽管采用了双极型驱动模式而使 VT_2 有驱动信号,但因 VT_2 承受反压(VD_2 导通)而不能导通,因此输出电流减小,负载电感储能和负载电动势储能也减小。由于 $i_o > 0$ 且 $u_o = 0$,因此变流电路工作在第一象限。若发生电流断续,即 $i_o = 0$,则 $u_o = E_M$,因此变流电路仍工作在第一象限。

(3) 输出电流 $i_o < 0$ 且 VT_2 导通过程。负载电动势通过 VT_2 向负载电阻和电感供电,输出电压 $u_o = 0$,此时输出电流 i_o 反向增加,负载电感储能也增加。由于 $i_o < 0$ 且

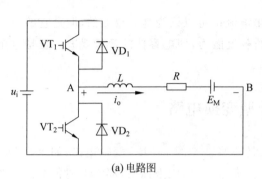

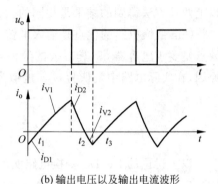

(a) 电路图　　　　　　　　　　　(b) 输出电压以及输出电流波形

图 3-9　电流可逆型二象限 DC-DC 变换电路图及相关波形

$u_o=0$，因此变流电路工作在第二象限。

（4）输出电流 $i_o<0$ 且 VT_2 关断过程。由于电感电流不能突变，因此 VD_1 导通续流，输出电压 $u_o=u_i$，此时尽管采用了互补驱动模式而使 VT_1 有驱动信号，但因 VT_1 承受反压（VD_1 导通）而不能导通，因此输出电流减小，负载电感储能和负载电动势储能也减小。由于 $i_o<0$ 且 $u_o=0$，因此变流电路工作在第二象限。若发生电流断续，即 $i_o=0$，则 $u_o=E_M$，因此变流电路则工作在第一象限。

综上分析可知，当电流正向换流时（$i_o>0$），或 VT_1、VD_2 导通，变换电路工作在第一象限，此时的变换器换流电路实际上是一个 Buck 型变换电路，并且变换电路向负载提供能量，换流期间的电压、电流波形如图 3-9(b) 中 t_1-t_2 段所示。而当电流反向换流时（$i_o<0$），或 VT_2、VD_1 导通，变换电路工作在第二象限，此时的变换器换流电路实际上是一个 Boost 型变换器电路，并且负载向变换电路回馈能量，换流期间的电压、电流波形如图 3-9(b) 中 t_2-t_3 段所示。当电流断续时（$i_o=0$），变换器的输出电压 $u_o=E_M$，变流电路则工作在第一象限。

显然，图 3-9(a) 所示的电流可逆型二象限 DC-DC 变换器实际上由一个 Buck 型变换电路和一个 Boost 型变换电路组合而成，并交替工作，变换电路的输出电压极性不变，而电流极性可变，即能量可双向传输，并且调节斩波占空比就可以控制变换器的输出平均电压。值得注意的是，为了防止图 3-9(a) 所示变换电路上、下桥臂的直通短路，上、下桥臂的开关管驱动信号中须加入"先关断后导通"的开关死区。

另外，图 3-9(a) 所示的电流可逆型二象限 DC-DC 变换电路的负载必须为感性负载，否则变换电路只能工作在第一象限。

2. 四象限 DC-DC 变换电路

当需要使 DC-DC 变换电路的输出电压、电流均可逆时，就必须设计四象限 DC-DC 变换电路。实际上，将两个对称工作的二象限 DC-DC 变换电路组合便可以构成一个四象限 DC-DC 变换电路，其电路结构如图 3-10 所示。

图 3-10 中，当 VT_4 保持导通时，利用 VT_2、VT_1 进行斩波控制，则构成了一组电流可逆的二象限 DC-DC 变换电路，此时 $u_{AB}≥0$，变换器运行在一、二象限；当 VT_2 保持导通时，利用 VT_3、VT_4 进行斩波控制，则构成了另一组电流可逆的二象限 DC-DC 变换电路，此时 $u_{AB}≤0$，变换器运行在三、四象限。

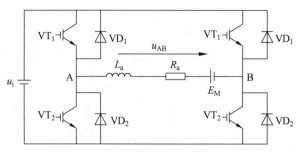

图 3-10 四象限 DC-DC 变换电路

显然,四象限 DC-DC 变换电路是典型的桥式可逆电路,具有电流可逆和电压可逆的特点。

3. 多相多重 DC-DC 变换电路

以上讨论的二象限、四象限 DC-DC 变换电路实际上是为了扩大 DC-DC 变换电路的运行象限而由基本 DC-DC 变换电路组合而成,因此,二象限、四象限 DC-DC 变换电路实质上属于复合型 DC-DC 变换电路。那么在实际的基本 DC-DC 变换电路运用中,如果单台的 DC-DC 变换电路容量不足时,是否可以考虑将基本 DC-DC 变换电路并联以构成另一类复合型 Buck 电路呢?实际上,当将数个基本 DC-DC 变换电路并联,不仅可以扩大变换器容量,而且通过适当的斩波控制还可以提高并联 DC-DC 变换电路输出的等效开关频率,以降低变换器的输出谐波。

图 3-11(a)表示出 3 个 Buck 型变换器并联的复合型 DC-DC 变换电路。如果将 3 个 Buck 型变换电路的开关管驱动信号在时间上分别相差 1/3 开关周期,即采用移相斩波控制,那么这 3 个 Buck 型变换电路并联的复合型 DC-DC 变换电路输出的等效开关频率将是单个 Buck 型变换电路开关频率的 3 倍,从而有效降低变换电路的输出电流谐波,其单个变换电路的驱动信号及相关电流波形如图 3-11(b)所示。另外,由于输出等效开关频率的提高,在一定的输出谐波指标条件下,可有效减少输出滤波器的体积,降低变换器的损耗。值得一提的是,这种采用移相斩波控制复合型 DC-DC 变换电路,虽然提高了输出等效开关频率,但是由于其单个的开关频率不变,因而变换器的开关损耗并不因此而增加。

以上讨论的采用移相并联控制的复合型 DC-DC 变换电路称为多相多重 DC-DC 变换电路。所谓"相",是指变换器输入侧(电源端)的各移相斩波控制的支路相数;所谓"重",是指变换器输出侧(负载端)的各移相斩波控制的支路重叠数。图 3-11(a)所示的复合型 DC-DC 变换电路是一个三相三重 DC-DC 变换电路。针对图 3-11(a)所示的三相三重 DC-DC 变换电路,若其输入侧不变(共用一个直流电源),而输出侧分别驱动 3 个独立的负载时,则称这种复合型 DC-DC 变换电路为三相一重 DC-DC 变换电路,此时在一个开关周期内,复合型 DC-DC 变换电路的输入电流脉动 3 次,而输出电流脉动 1 次。另外,针对图 3-11(a)所示的三相三重 DC-DC 变换电路,若其输出侧不变(驱动 1 个负载),而输入侧分别采用 3 个独立的直流电源,则称这种复合型 DC-DC 变换电路为一相三重 DC-DC 变换电路,此时在一个开关周期内,复合型 DC-DC 变换电路的输入电流脉动 1 次,而输出电流脉动 3 次。显然可根据变换器输入、输出电流在一个开关周期的脉动次数,就可以确定多相多重 DC-DC 变换电路的"相"数和"重"数。例如,对于多个同样 DC-DC 变换电路并联且采用移相控制的多相多重 DC-DC 变换电路,若在一个开关周期内其输入电流脉动 m

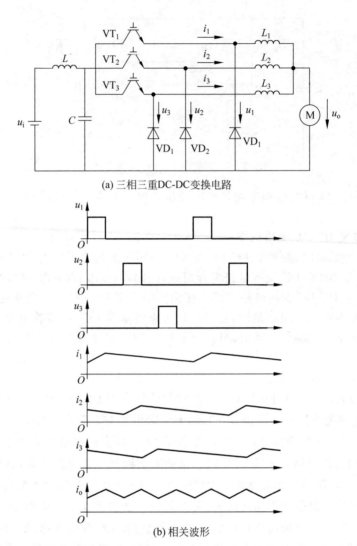

(a) 三相三重DC-DC变换电路

(b) 相关波形

图 3-11　三相三重 DC-DC 变换电路及相关波形

次而输出电流脉动 n 次,则可称其为 m 相 n 重 DC-DC 变换电路。

对于一个 m 相 m 重 DC-DC 变换电路,每个变换器单元的占空比均为 D,并且每个变换器单元开关管的驱动信号错开 $1/m$ 的开关周期时间,则每个变换器单元的输出电压的平均值均相等且等于 m 相 m 重 DC-DC 变换电路的输出平均电压,而每个变换器单元的平均输出电流则为输出负载平均电流的 $1/m$。

另外,多相多重 DC-DC 变换电路中的变换器单元具有互为备用的功能,当一个变换器单元故障时,其余的变换器单元仍可以正常工作,显然,多相多重 DC-DC 变换电路在扩大变换器容量和改善输入、输出波形的同时提高了变换器供电的可靠性。

以上讨论的多相多重 DC-DC 变换电路实际上是一种变换器的电流扩容方式。当然,还可以将多个基本的 DC-DC 变换电路串联,并通过类似的移相控制,从而在实现变换器电压扩容的同时有效地改善复合型 DC-DC 变换电路的电压波形,但是这种变换器串联复合的电压扩容方式无法使变换器单元互为备用,因而不能提高变换器供电的可靠性。

3.5 变压器隔离型 DC-DC 变换电路

基本的 DC-DC 变换电路输出与输入之间存在直接联系,其输入电压一般是从电网直接经整流滤波取得,而输出直接给负载供电,若输出电压等级与输入电压等级相差太大,势必影响调节控制范围,同时形成低压供电负载与电网电压之间的直接联系。为了解决这一问题,通常有两种方法:①先将电网电压经变压器变换成合适的工频交流电压,再进行整流滤波获得所需要的直流电压;②先将电网电压整流滤波得到初级直流电压,再经过斩波或逆变电路将直流电变换成高频的脉冲或交流电,然后经过高频变压器将其变换成合适电压等级的高频交流电,最后将这一交流电进行整流滤波获得负载所需要的直流电压,其中从初级直流电压到负载所需要的直流电压的变换称为隔离型 DC-DC 变换,完成这一功能的电路称为隔离型 DC-DC 变换电路。下面以隔离型 Buck 变换器——单端正激式变换器为例进行说明。

基本的 Buck 型变换电路如图 3-12(a)所示,A-O 点之间的电压波形为方波,如图 3-12(b)所示,将这一方波电压接到变压器 T 的原边,则副边也将输出相同形状的方波,变压器副边输出接整流滤波电路,就得到了隔离型 Buck 变换电路,这种 Buck 型的变压器原、副边同时工作,也称为单端正激(Forward)变换器,如图 3-13 所示。

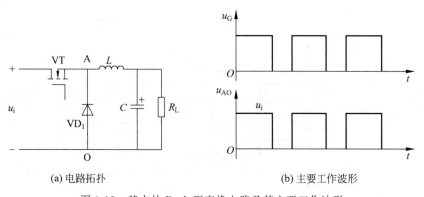

(a) 电路拓扑 (b) 主要工作波形

图 3-12 基本的 Buck 型变换电路及其主要工作波形

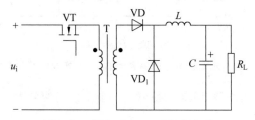

图 3-13 隔离型 Buck 型变换电路

对于如图 3-13 所示的电路,由于加在变压器原边是单方向的脉冲电压,当 VT 导通时,原边线圈加正向电压并通以正向电流,磁芯中的磁感应强度将达到某一值,由于磁芯的磁滞效应,当 VT 关断时,线圈电压或电流回到零,而磁芯中磁通并不回到零,这就是剩磁通。剩磁通的累加可能导致磁芯饱和,因此需要进行磁复位。磁芯复位技术可以分成两种：一种是把铁心的剩磁能量自然转移，在为了复位所加的电子元件上消耗掉，或者把残存能量馈送到输入端或输出端；另一种是通过外部能量强迫铁心磁复位。具体采用哪种方法，可视功率的大小和所使用的磁芯磁滞特性而定。磁芯剩余磁感应强度较小、功率也小的铁心，一般采用转移损耗法，此法有线路简单可靠的特点；磁芯剩余磁感应强度 B_r 较小、功率较大的铁心，一般采用再生式磁芯复位方法；高 B_r 铁心，复位采用强迫法，线路稍复杂。一般情况下，隔离型 Buck 变换电路大多采用将剩磁能量馈送到输入端的再生式磁芯复位方法进行磁复位。将图 3-13 所示隔离型 Buck 变换电路加上磁复位电路就构成了如图 3-14(a) 所示的带有磁复位电路的隔离型 Buck 变换电路，其中绕组 N_3 和钳位二极管 VD_2 构成磁复位电路，电路主要工作波形如图 3-14(b) 所示。

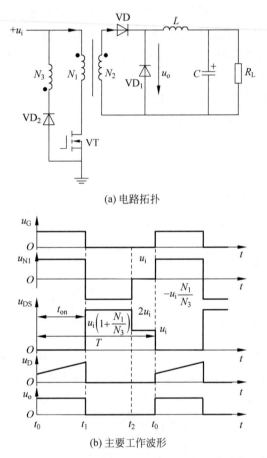

(a) 电路拓扑

(b) 主要工作波形

图 3-14　带有磁复位电路的隔离型 Buck 变换电路及其工作波形

带有磁复位电路的隔离型 Buck 变换电路一个工作周期分为 3 个阶段，每个阶段的电流路径如图 3-15 所示。

(1) t_0-t_1 阶段，能量传递阶段，如图 3-15(a) 所示。VT 导通，经变压器耦合和二极管 VD 向负载传输能量，此时，滤波电感 L 储能。

(2) t_1-t_2 阶段，磁芯复位阶段，如图 3-15(b) 所示。VT 截止，二极管 VD 截止，电感 L 中产生的感应电势使续流二极管 VD_1 导通，电感 L 中储存的能量通过二极管 VD_1 向负载释放，变压器磁芯中的剩磁能量通过 VD_2 和 N_3 馈送到电源。

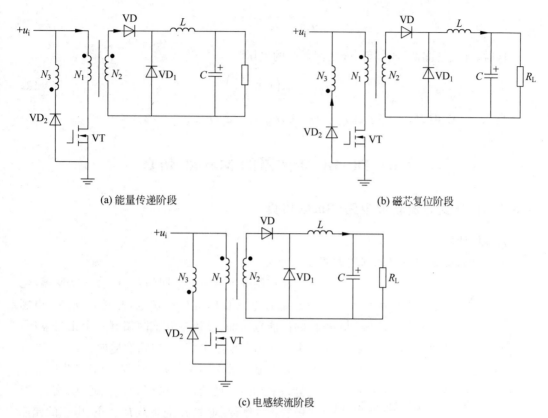

(a) 能量传递阶段　　　　　　　　　　　　(b) 磁芯复位阶段

(c) 电感续流阶段

图 3-15　隔离型 Buck 变换电路各阶段电流路径

(3) t_2-t_0 阶段,电感续流阶段,如图 3-15(c)所示。变压器磁芯中的剩磁能量全部释放完毕,电感 L 中储存的能量继续通过二极管 VD_1 向负载释放。

输出电压为

$$u_o = \frac{N_2}{N_1}\frac{t_{on}}{T}u_i = \frac{N_2}{N_1}Du_i = Du_i\frac{1}{n} \tag{3-14}$$

式中,N_1、N_2 分别为变压器原、副边绕组匝数;u_i 为变换器输入电压;D 为开关管导通占空比;$n = N_2/N_1$ 为变压器匝数比。显然输出电压仅决定于变换器输入电压、变压器的匝比和开关管的占空比,与负载电阻无关。

当 VT 导通时,二极管 VD_1 承受的反向电压为

$$u_{RVD1} = u_i\frac{N_2}{N_1} \tag{3-15}$$

二极管 VD_2 承受的反向电压为

$$u_{RVD2} = u_i\left(1 + \frac{N_3}{N_1}\right) \tag{3-16}$$

当 VT 截止时,变压器剩磁能量通过 VD_2 和 N_3 释放出来,这时,N_3 承受上正下负的电压,N_1 和 N_2 承受下正上负的电压,二极管 VD 截止,VD_1 导通为滤波电感 L 提供续流回路,二极管 VD 承受的电压为

$$u_{\mathrm{RVD}} = u_{\mathrm{i}} \frac{N_2}{N_3} \tag{3-17}$$

这时,开关管漏源(或集射)极之间承受的电压为

$$u_{\mathrm{VT}} = u_{\mathrm{i}} \left(1 + \frac{N_1}{N_3}\right) \tag{3-18}$$

当 $N_3 = N_1$ 时,$u_{\mathrm{VT}} = 2u_{\mathrm{i}}$,$u_{\mathrm{RVD}} = u_{\mathrm{i}}/n$,$u_{\mathrm{RVD1}} = u_{\mathrm{i}}/n$,$u_{\mathrm{RVD2}} = 2u_{\mathrm{i}}$。

3.6 DC-DC 斩波器的 Matlab 仿真

3.6.1 降压式直流斩波电路(Buck)仿真

1. 原理图

降压式直流斩波电路原理图如图 3-16 所示。

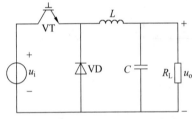

图 3-16 降压式直流斩波电路原理图

在控制 VT 导通 t_{on} 期间,二极管 VD 反偏,电源 E 通过电感 L 向负载 R 供电,此时 i_{L} 增加,电感 L 的储能也增加,导致在电感两端有一个正向电压,这个电压引起电感电流 i_{L} 的线性增加。

在控制开关 VT 关断 t_{off} 期间,电感产生感应电动势,左负右正,使续流二极管 VD 导通,电流 i_{L} 经二极管 VD 续流,电感 L 向负载 R 供电,电感的储能逐步消耗在 R 上,电流 i_{L} 线性下降,如此周而复始地周期性变化。

2. 建立仿真模型

(1) 建立一个仿真模型的新文件。在 Matlab 菜单栏上单击 File,选择 New。在弹出菜单中选择 Model,弹出一个空白的仿真平台,如图 3-17 所示。在这个平台上可以绘制电路的仿真模型。

(2) 提取电路元器件模块。在仿真模型窗口的菜单上单击 Simulink 图标,调出模型库浏览器,在模型库中提取所需的模块放到仿真窗口。组成降压式直流斩波电路的元器件有直流电源、MOSFET、RLC 负载等。

(3) 将电路元器件模块按照降压斩波原理图连接起来组成仿真电路,如图 3-18 所示。

3. 设置模型参数

假设参数设定为:直流电压源设置为 50V,电感的自感系数为 $400\mu\mathrm{H}$,电容的电容量为 $100\mu\mathrm{F}$,电阻的电阻值为 20Ω,频率设为 10kHz。若要求输出电压为 20V,则脉冲触发器的占空比就为 $\frac{20}{50} \times 100\% = 40\%$。

4. 模型仿真

在参数设置完成后即可以开始仿真。单击 ▶ 按钮,立即开始仿真。仿真计算完成后可以通过单击示波器来观察仿真波形。图 3-19 所示为此次仿真波形。

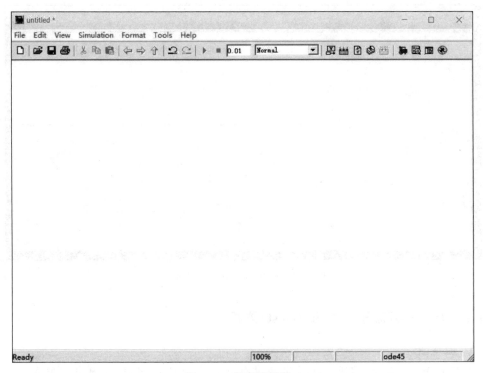

图 3-17 仿真模型窗口

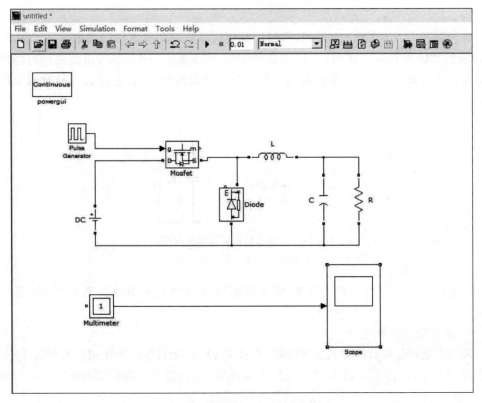

图 3-18 降压斩波电路仿真模型

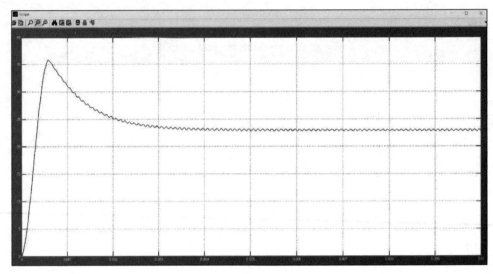

图 3-19 降压斩波电路仿真波形

3.6.2 升压式直流斩波电路(Boost)仿真

1. 原理图

在控制 VT 导通 t_{on} 期间,电源 E 通过电感 L 向负载 R 供电,充电电流恒为 I_1。同时 C 的电压向负载供电,因 C 值很大,输出电压 u_o 为恒值,记为 U_o。此阶段 L 上积蓄的能量为 EI_1t_{on}。

在控制开关 VT 关断 t_{off} 期间,E 和 L 共同向 C 充电并向负载 R 供电。则此期间,电感 L 释放的能量为 $(u_o - E)I_1t_{off}$。原理图如图 3-20 所示。升压斩波电路之所以能使输出电压高于电源电压,是因为 L 储能后具有使电压升高的作用,电容 C 可将输出电压保持住。

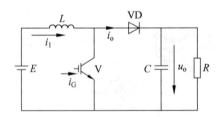

图 3-20 升压式直流斩波电路原理图

2. 建立仿真模型

将电路元器件模块按照升压斩波电路原理图连接起来组成仿真电路,如图 3-21 所示。

3. 设置模型参数

采取大电感轻负载的方式设置参数,负载 R 设为 $1k\Omega$,电感为 $1mH$,电容为 $100\mu F$,频率为 $50kHz$,直流电压设为 $5V$,占空比设置为 60%,仿真时间段选取在 $0.5s$。此时,

$$U_o = \frac{1}{1-D} \times U_i = \frac{1}{1-0.6} \times 5 = 12.5(V)。$$

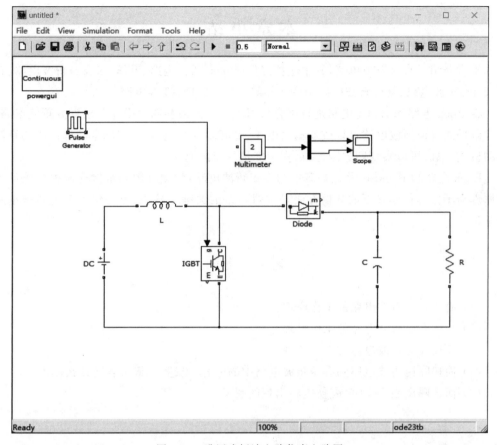

图 3-21 升压式斩波电路仿真电路图

4. 模型仿真

在参数设置完毕后即可以开始仿真。如图 3-22 所示为此次仿真波形。

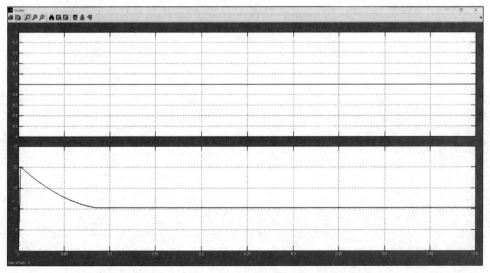

图 3-22 升压斩波电路仿真波形

本 章 小 结

本章介绍了直流斩波电路,其中包括降压(Buck)斩波电路、升压(Boost)斩波电路、丘克(Cuk)斩波电路、复合斩波电路和变压器隔离型 DC-DC 变换电路。

将 Buck 电路和 Boost 电路进行组合可以构成二象限和四象限复合型直流斩波电路。四象限桥式直流斩波电路可以改变输出电压、电流的极性,它对具有反电动势性质的直流电动机类负载,可以实现四象限运行,实现能量的双向流动。

Buck 电路和 Boost 电路是最基本的直流斩波电路,深刻理解和掌握这两种电路的工作原理与不同工作模式下的分析方法是学习本章的关键和核心,也是学习其他斩波电路的基础。

习 题

(1) 简述降压斩波电路的工作原理。

(2) 简述升压斩波电路的工作原理。

(3) 简述丘克斩波电路的工作原理。

(4) 简述降压斩波电路和升压斩波电路中的电容、电感、二极管各起什么作用。

(5) 简述隔离型 DC-DC 变换电路出现的意义。

第 4 章　AC-DC 变换器(整流和有源逆变电路)

AC-DC 变换器是指将交流电能变换为直流电能的电力电子装置,而 AC-DC 变换器的交流侧一般连入电网或其他交流电源。通常根据 AC-DC 变换器运行过程中电能传递方向的不同,AC-DC 变换器又可分为整流和有源逆变两种工作状态。

(1) AC-DC 整流:当变换器的电能由交流侧向直流侧传递,即 AC-DC,此时变换器处于整流工作状态,称作整流器或整流电路。

(2) DC-AC 有源逆变:当变换器的电能由直流侧向交流侧传递,即 DC-AC,此时变换器处于有源逆变工作状态,而有源逆变实际上只是整流器的一种可逆运行状态。

需要注意的是,运行于整流状态的 AC-DC 变换器未必可运行于有源逆变状态,而运行于有源逆变状态的 AC-DC 变换器,在外部电路条件满足时,一般均可运行于整流状态。

整流电路(AC-DC)有多种分类方法,根据使用的器件可以分为:①使用不可控器件(二极管)的不可控整流;②使用半控型器件(晶闸管)的相控整流;③使用全控器件(如 power MOSFET 和 IGBT)的 PWM 整流电路。

不可控整流只能运行于整流状态,无法实现有源逆变运行;而相控整流电路和全控器件组成的 PWM 整流电路则有可能运行在整流和有源逆变两种状态。

针对上述几种整流电路,整流电路还可以依据输入交流电的不同分为:①整流电路输入是单相交流电的单相整流电路;②整流电路输入是三相交流电的三相整流电路。

上述几种整流电路又都包括:①只能整流出半个周期交流波形的半波式整流电路;②可以整流出整个周期交流波形的全桥式整流电路。

本章建议重点学习以下内容:

(1) 单相整流电路;

(2) 三相整流电路;

(3) 相控有源逆变电路;

(4) 电压型桥式 PWM 整流电路。

4.1　单相半波整流电路

单相半波整流电路是对输入的单相交流电进行整流,根据采用的整流器件的不同可分为:①采用二极管的简单的单相半波不可控整流电路;②采用晶闸管的单相半波可控整流电路。

4.1.1 单相半波不可控整流电路

图 4-1 采用不可控器件二极管进行单相半波整流,是整流电路中最简单的形式。为简化分析,此处二极管忽略其正向导通时的管压降。当图 4-1(a)所示的单相半波不可控整流电路带电阻负载时,其中电源变压器原边电压瞬时值为 u_1,副边电压瞬时值为 u_2。其对应的工作波形如图 4-1(b)所示,当电源电压 u_2 处于正半周时,二极管 VD_1 导通,负载电压平均值 $u_d = u_2$;当电源电压 u_2 处于负半周时,VD_1 承受反压而截止,$u_d = 0$。负载电流 i_d 波形与 u_d 波形相似,相位相同,但幅值不同。由于该单相整流电路只有正半周波导电,因此称为单相半波整流电路。以此类推,如果将二极管方向反向放置,则二极管只能在负半周波导电,请读者自行分析。以一个电源周期为例,表 4-1 为单相半波不控整流电路带电阻负载时各区间工作情况。

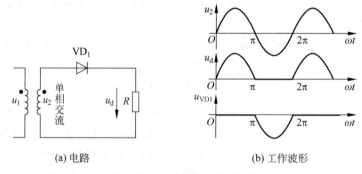

(a) 电路   (b) 工作波形

图 4-1　单相半波整流电路带电阻负载电路和工作波形

表 4-1　单相半波不可控整流电路带阻感负载各区间工作情况

ωt	$0 \sim \pi$	$\pi \sim 2\pi$
二极管导通情况	VD_1 导通	VD_1 截止
负载电压 u_d	u_2	0
负载电流 i_d	u_2/R	0
二极管端电压 u_{VD1}	0	u_2
负载电压平均值 U_d	$\dfrac{1}{2\pi}\displaystyle\int_0^\pi \sqrt{2}\,U_2\sin\omega t\,\mathrm{d}(\omega t) = 0.45U_2$	

图 4-2(a)所示为带阻感负载的单相半波整流电路。u_2 过零变负后,其电感 L 的电势等效图如图 4-2(b)所示,由于电感有阻止电流变化的作用,在电感 L 两端因电流的变化而产生感应电动势 e_L,当负载电流 i_d 下降时,e_L 极性为下正上负,与 u_2 叠加,使得 VD_1 在 u_2 进入负半周后,仍然在一段时间内承受正压而导通,这会造成负载电压 u_d 出现负值,工作波形如图 4-2(c)所示。到了 ωt_1 时刻,i_d 下降到 0,VD_1 才关断。表 4-2 为单相半波不控整流电路带阻感负载时各区间工作情况。

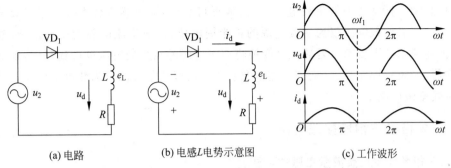

(a) 电路　　　　　(b) 电感L电势示意图　　　　　(c) 工作波形

图 4-2　带阻感负载的单相半波整流电路和工作波形

表 4-2　带阻感负载的单相半波不可控整流电路各区间工作情况

ωt	$0 \sim \pi$	$\pi \sim \omega t_1$	$\omega t_1 \sim 2\pi$
二极管导通情况	VD_1 导通	VD_1 导通	VD_1 截止
负载电压 u_d	u_2	u_2	0
负载电流 i_d	不为 0	不为 0	0
二极管端电压 u_{VD_1}	0	0	u_2

　　为避免负载电压 u_d 出现负值,导致整流电路的输出平均电压降低,可在负载两端反并联二极管 VD_2 为负载电流提供续流的通路,如图 4-3(a)所示。在 u_d 为正时,续流二极管 VD_2 承受反压处于关断状态;而 u_d 变负时,VD_2 承受正压而导通,将 u_d 限制在近似零值,则 u_d 的波形与带电阻性负载时的负载电压波形相同。若负载中的电感量很大,则负载电流 i_d 波形连续,且近似为定值,其由 i_{VD_1} 和 i_{VD_2} 两部分组成,如图 4-3(b)所示。表 4-3 为单相半波不可控整流电路大电感负载带续流二极管时各区间工作情况。

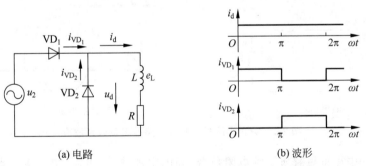

(a) 电路　　　　　　　　　(b) 波形

图 4-3　带续流二极管的单相半波整流电路和波形

表 4-3　单相半波不可控整流电路大电感负载带续流二极管时各区间工作情况

ωt	$0 \sim \pi$	$\pi \sim 2\pi$
二极管导通情况	VD_1 导通、VD_2 截止	VD_1 截止、VD_2 导通
负载电压 u_d	u_2	0
负载电流 i_d	稳定直流	
整流二极管电流 i_{VD_1}	方波电流	0
续流二极管电流 i_{VD_2}	0	方波电流
整流二极管端电压 u_{VD_1}	0	u_2
续流二极管端电压 u_{VD_2}	$-|u_2|$	0

由图 4-1～图 4-3 中的负载电压 u_d 的波形可看出,除阻感负载不带续流二极管电路之外,半波整流负载电压仅为交流电源的正半周电压,造成交流电源利用率偏低,输出脉动大,因此使用范围较窄。若能经过变换将交流电源的负半周电压也得到利用,则负载电压平均值 u_d 可提高 1 倍,从而使交流电源利用率得以成倍提高。为此可采用 4.3 节中的单相桥式整流电路。

4.1.2 单相半波相控整流电路

1. 单相半波相控整流带电阻性负载

图 4-4 所示为单相半波相控整流电路带电阻性负载的原理图与波形图。图 4-4(a) 中,变压器 T 起变换电压和隔离的作用,变压器一次侧、二次侧电压瞬时值分别用 u_1 和 u_2 表示,有效值分别用 U_1 和 U_2 表示,输出直流电压、电流用 u_d、i_d 表示其瞬时值、U_d、I_d 表示其平均值。交流正弦电压波形的横坐标为电角度 ωt,其周期为 2π 或 $360°$电角度,用时间表示是 50Hz 的交流电周期是 20ms。

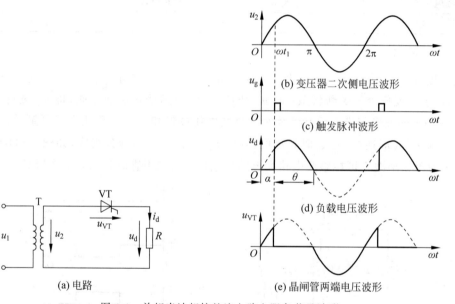

图 4-4　单相半波相控整流电路电阻负载及波形

工业生产中很多负载属于纯电阻负载,如电阻加热炉、电解、电镀等。电阻负载的特点是电压与电流成正比,两者波形相同。分析整流电路时,假设晶闸管为理想器件,导通时管压降为零,晶闸管阻断时漏电流为零。

由图 4-4(b)可知,u_2 正半周晶闸管承受正向电压,触发脉冲到来之前($0\sim\omega t_1$),晶闸管无法导通,负载电阻 R_d 两端输出 $u_d=0$,晶闸管 VT 承受电源电压,$u_{vt}=u_2$;$\omega t_1\sim\pi$ 这段区间,触发脉冲的到来使得晶闸管 VT 导通,电源电压 u_2 全部加在负载电阻 R_d 两端,$u_d=u_2$,晶闸管 VT 导通时管压降为零,$u_{vt}=0$;$\pi\sim2\pi$ 这段区间,晶闸管 VT 承受反向电压阻断,负载电阻 R_d 上没有电流流通,$u_d=0$,晶闸管 VT 承受电源电压,因此 $u_{vt}=u_2$。直至下一个周期,再加上触发脉冲,晶闸管重新导通,负载电阻 R_d 输出直流平均电压。

改变触发时刻,u_d 和 u_{vt} 的波形随之改变,u_d 只在电源正半周内出现,为脉动直流,故称半波整流。由于采用了可控器件晶闸管,且交流输入为单相,故该电路为单相半波相控整流电路。整流电压 u_d 波形在一个电源周期中只脉动 1 次,故该电路为单脉波整流电路。

从晶闸管开始承受正向阳极电压起,到施加触发脉冲止的电角度,用 α 表示,也称触发角或控制角。晶闸管在一个电源周期中处于通态的电角度称为导电角,用 θ 表示,单相半波相控整流电路,触发角与控制角满足关系式:$\theta = \pi - \alpha$。直流输出电压平均值为

$$U_d = \frac{1}{2\pi}\int_\alpha^\pi \sqrt{2}U_2 \sin\omega t \, \mathrm{d}(\omega t) = \frac{\sqrt{2}U_2}{2\pi}(1+\cos\alpha) = 0.45U_2\frac{1+\cos\alpha}{2} \tag{4-1}$$

由式 4-1 可知,$\alpha = 0$ 时,$U_d = 0.45U_2$ 为最大值,α 增大到 π 时,$U_d = 0$。可见,直流电压 U_d 是连续可调的,晶闸管 VT 的触发控制角(α)的移相范围为 $0° \sim 180°$。

这种通过控制触发脉冲的相位来控制直流输出电压大小的方式称为相位控制方式,简称相控方式。

单相半波相控整流电路电阻负载各区间工作情况见表 4-4。

表 4-4 单相半波相控整流电路电阻负载各区间工作情况

ωt	$0 \sim \omega t_1$	$\omega t_1 \sim \pi$	$\pi \sim 2\pi$
晶闸管导通情况	VT 截止	VT 导通	VT 截止
负载电压 u_d	0	u_2	0
负载电流 i_d	0	u_2/R	0
晶闸管端电压 u_{VT}	u_2	0	u_2
负载电压平均值 U_d	0	$\dfrac{1}{2\pi}\int_\alpha^\pi \sqrt{2}U_2\sin\omega t\,\mathrm{d}(\omega t) = 0.45U_2\dfrac{1+\cos\alpha}{2}$	0

由式 4-1 可得直流回路的平均电流为

$$I_d = \frac{U_d}{R} = 0.45\frac{U_2}{R}\frac{1+\cos\alpha}{2} \tag{4-2}$$

选择导线截面积,晶闸管、熔断器以及计算负载电阻的有功功率时,都需要以电流的有效值来计算。回路中的、晶闸管上的以及负载电阻上的电流有效值相等为

$$I = I_T = I_R = \sqrt{\frac{1}{2\pi}\int_\alpha^\pi \left(\frac{\sqrt{2}U_2}{R}\sin\alpha\right)^2 \mathrm{d}\omega t}$$

$$= \frac{U_2}{R}\sqrt{\frac{1}{4\pi}\sin 2\alpha + \frac{\pi-\alpha}{2\pi}} \tag{4-3}$$

由式(4-2)、式(4-3)可得流过晶闸管的电流波形系数:

$$K_f = \frac{I}{I_d} = \frac{\sqrt{2\pi\sin 2\alpha + 4\pi(\pi-\alpha)}}{2(1+\cos\alpha)} \tag{4-4}$$

当 $\alpha = 0$ 时,$K_f \approx 1.57$。

电源供给的有功功率为

$$P = I_R^2 R = UI \tag{4-5}$$

其中,U 为 R 上的电压有效值,则

$$U = \sqrt{\frac{1}{2\pi}\int(\sqrt{2}U_2\sin\omega t)^2 d\omega t} = U_2\sqrt{\frac{1}{4\pi}\sin2\alpha + \frac{\pi-\alpha}{2\pi}} \tag{4-6}$$

电源侧的输入功率为

$$S = S_2 = U_2 I$$

功率因素为

$$\cos\varphi = \frac{P}{S} = \frac{I_2 R}{U_2} = \sqrt{\frac{1}{4\pi}\sin2\alpha + \frac{\pi-\alpha}{2\pi}} \tag{4-7}$$

当 $\alpha=0$ 时,功率因数 $\cos\varphi$ 为最大 0.707;当 $\alpha=\pi$ 时,$\cos\varphi=0$。可见,尽管是电阻负载,由于存在谐波电流,电源的功率因素也不为 1,而且当 α 越大,$\cos\varphi$ 越低,移相控制是导致负载电流波形发生畸变,大量的高次谐波成分减小了有功功率输出,却占据了电路容量,这是单相半波相控整流电路的缺陷。

例 4-1 单相半波相控整流电路,电阻负载,由 220V 交流电源直接供电。负载要求的最高平均电压为 60V,相应平均电流为 20A,试选择晶闸管元件,并计算在最大输出情况下的功率因数。

解:(1) 先求出最大输出时的控制角 α,根据式(4-1)可得

$$\cos\alpha = \frac{2U_d}{0.45U_2} - 1 = \frac{2\times60}{0.45\times220} - 1 = 0.212$$

$$\alpha = 77.8°$$

(2) 求回路中的电流有效值,根据式(4-4)可得

$$K_f = \frac{I_2}{I_d} = 2.06$$

$$I_T = I_2 = 2.06\times20 = 41.2(A)$$

(3) 求晶闸管两端承受的正、反向峰值电压 U_m:

$$U_m = \sqrt{2}U_2 = 311(V)$$

(4) 选择晶闸管:

$$晶闸管通态平均电流\ I_{T(AV)} = (1.5\sim2)\times\frac{I_T}{1.57} = 39.4\sim52.5(A)$$

取 $$I_{T(AV)} = 50A$$

$$晶闸管电压定额\ U_{TE} = (2\sim3)U_m = 622\sim933(V)$$

取 $$U_{TN} = 1000V$$

可选用 KP50-10 型晶闸管。

(5) 由式(4-7)计算最大输出情况下功率因数:

$$\cos\varphi = \frac{P}{S} = \frac{I_2 R}{U_2} = 0.562$$

2. 单相半波相控整流电路带阻感性负载

实际生产中,有很多负载是既有电阻的特性也有电感的特性,当负载中感抗 ωL 与电

阻 R 相比不可忽略时即为阻感负载。若 $\omega L \gg R$ 则负载主要呈现为电感,称为电感负载。例如,电机的励磁绕组。电感对电流变化有抗拒作用,如果流过电感的电流发生突变,则在电感两端有感应电动势 $L \times \mathrm{d}i/\mathrm{d}t$,当电流增加时,感应电动势的极性阻碍电流的增大;当电流减小时,感应电动势的极性阻碍电流的减小。使得流过电感的电流不能发生突变,这是阻感负载的特点,也是理解阻感负载工作情况的关键之一。

如图 4-5 所示,$\alpha(0 \sim \omega t_1)$ 期间:晶闸管虽然承受正向电压,但没有门极触发脉冲,晶闸管阻断承受全部电源电压。$\omega t_1 \sim \pi + \omega t_1$ 期间:管子被触发导通,电源电压全部加到负载上。在此期间,由于电感 L 的作用,负载电流 i_d 只能从零开始逐渐增大,由于电感电流滞后电感电压一定相位,负载电压 u_d 到了 π 时刻过零变负时,负载电流 i_d 还未衰减到 0,晶闸管保持导通,直到 $\pi + \omega t_1$ 时刻,$i_d = 0$ 晶闸管关断。

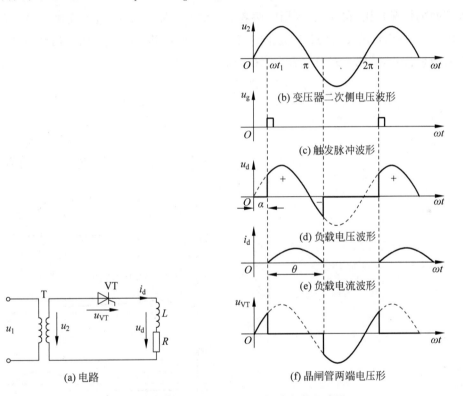

图 4-5　单相半波相控整流电路阻感负载及波形

由上述分析可见,电路串联电感后,i_d 的变化滞后 u_d 的变化,使晶闸管导通时间延长,负载端出现负电压。电感 L 使电流波形平稳起到平波的作用。实际使用中,为了使负载上获得平稳的电流波形,往往要外接电感量很大的平波电抗器。

由于电感存在,使负载电压波形出现负电压,电感 L 越大导通角也越大。当 L 增大使电压波形的负面积接近正面积时,整流输出的直流电压 $U_d \approx 0$。因此,当单相半波整流电路电感 L 很大时,不管 α 如何变化 U_d 总是很小,电路是无法工作的。

单相半波相控整流电路阻感带负载各区间工作情况见表 4-5。

表 4-5 单相半波相控整流电路阻感负载各区间工作情况

ωt	$0 \sim \omega t_1$	$\omega t_1 \sim \pi + \omega t_1$	$\pi + \omega t_1 \sim 2\pi$
晶闸管导通情况	VT 截止	VT 导通	VT 截止
负载电压 u_d	0	u_2	0
负载电流 i_d	0	u_2/R	0
晶闸管端电压 u_{VT}	u_2	0	u_2
负载电压平均值 U_d	0	$\dfrac{1}{2\pi}\displaystyle\int_{\alpha}^{\pi}\sqrt{2}\,U_2\sin\omega t\,\mathrm{d}(\omega t)=0.45U_2\cos\alpha$	0

3. 单相半波相控整流电路阻感负载带续流二极管

为避免 U_d 太小,如图 4-6 所示,在整流电路的负载两端并联续流二极管,与没有续流二极管时的情况相比,在 u_2 正半周时两者工作情况一样。当 u_2 过零变负时,VD_R 导通,u_d 为零。此时为负的 u_2 通过 VD_R 向 VT 施加反压使其关断。下面给出续流二极管上电流有效值公式,其他公式请读者自行推导。

$$I_{DR} = \sqrt{\frac{1}{2\pi}\int_{\pi}^{2\pi+\alpha} I_d^2 \,\mathrm{d}(\omega t)} = \sqrt{\frac{\pi+\alpha}{2\pi}}\,I_d \tag{4-8}$$

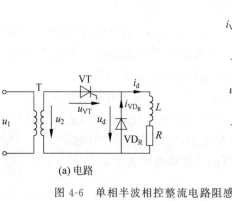

图 4-6 单相半波相控整流电路阻感负载带续流二极管电路及波形

4.2　单相桥式整流电路

4.2.1　单相桥式不可控整流电路

单相半波可控整流电路虽有线路简单、调整方便等优点,但只有半周工作,存在直流波形差,整流输出脉动大,变压器利用率低,变压器二次侧电流中含直流分量,造成变压器铁心直流磁化等缺点,实际上很少应用此种电路。为了使电源负半周也能工作实现双半波整流,在负载上得到全波整流电压,在实用中大量采用单相全波与桥式相控整流电路。分析单相半波电路的主要目的在于利用其简单易学的特点,建立起整流电路的基本概念。

单相桥式整流电路的正、负半周工作状态时的电流回路如图 4-7(b)和(c)所示,其具体工作情况见表 4-6。

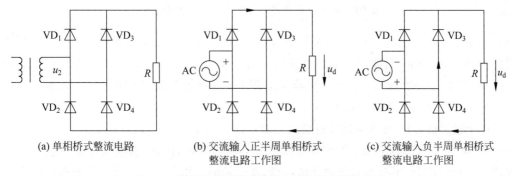

(a) 单相桥式整流电路　　(b) 交流输入正半周单相桥式　　(c) 交流输入负半周单相桥式
　　　　　　　　　　　　　　　整流电路工作图　　　　　　　　整流电路工作图

图 4-7　单相桥式不可控整流电路电阻负载及波形

表 4-6　单相桥式不可控整流电路电阻负载各区间工作情况

ωt	$0\sim\pi$	$\pi\sim2\pi$
二极管导通情况	VD$_1$ 和 VD$_4$ 导通,VD$_2$ 和 VD$_3$ 截止	VD$_2$ 和 VD$_3$ 导通,VD$_1$ 和 VD$_4$ 截止
负载电压 u_d	$\lvert u_2\rvert$	
负载电压平均值 U_d	$\dfrac{1}{\pi}\int_0^\pi \sqrt{2}\,U_2\sin\omega t\,\mathrm{d}(\omega t)=0.9U_2$	

在单相输入的 AC-DC 整流电路中,单相桥式整流电路应用极为广泛,目前已有模块形式的二极管桥可供使用,但由于单个二极管的价格通常很低,以大规模、低成本方式制造的较小功率的设备中仍然使用 4 个单个的二极管。

4.2.2　单相桥式相控整流电路

1. 带电阻负载的工作情况

单相整流电路中带电阻负载的工作情况工作原理及波形分析如图 4-8 所示。

桥式电路中 VT$_1$ 和 VT$_3$ 阴极相连为共阴极接法,VT$_2$ 和 VT$_4$ 阳极相连为共阳极接法。共阴极接法的两个管子,即使同时被触发也只能使阳极电位高的管子导通,导通后使另一只管子承受反向电压而关断。同样共阳极接法的两只管子,即使同时被触发也只能使得阴极电位低的导通,导通后使另一

单相桥式
整流电路

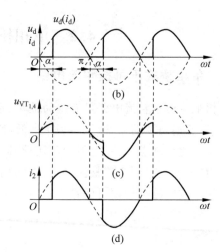

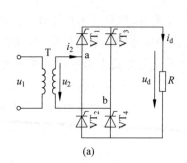

图 4-8　单相桥式相控整流电路-电阻负载及波形

只管子承受反压而关断。VT_1 和 VT_4 组成一对桥臂,在 u_2 正半周承受电压 u_2,得到触发脉冲即导通,当 u_2 过零时关断。电流从 a 端经 VT_1、负载 R、VT_4 流回 b 端;VT_2 和 VT_3 组成另一对桥臂,在 u_2 负半周承受电压 $-u_2$,得到触发脉冲即导通,电流从 b 端经 VT_3、负载 R、VT_2 流回 a 端,当 u_2 过零时关断。

　　由上述分析可知,交流电压经过桥式整流电路变成负载 R 上的脉动直流,如图 4-8(b)所示,电流 i_2 一个周期内正、负半周对称如图 4-8(d)所示,因此,在桥式电路中变压器二次侧没有直流成分,不存在直流磁化的问题,变压器的利用率也比较高。晶闸管两端电压波形如图 4-8(c)所示,以 VT_1 为例,VT_1 和 VT_4 导通时,$u_{VT_1}=0$,VT_2 和 VT_3 导通时,u_{VT_1} 承受全部反向电源电压,在 α 期间四管均未导通时,若管子阻断电阻均相等,则管子各自承担一半电源电压。整流输出直流电压 U_d 由下式积分求得

$$U_d = \frac{1}{\pi}\int_{\alpha}^{\pi} \sqrt{2}U_2 \sin\omega t\, d(\omega t) = \frac{2\sqrt{2}U_2}{\pi} \times \frac{1+\cos\alpha}{2} = 0.9U_2 \frac{1+\cos\alpha}{2} \qquad (4\text{-}9)$$

当 $\alpha=0°$ 时 $U_d=0.9U_2$;当 $\alpha=180°$ 时 $U_d=0$。因此晶闸管触发脉冲的移相范围为 $0°\sim180°$。

　　单相桥式相控整流电路-电阻负载各区间工作情况见表 4-7。

表 4-7　单相桥式相控整流电路-电阻负载各区间工作情况

ωt	$0\sim\omega t_1$	$\omega t_1\sim\pi$	$\pi\sim\pi+\omega t_1$	$\pi+\omega t_1\sim2\pi$
晶闸管导通情况	都不导通	VT_1 和 VT_4 导通,VT_2 和 VT_3 截止	都不导通	VT_2 和 VT_3 导通,VT_1 和 VT_4 截止
负载电压 u_d	0	$\lvert u_2\rvert$	0	$\lvert u_2\rvert$
晶闸管电压 $u_{VT_{1,4}}$	$\frac{1}{2}u_2$	0	$-\frac{1}{2}u_2$	0
负载电压平均值 U_d	$\frac{1}{\pi}\int_{\alpha}^{\pi}\sqrt{2}U_2\sin\omega t\, d(\omega t) = 0.9U_2\frac{1+\cos\alpha}{2}$			

整流输出直流电流(负载电流)I_d 为

$$I_d = \frac{U_d}{R} = \frac{2\sqrt{2}U_2}{\pi R} \times \frac{1+\cos\alpha}{2} = 0.9\frac{U_2}{R} \times \frac{1+\cos\alpha}{2} \tag{4-10}$$

晶闸管电流平均值

$$I_{dT} = \frac{1}{2}I_d = 0.45\frac{U_2}{R} \times \frac{1+\cos\alpha}{2} \tag{4-11}$$

负载电流有效值 I 与交流输入(变压器二次侧)电流 I_2 相同为

$$I = I_2 = \sqrt{\frac{1}{\pi}\int_\alpha^\pi \left(\frac{\sqrt{2}U_2}{R}\sin\omega t\right)^2 \mathrm{d}(\omega t)} = \frac{U_2}{R}\sqrt{\frac{1}{2\pi}\sin 2\alpha + \frac{\pi-\alpha}{\pi}} \tag{4-12}$$

晶闸管电流有效值为

$$I_T = \sqrt{\frac{1}{2\pi}\int_\alpha^\pi \left(\frac{\sqrt{2}U_2}{R}\sin\omega t\right)^2 \mathrm{d}(\omega t)} = \frac{U_2}{\sqrt{2}R}\sqrt{\frac{1}{2\pi}\sin 2\alpha + \frac{\pi-\alpha}{\pi}} \tag{4-13}$$

$$I_T = \frac{1}{\sqrt{2}}I \tag{4-14}$$

不考虑变压器的损耗时,要求变压器的容量为 $S = U_2 I_2$。

电路的功率因数为

$$\cos\varphi = \frac{P}{S} = \frac{UI}{U_2 I_2} = \frac{U}{U_2} = \sqrt{\frac{1}{2\pi}\sin 2\alpha + \frac{\pi-\alpha}{\pi}} \tag{4-15}$$

功率因数最大可以为 1,表明 i_2 波形没有畸变为完整的正弦交流。

2. 带阻感负载的工作情况

当整流电路输出端串接平波电抗器的电感量 L 足够大,使负载电流 I_d 波形基本上是水平直线时,这种负载称为大电感负载,电路及波形如图 4-9 所示,各区间工作情况见

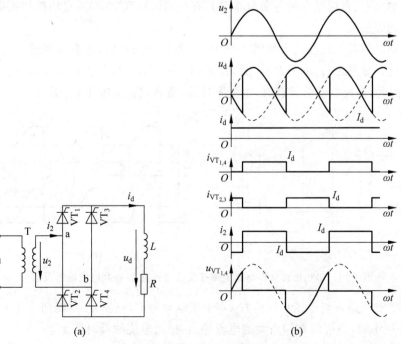

图 4-9　单相全控桥带阻感负载时的电路及波形

表 4-8。为便于讨论,假设电路已工作于稳态,负载电感很大,负载电流 i_d 连续且波形近似为一条水平线,u_2 过零变负时,电感的作用晶闸管 VT_1 和 VT_4 中仍流过电流 i_d,且并不关断。至 $\omega t = \pi + a$ 时刻,给 VT_2 和 VT_3 加触发脉冲,因 VT_2 和 VT_3 本已承受正电压,故两管导通。VT_2 和 VT_3 导通后,u_2 通过 VT_2 和 VT_3 分别向 VT_1 和 VT_4 施加反压,使 VT_1 和 VT_4 关断,流过 VT_1 和 VT_4 的电流迅速转移到 VT_2 和 VT_3 上,此过程称为换相,又称为换流。输出直流电压为

$$U_d = \frac{1}{\pi} \int_{\alpha}^{\pi+a} \sqrt{2} U_2 \sin\omega t \, \mathrm{d}(\omega t) = \frac{2\sqrt{2}}{\pi} U_2 \cos a = 0.9 U_2 \cos\alpha \tag{4-16}$$

晶闸管移相范围为 $0° \sim 90°$,晶闸管承受的最大正反向电压均为 $\sqrt{2} U_2$。晶闸管导通角 θ 与 α 无关,均为 $180°$。

变压器二次侧电流 i_2 的波形为正、负各 $180°$ 的矩形波,其相位由 α 角决定,有效值 $I_2 = I_d$,晶闸管电流平均值 $I_{dT} = 1/2 I_d$。

表 4-8 带阻感负载的单相桥式相控整流电路各区间工作情况

ωt	$\omega t_1 \sim \pi + \omega t_1$	$\pi + \omega t_1 \sim 2\pi + \omega t_1$
晶闸管导通情况	VT_1 和 VT_4 导通,VT_2 和 VT_3 截止	VT_2 和 VT_3 导通,VT_1 和 VT_4 截止
负载电压 u_d	$\|u_2\|$	
晶闸管电压 $u_{VT_{1,4}}$	0	
负载电压平均值 U_d	$\frac{1}{\pi} \int_{\alpha}^{\pi+a} \sqrt{2} U_2 \sin\omega t \, \mathrm{d}(\omega t) = 0.9 U_2 \cos\alpha$	

3. 带反电动势负载时的工作情况

蓄电池充电、直流电动机等负载本身具有一定的直流电动势,对相控整流电路来说是一种反电动势负载。

反电动势负载电路及波形如图 4-10 所示,在 $|u_2| > E$ 时,才有晶闸管承受正电压,有导通的可能。导通之后,$u_2 = E + i_d R$,直至 $|u_2| = E$,i_d 即降至 0 使得晶闸管关断,此后 $u_d = E$。因此,在反电动势负载时,电流不连续,负载端直流电压 U_d 升高。

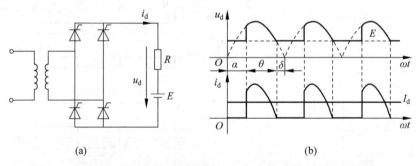

(a)   (b)

图 4-10 单相桥式全控整流电路接反电动势-电阻负载时的电路及波形

即使整流桥路直流电压平均值 U_d 小于反电动势 E,只要 u_d 的峰值大于 E,在直流回路电阻 R 很小时,仍可以有相当大的电流输出,输出电流的瞬时值为

$$i_d = \frac{u_d - E}{R} \tag{4-17}$$

在 α 角相同时,整流输出电压比电阻负载时大。如图 4-10(b)所示 i_d 波形在一个周期内有部分时间为 0 的情况,称为电流断续。与此对应,若 i_d 波形不出现为 0 的点的情况,称为电流连续。当触发脉冲到来时,晶闸管承受负电压,不可能导通。为了使晶闸管可靠导通,要求触发脉冲有足够的宽度,保证当 $\omega t = \delta$ 时刻有晶闸管开始承受正电压时,触发脉冲仍然存在。这样,相当于触发角被推迟为 δ。与电阻负载时相比,晶闸管提前了电角度 δ 停止导电,δ 称为停止导电角。

负载为直流电动机时,如果出现电流断续,则电动机的机械特性将很软。

为了克服此缺点,一般在主电路中直流输出侧串联一个平波电抗器,用来减少电流的脉动和延长晶闸管导通的时间,如图 4-11 所示。

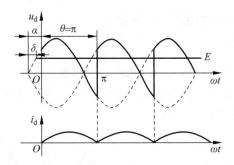

图 4-11　电流输出侧串联一个平波电抗器波形

这时整流电压 u_d 的波形和负载电流 i_d 的波形与电感负载电流连续时的波形相同,u_d 的计算公式也一样。

为保证电流连续所需的电感量 L 可由下式求出:

$$L = \frac{2\sqrt{2}U_2}{\pi \omega I_{dmin}} = 2.87 \times 10^{-3} \frac{U_2}{I_{dmin}} \tag{4-18}$$

4.2.3　单相全波可控整流电路

单相全波与单相全控桥从直流输出端或从交流输入端看均是基本一致的。电路及波形如图 4-12 所示,两者的区别主要有以下几点。

(1) 单相全波可控整流电路中变压器结构较复杂,二次绕组带中心抽头,绕组及铁心对铜、铁等材料的消耗多。

(2) 单相全波可控整流电路只用 2 个晶闸管,比单相全控桥式整流电路少 2 个,相应地,门极驱动电路也少 2 个;但是晶闸管承受的最大电压为 $2\sqrt{2}U_2$,是单相全控桥式整流电路的 2 倍。

(3) 单相全波可控整流电路导电回路只含 1 个晶闸管,比单相全控桥式整流电路少 1 个,因此管压降也少 1 个。

从上述(2)、(3)考虑,单相全波电路有利于在低输出电压的场合应用。

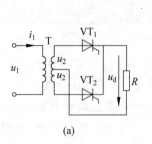

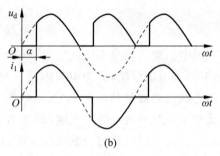

(a)   (b)

图 4-12　单相全波可控整流电路及波形

4.3　三相半波整流电路

4.3.1　三相半波相控整流电路(共阴极)

1. 电阻负载

三相半波可控整流电路如图 4-13(a)所示。变压器二次侧接成星形可以得到零线，而一次侧接成三角形，可以避免 3 次谐波流入电网。三个晶闸管分别接 a、b、c 三相电源，它们的阴极连接在一起称为共阴极接法。

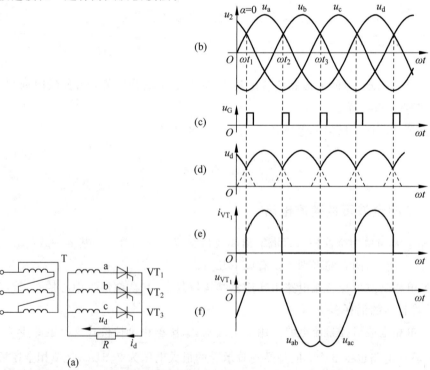

(a)

图 4-13　三相半波可控整流电路共阴极接法电阻负载时的电路及 $\alpha=0°$ 时的波形

$\alpha=0°$ 时的工作原理分析假设将电路中的晶闸管换作二极管，成为三相半波不可控整流电路。此时，相电压最大的一个所对应的二极管导通，并使另两相的二极管承受反压关断，输出整流电压即为该相的相电压。在一个周期中，电路中器件工作情况如下。

- ωt_1—ωt_2 期间,VT_1 导通,$u_d = u_a$。
- ωt_2—ωt_3 期间,VT_2 导通,$u_d = u_b$。
- ωt_3—ωt_4 期间,VT_3 导通,$u_d = u_c$。

晶闸管换相时刻为自然换相点,是各相晶闸管能触发导通的最早时刻,将其作为计算各晶闸管触发角 α 的起点,即 $\alpha = 0°$,改变触发角变大时,沿着时间轴向右移动。回顾单相半波整流电路知道,所有单相可控整流电路的自然换向点都是变压器二次侧电压的过零点。

变压器二次侧 a 相绕组和晶闸管 VT_1 的电流波形如图 4-13(e)所示,另外两相电流波形形状相等,相位依次滞后 120°,可见三相半波整流电路变压器二次绕组电流有直流分量。晶闸管 VT_1 的电压波形由 3 段组成。

第 1 段:VT_1 导通期间,为零管压降,可近似为 $u_{VT_1} = 0$;第 2 段:在 VT_1 关断后,VT_2 导通期间,$u_{VT_1} = u_a - u_b = u_{ab}$,为一段线电压;第 3 段:在 VT_3 导通期间,$u_{VT_1} = u_a - u_c = u_{ac}$ 为另一段线电压。其他两管上电压波形形状相同,相位依次相差 120°。

增大 α 值,将脉冲后移,整流电路的工作情况相应地发生变化。如图 4-14 所示,$\alpha = 30°$ 时的波形负载电流处于连续和断续之间的临界状态,各相仍导通 120°。$\alpha > 30°$ 时,如图 4-15 所示,$\alpha = 60°$ 时,负载电流断续,各晶闸管导通角小于 120°。若 α 角继续增大,整流电压将越来越小,$\alpha = 150°$ 时,整流输出电压为零。所以,电阻负载时,α 角的移相范围为 0°~150°。

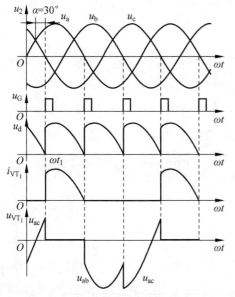

图 4-14　三相半波可控整流电路电阻
负载 $\alpha = 30°$ 时的波形

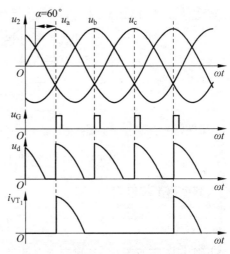

图 4-15　三相半波可控整流电路电阻
负载 $\alpha = 60°$ 时的波形

整流电压平均值的计算分下面两种情况。

(1) $\alpha \leqslant 30°$ 时,负载电流连续,当 $\alpha = 0$ 时,U_d 最大,此时有

$$U_d = \frac{1}{\frac{2\pi}{3}} \int_{\frac{\pi}{6}+\alpha}^{\frac{5\pi}{6}+\alpha} \sqrt{2} U_2 \sin\omega t \, \mathrm{d}(\omega t) = \frac{3\sqrt{6}}{2\pi} U_2 \cos\alpha = 1.17 U_2 \cos\alpha \tag{4-19}$$

工作情况见表 4-9。

表 4-9　三相半波相控整流电路电阻负载时各区间工作情况（$\alpha \leqslant 30°$）

ωt	$\alpha+\pi/6 \sim \alpha+5\pi/6$	$\alpha+5\pi/6 \sim \alpha+3\pi/2$	$\alpha+3\pi/2 \sim \alpha+13\pi/6$
晶闸管导通情况	VT_1 导通，VT_2、VT_3 截止	VT_2 导通，VT_1、VT_3 截止	VT_3 导通，VT_1、VT_2 截止
u_d	u_a	u_b	u_c
u_{VT_1}	0	u_{ab}	u_{ac}
i_{VT_1}	u_a/R	0	0
U_d	$\dfrac{1}{2\pi/3}\displaystyle\int_{\frac{\pi}{6}+\alpha}^{\frac{5\pi}{6}+\alpha}\sqrt{2}U_2\sin\omega t\,\mathrm{d}(\omega t)=\dfrac{3\sqrt{6}}{2\pi}U_2\cos\alpha=1.17U_2\cos\alpha$		
负载电流平均值 I_d	U_d/R		
晶闸管的电流平均值 I_{dT}	$I_d/3$		

（2）$\alpha>30°$时，负载电流断续，晶闸管导通角减小，此时有

$$U_d = \frac{1}{\dfrac{2\pi}{3}}\int_{\frac{\pi}{6}+\alpha}^{\pi}\sqrt{2}U_2\sin\omega t\,\mathrm{d}(\omega t)=\frac{3\sqrt{2}}{2\pi}U_2\left[1+\cos\left(\frac{\pi}{6}+\alpha\right)\right]$$

$$=0.675\left[1+\cos\left(\frac{\pi}{6}+\alpha\right)\right] \tag{4-20}$$

U_d/U_2 随 α 变化的规律如图 4-16 所示的曲线 1 所示。曲线 2 是电感负载，曲线 3 是电阻电感负载。

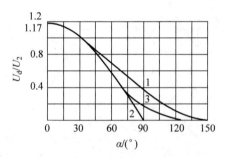

图 4-16　三相半波可控整流电路 U_d/U_2 与 α 的关系

负载电流平均值为

$$I_d = \frac{U_d}{R} \tag{4-21}$$

由图 4-15 不难看出，晶闸管承受的最大反向电压为变压器二次线电压峰值，即

$$U_{RM} = \sqrt{2}\times\sqrt{3}U_2 = \sqrt{6}U_2 = 2.45U_2 \tag{4-22}$$

由于晶闸管阴极与零点间的电压即为整流输出电压 u_d，其最小值为零，而晶闸管阳极与零点间的最高电压等于变压器二次相电压的峰值，因此晶闸管阳极与阴极间的最大电压等于变压器二次相电压的峰值，即

$$U_{FM} = \sqrt{2}U_2 \tag{4-23}$$

工作情况见表 4-10。

表 4-10　三相半波相控整流电路电阻负载时各区间工作情况($\alpha > 30°$)

ωt	$\alpha+\pi/6\sim\pi$	$\pi\sim\alpha+5\pi/6$	$\alpha+5\pi/6\sim5\pi/3$	$5\pi/3\sim\alpha+3\pi/2$	$\alpha+3\pi/2\sim7\pi/3$	$7\pi/3\sim\alpha+13\pi/6$
晶闸管导通情况	VT$_1$ 导通 VT$_2$、VT$_3$ 截止	VT$_1$、VT$_2$、VT$_3$ 截止	VT$_2$ 导通 VT$_1$、VT$_3$ 截止	VT$_1$、VT$_2$、VT$_3$ 截止	VT$_3$ 导通 VT$_1$、VT$_2$ 截止	VT$_1$、VT$_2$、VT$_3$ 截止
u_d	u_a	0	u_b	0	u_c	0
u_{VT_1}	0	u_a	u_{ab}	u_a	u_{ac}	u_a
i_{VT_1}	u_a/R	0	0	0	0	0
U_d	$\dfrac{1}{2\pi/3}\int_{\frac{\pi}{6}+\alpha}^{\pi}\sqrt{2}U_2\sin\omega t\,\mathrm{d}(\omega t)=\dfrac{3\sqrt{2}}{2\pi}U_2\left[1+\cos\left(\dfrac{\pi}{6}+\alpha\right)\right]$					

2. 电感负载

如果负载为电感且 L 值很大，如图 4-17 所示，那么整流电流 i_d 波形基本是平直的，流过晶闸管的电流波形接近矩形波。

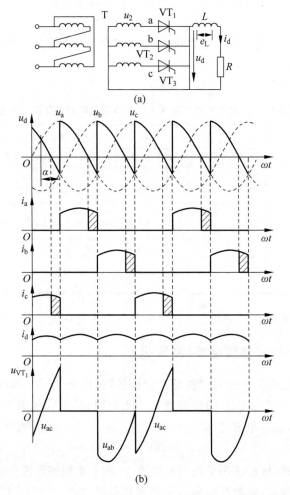

图 4-17　三相半波可控整流电路，阻感负载 $\alpha=60°$ 时的波形

当 $\alpha \le 30°$ 时,整流电压波形与电阻负载时相同。当 $\alpha > 30°$ 时(如 $\alpha = 60°$ 时的波形如图 4-17 所示),u_2 过零时,VT_1 不关断,直到 VT_2 的脉冲到来时才换流,由 VT_2 导通向负载供电,同时向 VT_1 施加反压使其关断——u_d 波形中出现负的部分,阻感负载时的移相范围为 $90°$。

由于负载电流连续,则

$$U_d = 1.17 U_2 \cos\alpha$$

U_d/U_2 与 α 成余弦关系,如图 4-16 所示的曲线 2 所示。如果负载中的电感量不是很大,则当 $\alpha > 30°$ 后,u_d 中负的部分减少,U_d 略增,U_d/U_2 与 α 的关系将介于图 4-16 曲线 1 和曲线 2 之间。变压器二次电流即晶闸管电流的有效值为

$$I_2 = I_T = \frac{1}{\sqrt{3}} I_d = 0.577 I_d \tag{4-24}$$

晶闸管的额定电流为

$$I_{T(AV)} = \frac{I_d}{1.57} = 0.368 I_d \tag{4-25}$$

晶闸管最大正反向电压峰值均为变压器二次线电压峰值

$$U_{FM} = U_{RM} = 2.45 U_2 \tag{4-26}$$

图 4-17 中 i_d 实际波形有一定的脉动,但为简化分析及定量计算,可将 i_d 近似为一条水平线。

工作情况见表 4-11。

表 4-11　三相半波相控整流电路大电感负载时各区间工作情况

ωt	$\alpha+\pi/6 \sim \alpha+5\pi/6$	$\alpha+5\pi/6 \sim \alpha+3\pi/2$	$\alpha+3\pi/2 \sim \alpha+13\pi/6$
晶闸管导通情况	VT_1 导通,VT_2、VT_3 截止	VT_2 导通,VT_1、VT_3 截止	VT_3 导通,VT_1、VT_2 截止
u_d	u_a	u_b	u_c
u_{VT_1}	0	u_{ab}	u_{ac}
U_d	$\frac{1}{2\pi/3} \int_{\frac{\pi}{6}+\alpha}^{\frac{5\pi}{6}+\alpha} \sqrt{2} U_2 \sin\omega t \, d(\omega t) = 1.17 U_2 \cos\alpha$		
i_d	幅值为 $I_d = U_d/R$ 的定值电流		
晶闸管电流的有效值 I_{VT}	$\frac{1}{\sqrt{3}} I_d = 0.577 I_d$		

三相半波的主要缺点在于其变压器二次电流中含有直流分量,为此其应用较少。

4.3.2　三相半波相控整流电路(共阳极)

三相半波电路还有另外一种接法是共阳极接法,电路如图 4-18(a)所示,把三个晶闸管的阴极分别接上三相电压源,阳极短接后串入电阻,晶闸管的阳极电位相等,阴极电位低的优先被导通,负载电阻 R 上获得的电压为三相电压位于横轴下方的负的部分,波形如图 4-18(b)所示。

然而,不论是共阴极接法还是共阳极接法,三相半波相控整流电路都存在:变压器二次电流中含有直流分量,整流电路输出平均值较低等缺点,其应用实际较少,却给我们理解三相桥式整流电路提供了一种思路。

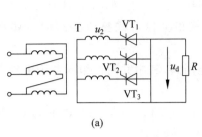 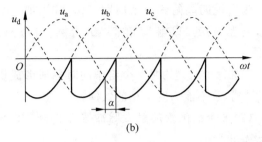

(a)　　　　　　　　　　　　(b)

图 4-18　三相半波相控整流电路共阳极整流电路及波形

三相桥式
整流电路

4.4　三相桥式相控整流电路

考虑到共阴极电路只能输出三相交流电的正半周波形,共阳极电路只能输出三相交流电的负半周波形,且都存在变压器二次侧直流磁化的问题,如果能将两个半波电路进行串联,就可获得图 4-19 所示电路,经过等效简化后可得三相桥式全控整流电路如图 4-20 所示。

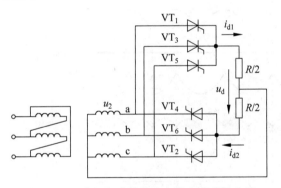 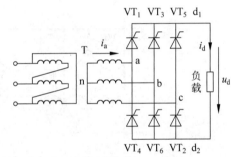

图 4-19　两个三相半波整流电路串联等效电路　　　图 4-20　三相桥式全控整流电路

目前各种整流电路里,应用最为广泛的是三相桥式全控整流电路,如图 4-20 所示,习惯把阴极连在一起的 3 只管子称为共阴极组(VT_1、VT_3、VT_5),把阳极连在一起的 3 只管子称作共阳极组(VT_4、VT_6、VT_2),后面分析知道,按图 4-20 编号,管子的导通顺序为 $VT_1 \rightarrow VT_2 \rightarrow VT_3 \rightarrow VT_4 \rightarrow VT_5 \rightarrow VT_6$。下面分析电阻负载的工作情况。

1. 带电阻负载时的工作情况

假设将电路中的晶闸管换作二极管进行分析,这种情况就相当于晶闸管触发脉冲 $\alpha = 0°$ 时的情况。对于共阴极阻的 3 个晶闸管,阳极所接交流电压值最大的一个导通,对于共阳极组的 3 个晶闸管,阴极所接交流电压值最低(或者说负得最多)的导通。

任意时刻共阳极组和共阴极组中各有 1 个晶闸管处于导通状态。

从相电压波形看,共阴极组晶闸管导通时,u_{d1} 为相电压的正包络线,共阳极组导通时,u_{d2} 为相电压的负包络线,$u_d = u_{d1} - u_{d2}$ 是两者的差值,直接从线电压波形看为线电压在正半周的包络线,u_d 为线电压中最大的一个,因此 u_d 波形为线电压的包络线。

为了说明晶闸管一个周期工作情况,把一个周期分为六段,如图 4-21 所示,每段为 60°,见表 4-12。以触发角 $\alpha = 0°$ 为例,可以总结三相全控桥式整流电路的一些特点如下。

(1)每个时刻均是 2 个管子同时导通形成供电回路,其中共阴极组和共阳极组各有 1 只导通,且不能为同 1 相的器件。

(2)6 个晶闸管的触发脉冲按 $VT_1 \to VT_2 \to VT_3 \to VT_4 \to VT_5 \to VT_6$ 的顺序,相位依次差 60°。

共阴极组 VT_1、VT_3、VT_5 的脉冲依次差 120°,共阳极组 VT_4、VT_6、VT_2 也依次差 120°,同一相的上下两个桥臂,即 VT_1 与 VT_4、VT_3 与 VT_6、VT_5 与 VT_2,脉冲相差 180°。

(3)u_d 一周期脉动 6 次,每次脉动的波形都一样,故该电路为 6 脉波整流电路。

(4)需保证同时导通的 2 个晶闸管均有脉冲可采用两种方法:一种方法是宽脉冲触发;另一种方法是双脉冲触发(常用)。

(5)晶闸管承受的电压波形与三相半波时相同,晶闸管承受最大正、反向电压的关系也相同。

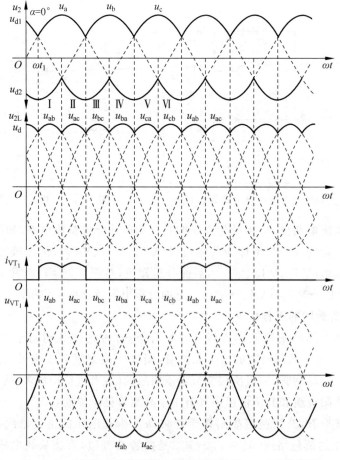

图 4-21 三相桥式全控整流电路带电阻负载 $\alpha = 0°$ 时的波形

表 4-12 三相桥式全控整流电路电阻负载时 $\alpha = 0°$ 晶闸管工作情况

时 段	I	II	III	IV	V	VI
共阴极组中导通的晶闸管	VT_1	VT_1	VT_3	VT_3	VT_5	VT_5
共阳极组中导通的晶闸管	VT_6	VT_2	VT_2	VT_4	VT_4	VT_6
整流输出电压 U_d	$U_a - U_b = U_{ab}$	$U_a - U_c = U_{ac}$	$U_b - U_c = U_{bc}$	$U_b - U_a = U_{ba}$	$U_c - U_a = U_{ca}$	$U_c - U_b = U_{cb}$

当 $\alpha = 30°$ 时,工作波形如图 4-22 所示,从 ωt_1 开始把一个周期等分为 6 段, u_d 波形仍由 6 段线电压构成,每一段导通晶闸管的编号等仍符合表 4-12 的规律,只是晶闸管起始导通时刻推迟了 $30°$,组成 u_d 的每一段线电压因此推迟 $30°$;如图 4-22 所示,变压器二次侧电流 i_a 在 VT_1 处于通态的 $120°$ 期间, i_a 为正, i_a 波形的形状与同时段的 u_d 波形相同,在 VT_4 处于通态的 $120°$ 期间, i_a 波形的形状也与同时段的 u_d 波形相同,但为负值。

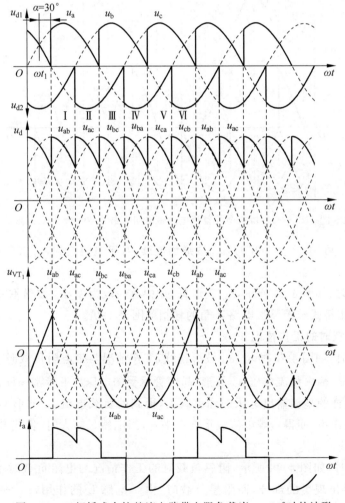

图 4-22 三相桥式全控整流电路带电阻负载当 $\alpha = 30°$ 时的波形

当 $\alpha=60°$ 时,工作波形如图 4-23 所示,u_d 波形中每段线电压的波形继续后移,u_d 平均值继续降低。当 $\alpha=60°$ 时 u_d 出现为零的点。

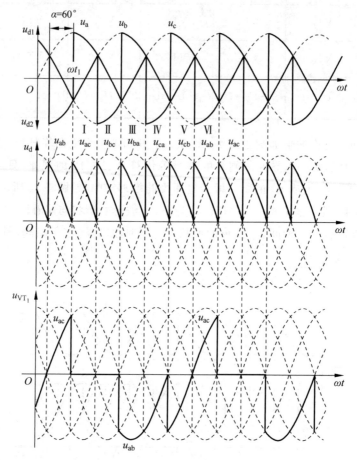

图 4-23　三相桥式全控整流电路带电阻负载当 $\alpha=60°$ 时的波形

由以上分析可知,当 $\alpha \leqslant 60°$ 时,u_d 波形均连续,对于电阻负载,i_d 波形与 u_d 波形形状一样,也连续。

当 $\alpha=90°$ 时,如图 4-24 所示,u_d 波形每 60° 中有一段为零,u_d 波形不能出现负值。带电阻负载时三相桥式全控整流电路 α 角的移相范围是 120°。

2. 阻感负载时的工作情况

当 $\alpha \leqslant 60°$ 时,如图 4-25 所示,u_d 波形连续,工作情况与带电阻负载时十分相似,各晶闸管的通断情况、输出整流电压 u_d 波形、晶闸管承受的电压波形等都一样;区别在于:由于负载不同,同样的整流输出电压加到负载上,得到的负载电流 i_d 波形不同。阻感负载时,由于电感的作用,使得负载电流波形变得平直,当电感足够大时,负载电流的波形可近似为一条水平线。

当 $\alpha>60°$ 时,如图 4-26 所示,阻感负载时的工作情况与电阻负载时不同,电阻负载时 u_d 波形不会出现负的部分,而阻感负载时,由于电感 L 的作用,u_d 波形会出现负的部分。

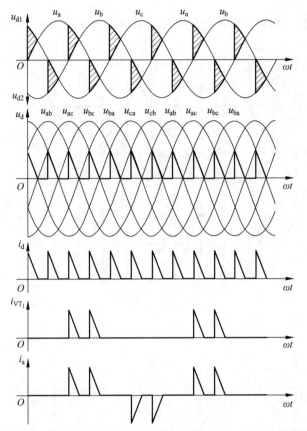

图 4-24　三相桥式全控整流电路带电阻负载当 $\alpha = 90°$ 时的波形

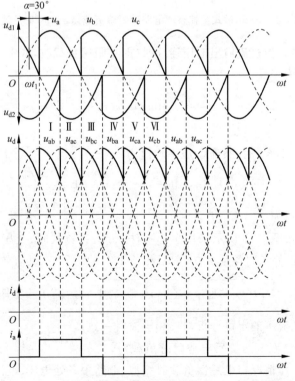

图 4-25　三相桥式整流电路带阻感负载当 $\alpha = 30°$ 时的波形

带阻感负载时,三相桥式全控整流电路的 α 角移相范围为 $90°$,如图 4-26 所示。

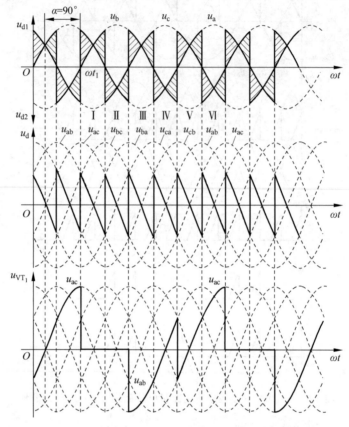

图 4-26　三相桥式全控整流电路带阻感负载当 $\alpha = 90°$ 时的波形

由上面分析可知,当整流输出电压连续时(即带阻感负载时,或带电阻负载 $\alpha \leqslant 60°$ 时)的整流电压平均值为

$$U_d = \frac{1}{\frac{\pi}{3}} \int_{\frac{\pi}{3}+\alpha}^{\frac{2\pi}{3}+\alpha} \sqrt{6} U_2 \sin\omega t \, \mathrm{d}(\omega t) = 2.34 U_2 \cos\alpha \qquad (4\text{-}27)$$

带电阻负载且 $\alpha > 60°$ 时,整流电压平均值为

$$U_d = \frac{3}{\pi} \int_{\frac{\pi}{3}+\alpha}^{\pi} \sqrt{6} U_2 \sin\omega t \, \mathrm{d}(\omega t) = 2.34 U_2 \left[1 + \cos\left(\frac{\pi}{3} + \alpha\right) \right] \qquad (4\text{-}28)$$

输出电流平均值为 $I_d = U_d / R$。

当整流变压器按图 4-18 所示采用星形接法,带阻感负载时,变压器二次侧电流波形如图 4-25 所示,为正负半周各宽 $120°$、前沿相差 $180°$ 的矩形波,其有效值为

$$I_2 = \sqrt{\frac{1}{2\pi}\left(I_d^2 \times \frac{2}{3}\pi + (-I_d)^2 \times \frac{2}{3}\pi \right)} = \sqrt{\frac{2\pi}{3}} I_d = 0.816 I_d \qquad (4\text{-}29)$$

晶闸管电压、电流等的定量分析与三相半波时一致。

三相桥式全控整流电路接反电势阻感负载时,在负载电感足够大足以使负载电流连续的情况下,电路工作情况与电感性负载时相似,电路中各处电压、电流波形均相同,仅在

计算 I_d 时有所不同,接反电势阻感负载时的 I_d 为

$$I_d = \frac{U_d - E}{R} \tag{4-30}$$

式中,R 和 E 分别为负载中的电阻值和反电动势的值。

4.5　变压器漏感对整流电路的影响

考虑包括变压器漏感在内的交流侧电感的影响,该漏感可用一个集中的电感 L_B 表示以三相半波为例,然后将结论推广 VT_1 换相至 VT_2 的过程。

因 a、b 两相均有漏感,故 i_a、i_b 均不能突变,于是 VT_1 和 VT_2 同时导通,相当于将 a、b 两相短路,在两相组成的回路中产生环流 i_k。$i_k = i_b$ 是逐渐增大的,而 $i_a = I_d - i_k$ 是逐渐减小的。当 i_k 增大到等于 I_d 时,$i_a = 0$,VT_1 关断,换流过程结束。换相过程持续的时间用电角度 γ 表示,被称为换相重叠角。

换相过程中,整流电压 u_d 为同时导通的两个晶闸管所对应的两个相电压的平均值:

$$u_d = u_a + L_B \frac{di_k}{dt} = u_b - L_B \frac{di_k}{dt} = \frac{u_a + u_b}{2} \tag{4-31}$$

因此,u_d 的波形如图 4-27 所示。考虑变压器漏感时,u_d 波形均缺少了一块阴影部分,导致 u_d 的平均值降低,u_d 平均值降低的多少用 ΔU_d 表示,被称为换相压降。

$$\Delta U_d = \frac{1}{2\pi/3} \int_{\frac{5}{6}\pi+\alpha}^{\frac{5}{6}\pi+\alpha+\gamma} (u_b - u_d) d(\omega t) = \frac{3}{2\pi} \int_{\frac{5}{6}\pi+\alpha}^{\frac{5}{6}\pi+\alpha+\gamma} \left[u_b - \left(u_b - L_B \frac{di_k}{dt} \right) \right] d(\omega t)$$

$$= \frac{3}{2\pi} \int_{\frac{5}{6}\pi+\alpha}^{\frac{5}{6}\pi+\alpha+\gamma} L_B \frac{di_k}{dt} d(\omega t) = \frac{3}{2\pi} \int_0^{I_d} \omega L_B d(\omega t) = \frac{3}{2\pi} X_B I_d \tag{4-32}$$

X_B 表示漏感为 L_B 的变压器的二次侧的漏抗,$X_B = \omega L_B$。

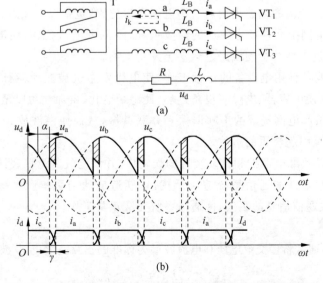

图 4-27　考虑变压器漏感时的三相半波可控整流电路及波形

换相重叠角 γ 可以由下式计算：

$$\cos\alpha - \cos(\alpha + \gamma) = \frac{2X_\mathrm{B}I_\mathrm{d}}{\sqrt{6}U_2} \tag{4-33}$$

由上式可以看出，γ 随其他参数变化的规律如下。

（1）I_d 越大，则 γ 越大。

（2）X_B 越大，γ 越大。

（3）当 $\alpha \leqslant 90°$ 时，α 越小，γ 越大。

综上所述，变压器漏感对整流电路影响如下。

（1）出现换相重叠角 γ，使得整流输出电压平均值 U_d 降低。

（2）整流电路的工作状态增多。

（3）晶闸管的 $\mathrm{d}i/\mathrm{d}t$ 减小，有利于晶闸管的安全开通；有时人为串入进线电抗器以抑制晶闸管的 $\mathrm{d}i/\mathrm{d}t$。

（4）换相时晶闸管电压出现缺口，产生正的 $\mathrm{d}u/\mathrm{d}t$，可能使晶闸管误导通，为此必须加吸收电路。

（5）换相使电网电压出现缺口，成为干扰源。

4.6 整流电路的谐波和功率因数

随着电力电子技术的发展，其应用日益广泛，由此带来的谐波（harmonics）和无功（reactive power）问题日益严重，也引起了越来越广泛的关注。许多电力电子装置都要消耗无功功率，会对公用电网带来一定的危害。

（1）无功功率会导致电流增大和视在功率的增加，导致设备容量增加。

（2）无功功率的增加，会使总电流增加，使设备和线路的损耗增加。

（3）无功功率使线路压降增大，冲击性无功负载还会使电压剧烈波动。

电力电子装置产生的谐波也会对公用电网产生危害，包括以下几点。

（1）谐波使电网中元件产生附加的谐波损耗，降低发电、输电及用电设备的效率，大量的三次谐波流过中性线会使线路过热甚至发生火灾。

（2）谐波影响各种用电设备的正常工作，使电机发生机械振动、噪声和过热，使变压器局部严重过热，使电容器、电缆等设备过热，使绝缘老化、寿命缩短以至于损坏。

（3）谐波会引起电网局部的串联谐振和并联谐振，从而使谐波放大，加剧上述的（1）和（2）的危害，甚至引起严重的事故。

（4）谐波会导致继电保护和自动装置的误动作，并使电气测量仪表计量不准确。

（5）谐波会对附件的通信系统造成干扰，可能造成通信系统产生噪声，降低通信质量，严重的会导致通信信息的丢失，使通信系统无法正常工作。

1. 谐波

供电系统中，通常希望交流电压和电流波形为标准的正弦波形，正弦波电压可表示为

$$u(t) = \sqrt{2}U\sin(\omega t + \varphi_u) \tag{4-34}$$

式中，U 表示电压有效值；ω 表示角频率；φ_u 表示初相角。

对于非正弦波电压,满足狄里赫利条件,可分解为傅里叶级数:

$$u(\omega t) = a_0 + a_1\cos\omega t + b_1\sin\omega t + a_2\cos2\omega t + b_2\sin2\omega t + \cdots + a_n\cos n\omega t + b_n\sin n\omega t$$

$$(4\text{-}35)$$

式中,a_0 表示直流成分;$a_1\cos\omega t$、$b_1\sin\omega t$ 表示基波分量(1 次谐波);$a_2\cos2\omega t$、$b_2\sin2\omega t$ 表示二次谐波分量;$a_n\cos n\omega t$、$b_n\sin n\omega t$ 表示 n 次谐波分量。

式(4-35)中,频率与工频相同的分量基波(fundamental);频率为基波频率大于 1 整数倍的分量称为谐波;谐波频率和基波频率的整数比称为谐波次数。

2. 功率因数

在正弦电路中,电路的有功功率就是其平均功率。

$$P = \frac{1}{2\pi}\int_0^{2\pi} ui\,\mathrm{d}(\omega t) = UI\cos\varphi$$

视在功率为电压、电流有效值的乘积,即

$$S = UI$$

无功功率定义为

$$Q = UI\sin\varphi$$

功率因数定义为有功功率 P 和视在功率 S 的比值,则

$$\lambda = \frac{P}{S}$$

此时无功功率 Q 与有功功率 P、视在功率 S 之间的关系如下:

$$S^2 = P^2 + Q^2$$

功率因数是由电压和电流的相位差 φ 决定的,则

$$\lambda = \cos\varphi$$

在非正弦电路中,有功功率、视在功率、功率因数的定义均和正弦电路相同,功率因数仍由式 $\lambda = \dfrac{P}{S}$ 定义。

不考虑电压畸变,研究电压为正弦波、电流为非正弦波的情况有很大的实际意义。非正弦电路的有功功率为 $P = UI_1\cos\varphi_1$。$\nu = I_1/I$ 称为基波因数,即基波电流有效值和总电流有效值之比

$$\lambda = \frac{P}{S} = \frac{UI_1\cos\varphi_1}{UI} = \frac{I_1}{I}\cos\varphi_1 = \nu\cos\varphi_1$$

而 $\cos\varphi_1$ 被称为位移因数或基波功率因数。非正弦电路的无功功率为

$$Q = \sqrt{S^2 - P^2}$$

无功功率 Q 反映了能量的流动和交换,目前被较广泛地接受。忽略电压中的谐波时有

$$Q_\mathrm{f} = UI_1\sin\varphi_1$$

在非正弦情况下,$S^2 \neq P^2 + Q_\mathrm{f}^2$,因此引入畸变功率 D,使得

$$S^2 = P^2 + Q_\mathrm{f}^2 + D^2$$

这种情况下,Q_f 为由基波电流所产生的无功功率;D 为谐波电流产生的无功功率。

4.7　有源逆变电路

4.7.1　逆变的概念

1. 什么是逆变

把直流电转变成交流电,整流的逆过程被称作逆变(invertion)。如电力机车下坡行驶,机车的位能转变为电能,反送到交流电网中去。

有源逆变
整流电路

把直流电逆变成交流电的电路定义为逆变电路。

当交流侧和电网直接连接的这种逆变电路被称作有源逆变电路。如直流可逆调速系统、交流绕线转子异步电动机串级调速以及高压直流输电等。对于可控整流电路,满足一定条件就可工作于有源逆变,其电路形式未变,只是电路工作条件转变,既工作在整流状态,又工作在逆变状态,称为变流电路。

如果变流电路的交流侧不与电网连接,而直接接到负载则被称作无源逆变电路。

2. 直流发电机-电动机系统电能的流转

图 4-28(a)中电动机 M 电动运行,$E_G > E_M$,电流 I_d 从 G 流向 M,M 吸收电功率,I_d 的值为

$$I_d = \frac{E_G - E_M}{R_\Sigma}$$

图 4-28(b)所示为回馈制动状态,M 作发电运转,此时 $E_M > E_G$,电流反向,从 M 流向 G,故 M 输出电功率,G 则吸收电功率,M 轴上输入的机械能转变为电能反送给 G,此时 I_d 的值为

$$I_d = \frac{E_M - E_G}{R_\Sigma}$$

图 4-28(c)中两电动势顺向串联,向电阻 R 供电,G 和 M 均输出功率,由于 R 一般都很小,实际上形成短路,在工作中必须严防这类事故发生。

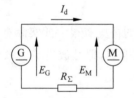 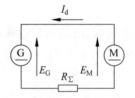 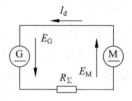

(a) 两电动势同极性$E_G > E_M$　　(b) 两电动势同极性$E_M > E_G$　　(c) 两电动势反极性,形成短路

图 4-28　直流发电机-电动机之间电能的流转

3. 逆变产生的条件

用单相全波电路代替上述发电机,如图 4-29(a)所示,M 电动运行,全波电路工作在整流状态,α 的取值范围是 $0 \sim \pi/2$,U_d 为正值,并且 $U_d > E_M$ 才能输出 I_d,其值为

$$I_d = \frac{U_d - E_M}{R_\Sigma}$$

交流电网输出电功率,电动机则输入电功率。图 4-29(b)表示在回馈制动时,由于晶闸管的单向导电性,I_d 方向不变,欲改变电能的输送方向,只能改变 E_M 极性。为了防止

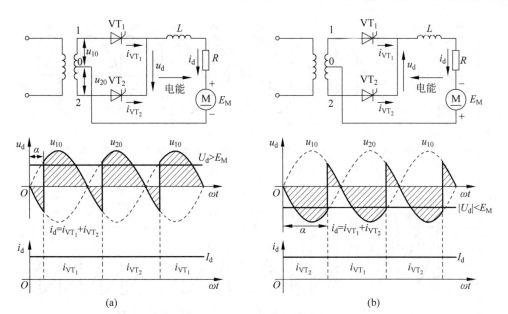

图 4-29　单相全波电路的整流和逆变

两电动势顺向串联，U_d 极性也必须反过来，即 U_d 应为负值，且 $|E_M|>|U_d|$，才能把电能从直流侧送到交流侧，实现逆变。这时 I_d 为

$$I_d = \frac{|E_M|-|U_d|}{R_\Sigma}$$

电路内电能的流向与整流时相反，M 输出电功率，电网吸收电功率。U_d 可通过改变 α 来进行调节，逆变状态时 U_d 为负值，逆变时 α 为 $\pi/2 \sim \pi$。由此可知产生逆变的条件如下。

(1) 有直流电动势，其极性和晶闸管导通方向一致，其值大于变流器直流侧平均电压。

(2) 晶闸管的控制角 $\alpha > \pi/2$，使 U_d 为负值。

半控桥或有续流二极管的电路，因其整流电压 u_d 不能出现负值，也不允许直流侧出现负极性的电动势，故不能实现有源逆变。欲实现有源逆变，只能采用全控电路。

4.7.2　三相桥式整流电路的有源逆变工作状态

逆变和整流的区别仅仅是控制角 α 不同。当 $0<\alpha<\pi/2$ 时，电路工作在整流状态；当 $\pi/2<\alpha<\pi$ 时，电路工作在逆变状态。

可沿用整流的办法来处理逆变时有关波形与参数计算等各项问题，把 $\alpha>\pi/2$ 时的控制角用 β 表示，β 称为逆变角，而逆变角 β 和控制角 α 的计量方向相反，其大小自 $\beta=0$ 的起始点向左方计量。三相桥式整流电路工作于有源逆变状态时的波形如图 4-30 所示。

有源逆变状态时各电量的计算如下：

$$U_d = -2.34U_2\cos\alpha = -1.35U_{2L}\cos\alpha \tag{4-36}$$

每个晶闸管导通 $2\pi/3$，故流过晶闸管的电流有效值为(忽略直流电流 i_d 的脉动)

$$I_T = 0.577I_d \tag{4-37}$$

从交流电源送到直流侧负载的有功功率为

$$P_d = RI_d^2 + E_MI_d \tag{4-38}$$

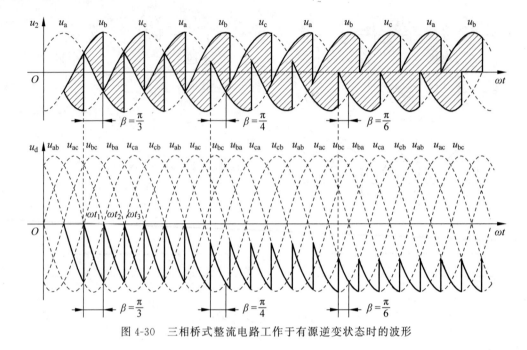

图 4-30 三相桥式整流电路工作于有源逆变状态时的波形

逆变工作时,由于 E_M 为负值,故 P_d 一般为负值,表示功率由直流电源输送到交流电源。在三相桥式电路中,变压器二次侧线电流的有效值为

$$I_2 = I_T = 0.816 I_d \tag{4-39}$$

4.7.3 逆变失败与最小逆变角的限制

逆变失败(逆变颠覆)是指逆变时,一旦换相失败,外接直流电源就会通过晶闸管电路短路,或使变流器的输出平均电压和直流电动势变成顺向串联,形成很大的短路电流。

1. 逆变失败的原因

造成逆变失败的原因很多,主要有以下几种。

(1) 触发电路工作不可靠,不能适时、准确地给各晶闸管分配脉冲,如脉冲丢失、脉冲延时等,致使晶闸管不能正常换相。

(2) 晶闸管发生故障,该断时不断,或该通时不通。

(3) 交流电源缺相或突然消失。

(4) 换相的裕量角不足,引起换相失败。

2. 换相重叠角的影响

当 $\beta > \gamma$ 时,换相结束时,晶闸管能承受反压而关断。当 $\beta < \gamma$ 时(从图 4-31 右下角的波形中可清楚地看到),该通的晶闸管(VT_2)会关断,而应关断的晶闸管(VT_1)不能关断,最终导致逆变失败。

3. 确定最小逆变角 β_{min} 的依据

逆变时允许采用的最小逆变角 β 为

$$\beta_{min} = \delta + \gamma + q' \tag{4-40}$$

式中,δ 表示晶闸管的关断时间 t_q 折合的电角度,t_q 大的可达 $200 \sim 300$ms,折算到电角度为 $4° \sim 5°$;γ 表示换相重叠角,随直流平均电流和换相电抗的增加而增大;q' 表示安全裕

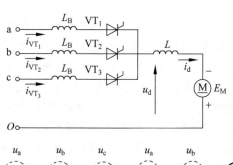

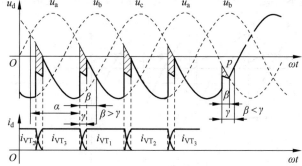

图 4-31　交流侧电抗对逆变换相过程

量角,主要针对脉冲不对称程度(一般可达 5°),q' 值约取为 10°。

下面对重叠角的范围举例。

某装置整流电压为 220V,整流电流为 800A,整流变压器容量为 240kV·A,短路电压比 $U_\mathrm{k}\%$ 为 5% 的三相线路,其值为 15°~20°。

参照整流时 γ 的计算方法:

$$\cos\alpha - \cos(\alpha + \beta) = \frac{I_\mathrm{d} X_\mathrm{B}}{\sqrt{2} U_2 \sin\dfrac{\pi}{m}} \tag{4-41}$$

根据逆变工作时,并设 $\alpha = \pi - \beta$,上式可改写成:

$$\cos\gamma = 1 - \frac{I_\mathrm{d} X_\mathrm{B}}{\sqrt{2} U_2 \sin\dfrac{\pi}{m}} \tag{4-42}$$

4.8　晶闸管直流电动机系统

晶闸管直流电动机系统是指晶闸管可控整流装置带直流电动机负载组成的系统,是电力拖动系统中主要的一种,也是可控整流装置的主要用途之一。对该系统的研究包括两个方面:第一个方面是在带电动机负载时整流电路的工作情况;第二个方面是由整流电路供电时电动机的工作情况。本节主要从第二个方面进行分析。

晶闸管直流
电动机系统

4.8.1　工作于整流状态时

不考虑电动机的电枢电感时,只有晶闸管导通相的变压器二次侧电压瞬时值大于反电动势时才有电流输出,此时负载电流断续,对整流电路和电动机的工作都不利,要尽量避免。故在电枢回路串联一个平波电抗器,以保证整流电流在较大范围内连续。

如图 4-32 所示,电动机稳态时,虽然 U_d 波形脉动较大,但由于电动机有较大的机械惯量,故其转速和反电动势都基本无脉动。此时整流电压的平均值由电动机的反电动势及电路中负载平均电流 I_d 所引起的各种电压降所平衡。整流电压的交流分量则全部降落在电抗器上。由 I_d 引起的压降有四部分:①变压器的电阻压降,其中变压器的等效电阻包括变压器二次绕组本身的电阻和一次绕组电阻折算到二次侧的等效电阻;②晶闸管本身的管压降,它基本上是一恒值;③电枢电阻压降;④由重叠角引起的电压降。

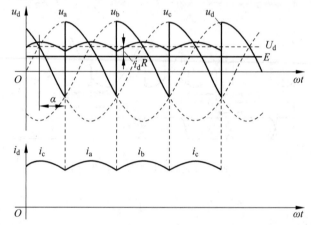

图 4-32 三相半波带电动机负载且加平波电抗器时的电压电流波形

此时,整流电路直流电压的平衡方程为

$$U_d = E_M + R_\Sigma I_d + \Delta U$$

1. 电流连续时电动机的机械特性

在电机学中,已知直流电动机的反电动势为

$$E_M = C_e \varphi n \tag{4-43}$$

式中,C_e 为由电动机结构决定的电动势常数;φ 为电动机磁场每对磁极下的磁通量,单位为 Wb;n 为电动机的转速,单位为 r/min。如图 4-33 所示,其机械特性与由直流发电机供电时的机械特性是相似的,是一组平行的直线,其斜率由于内阻不一定相同而稍有差异。调节角,即可调节电动机的转速。

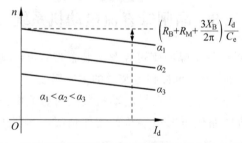

图 4-33 三相半波电流连续时以电流表示的电动机机械特性

同理,可列出三相桥式全控整流电路电动机负载时的机械特性方程为

$$n = \frac{1.17 U_2 \cos\alpha}{C_e \varphi} - \frac{R_\Sigma I_d + \Delta U}{C_e \varphi} \tag{4-44}$$

2. 电流断续时电动机的机械特性

由于整流电压是一个脉动的直流电压,当电动机的负载减小时,平波电抗器中的电感储能减小,致使电流不再连续,此时电动机的机械特性也就呈现出非线性。

电流断续时的理想空载反电动势如图 4-34 所示。实际上,当 I_d 减小至某一定值 I_{dmin} 以后,电流变为断续,这个是不存在的,真正的理想空载点远大于此值。

电流断续时电动机的机械特性:①电动机的理想空载转速抬高;②机械特性变软,即负载电流变化很小也可引起很大的转速变化。

随着 α 的增加,进入断续区的电流值加大。由于 α 越大,变压器加给晶闸管阳极上的负电压时间越长,电流要维持导通,必须要求平波电抗器储存较大的磁能,而电抗器的 L 为一定值的情况下,要有较大的电流 I_d 才行,电流断续时电动机机械特性可由下面三个式子得出:

$$n = \frac{E_M}{C'_e} = \frac{\sqrt{2}U_2\cos\varphi}{C'_e} \times \frac{\sin\left(\frac{\pi}{6}+\alpha+\theta-\varphi\right) - \sin\left(\frac{\pi}{6}+\alpha-\varphi\right)e^{-\theta\,\mathrm{ctg}\varphi}}{1-e^{-\theta\,\mathrm{ctg}\varphi}} \tag{4-45}$$

$$E_M = \sqrt{2}U_2\cos\varphi\,\frac{\sin\left(\frac{\pi}{6}+\alpha+\theta-\varphi\right) - \sin\left(\frac{\pi}{6}+\alpha-\varphi\right)e^{-\theta\,\mathrm{ctg}\varphi}}{1-e^{-\theta\,\mathrm{ctg}\varphi}} \tag{4-46}$$

$$I_d = \frac{3\sqrt{2}U_2}{2\pi Z\cos\varphi}\left[\cos\left(\frac{\pi}{6}+\alpha\right) - \cos\left(\frac{\pi}{6}+\alpha+\theta\right) - \frac{C'_e}{\sqrt{2}U_2}\theta n\right] \tag{4-47}$$

式中,$Z=\sqrt{R_L^2+L^2}$;$\varphi=\mathrm{tg}^{-1}\dfrac{\omega L}{R}$;$L$ 为回路总电感。

一般只要主电路电感足够大,可以只考虑电流连续段,完全按线性处理。当低速轻载时,断续作用显著,可改用另一段较陡的特性来近似处理(图 4-35),其等效电阻比实际的电阻 R 要大一个数量级。

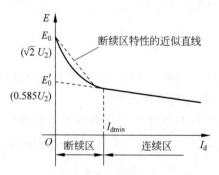

图 4-34 电流断续时电动势的特性曲线

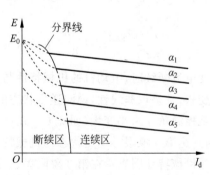

图 4-35 考虑电流断续时不同 α 时反电动势的特性曲线
注:$\alpha_1 < \alpha_2 < \alpha_3 < 60°,\alpha_5 > \alpha_4 > 60°$。

整流电路为三相半波时,在最小负载电流为 I_{dmin} 时,为保证电流连续所需的主回路电感量为

$$L = 1.46\,\frac{U_2}{I_{dmin}}\quad(\mathrm{mH}) \tag{4-48}$$

对于三相桥式全控整流电路带电动机负载的系统,有

$$L = 0.693 \frac{U_2}{I_{dmin}} \quad (mH) \tag{4-49}$$

L 中包括整流变压器的漏电感、电枢电感和平波电抗器的电感。I_{dmin} 一般取电动机额定电流的 $5\% \sim 10\%$。

因为三相桥式全控整流电压的脉动频率比三相半波的高一倍,因而所需平波电抗器的电感量也可相应减小约一半,这也是三相桥式整流电路的一大优点。

4.8.2 工作于有源逆变状态时

1. 电流连续时电动机的机械特性

主回路电流连续时的机械特性由电压平衡方程式 $U_d - E_M = I_d R_\Sigma$ 决定。

逆变时,由于 $U_d = -U_{d0} \cos\beta$,E_M 反接,得

$$E_M = -(U_{d0} \cos\beta + I_d R_\Sigma) \tag{4-50}$$

因为 $E_M = C'_e n$,可求得电动机的机械特性方程式

$$n = -\frac{1}{C'_e}(U_{d0} \cos\beta + I_d R_\Sigma) \tag{4-51}$$

2. 电流断续时电动机的机械特性

电流断续时电动机的机械特性方程可沿用整流时电流断续的机械特性表达式,三相半波电路工作于逆变状态且电流断续时的机械特性,即

$$n = \frac{E_M}{C'_e} = \frac{\sqrt{2}U_2 \cos\varphi}{C'_e} \times \frac{\sin\left(\frac{7\pi}{6} - \beta + \theta - \varphi\right) - \sin\left(\frac{7\pi}{6} - \beta - \varphi\right) e^{-\theta ctg\varphi}}{e^{-\theta ctg\varphi}} \tag{4-52}$$

$$E_M = \sqrt{2}U_2 \cos\varphi \frac{\sin\left(\frac{7\pi}{6} - \beta + \theta - \varphi\right) - \sin\left(\frac{7\pi}{6} - \beta - \varphi\right) e^{-\theta ctg\varphi}}{1 - e^{-\theta ctg\varphi}} \tag{4-53}$$

$$I_d = \frac{3\sqrt{2}U_2}{2\pi Z \cos\varphi}\left[\cos\left(\frac{7\pi}{6} - \beta\right) - \cos\left(\frac{7\pi}{6} - \beta + \theta\right) - \frac{C'_e}{\sqrt{2}U_2}\theta n\right] \tag{4-54}$$

逆变电流断续时,电动机的机械特性与整流时十分相似。理想空载转速上翘很多,机械特性变软,且呈现非线性,说明逆变状态的机械特性是整流状态的延续。

纵观控制角 α 由小变大(如 $\pi/6 \sim 5\pi/6$),电动机的机械特性则逐渐由第 1 象限往下移,进而到达第 4 象限。逆变状态的机械特性同样还可表示在第 2 象限里,与它对应的整流状态的机械特性则表示在第 3 象限里。

应该指出,图 4-36 中第 1、第 4 象限中的特性和第 3、第 2 象限中的特性是分别属于两组变流器的,它们输出整流电压的极性彼此相反,故分别标正组变流器和反组变流器。

4.8.3 直流可逆电力拖动系统

两组变流装置反并联连接的可逆电路:图 4-37(a)所示为三相半波有环流接线,图 4-37(b)所示为三相全控桥的无环流接线。

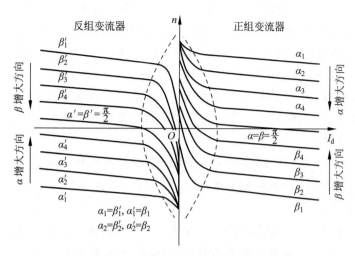

图 4-36 电动机在四象限中的机械特性

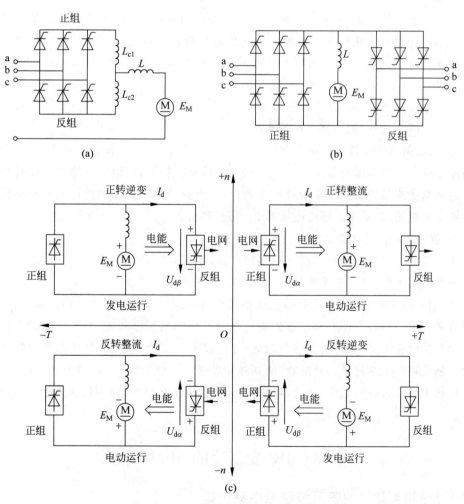

图 4-37 两组变流器的反并联可逆线路

环流是指只在两组变流器之间流动,而不经过负载的电流。

电动机正向运行时,由正组变流器供电;反向运行时,则由反组变流器供电。

根据对环流的不同处理方法,反并联可逆电路又可分为不同的控制方案,如配合控制有环流、可控环流、逻辑控制无环流和错位控制无环流等。

电动机在四象限运行时,可根据电动机所需运转状态决定哪一组变流器工作及其工作状态(整流或逆变)。图 4-37(c)所示为电动机四象限运行时两组变流器(简称正组桥、反组桥)的工作情况。

第 1 象限:正转,电动机做电动运行,正组桥工作在整流状态,$\alpha_1 < \pi/2$,$E_M < U_{d\alpha}$。

第 2 象限:正转,电动机做发电运行,反组桥工作在逆变状态,$\beta_2 < \pi/2 (\alpha_2 > \pi/2)$,$E_M > U_{d\beta}$。

第 3 象限:正转,电动机做电动运行,反组桥工作在整流状态,$\alpha_2 < \pi/2$,$E_M < U_{d\alpha}$。

第 4 象限:反转,电动机做发电运行,正组桥工作在逆变状态,$\beta_1 < \pi/2 (\alpha_1 > \pi/2)$,$E_M > U_{d\beta}$。

直流可逆拖动系统,除了能方便地实现正反转外,还能实现电动机的回馈制动。第 1 象限正转,电动机从正组桥取得电能→先使电动机迅速制动,为此需切换到反组桥,工作在逆变状态,此时电动机进入第 2 象限做正转发电运行,随着电动机转速的下降,不断地调节,使之由小变大直至 $n=0$,如继续增大,即 $\alpha=\beta$,反组桥将转入整流状态下工作→电动机开始反转进入第 3 象限的电动运行。

1)$\alpha=\beta$ 配合控制的有环流可逆系统

对正、反两组变流器同时输入触发脉冲,并严格保证 $\alpha=\beta$ 的配合控制关系,假设正组为整流,反组为逆变,即有 $\alpha_1=\beta_2$,$U_{d\alpha 1}=U_{d\beta 2}$,且极性相抵,两组变流器之间没有直流环流。但两组变流器的输出电压瞬时值不等,会产生脉动环流。为防止环流只经晶闸管流过而使电源短路,必须串入环流电抗器 L_C 限制环流。

2)逻辑无环流可逆系统

逻辑无环流可逆系统在工程上使用较广泛,不需设置环流电抗器。其控制原则是只有一组桥投入工作,另一组关断,所以两组桥之间不存在环流。

两组桥之间的切换不能简单地把原来工作的一组桥的触发脉冲立即封锁,而同时把原来封锁的另一组桥立即开通。首先应使已导通桥的晶闸管断流,要妥当处理主回路内电感储存的能量,直到储存的能量释放完,主回路电流变为零,使原导通晶闸管恢复阻断能力。随后再开通原封锁的晶闸管,使其触发导通。

这种无环流可逆系统中,变流器之间的切换过程由逻辑单元控制,称为逻辑控制无环流系统。

4.9 AC-DC 变换器的 Matlab 仿真

4.9.1 单相半波晶闸管可控整流电路仿真

单相半波可控整流电路分析请参照 4.2.2 小节,电路原理图及波形图如图 4-2 所示。

1. 新建仿真模型

在 Matlab 的菜单栏中单击 Simulink 按钮 ![Simulink],如图 4-38 所示,弹出 Simulink 库浏览器。再次单击 Simulink 库浏览器里的菜单栏中的 New Model 按钮 ![New],如图 4-39 所示,新建了一个仿真模型窗口。

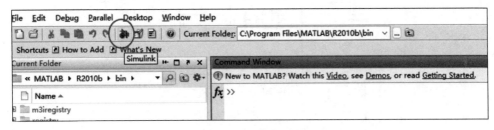

图 4-38　Matlab 浏览器窗口

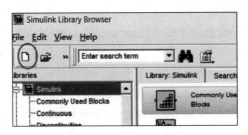

图 4-39　Simulink 库浏览器窗口

2. 提取电路仿真元器件

Simulink 库浏览器元器件查找框如图 4-40 所示,依次输入仿真元器件的名称,单击右侧 ![按钮] 按钮,将所需元器件拖曳到仿真模型窗口内。

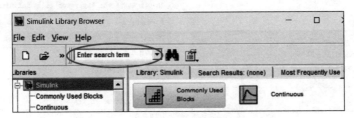

图 4-40　Simulink 库浏览器元器件查找框

3. 电路仿真元器件的连线

将各元器件位置摆放好后,用鼠标将其依次连接好,完成后的仿真电路模型如图 4-41 所示。

4. 设置参数

(1)交流电源。交流电压的有效值为 220V,频率为 50Hz,初始相位为 0,电压可被测量,如图 4-42 所示。

(2)晶闸管。晶闸管参数使用模型的默认参数,如图 4-43 所示。

(3)负载电阻 RLC。根据负载要求设置参数,如图 4-44 所示。

(4)晶闸管触发脉冲。晶闸管触发脉冲 $\alpha = 60°$,参数设置如图 4-45 所示。

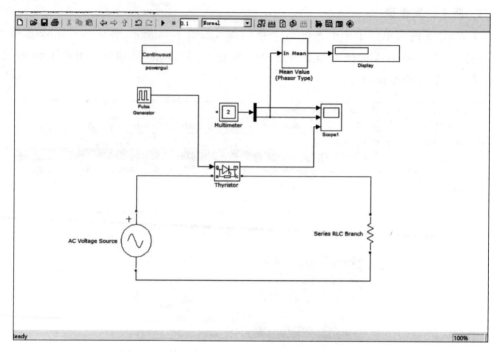

图 4-41　单相半波可控整流电阻负载仿真电路模型

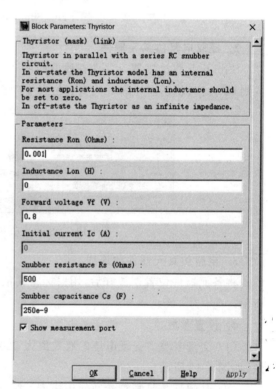

图 4-42　电源参数设置对话框　　　　图 4-43　晶闸管参数设置对话框

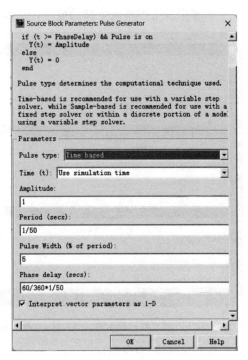

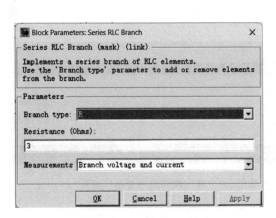

图 4-44　RLC 参数对话框　　　　　　图 4-45　晶闸管脉冲发生器参数设置对话框

5. 模型仿真

在仿真模型窗口设置仿真时间,如图 4-46 所示,设置仿真时间为 0.1s。

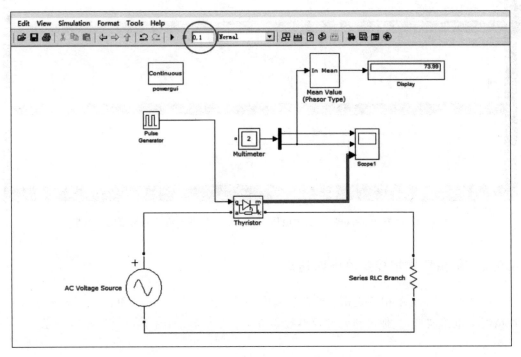

图 4-46　仿真模型里的仿真时间设置

单相半波可控整流电路的电阻性负载仿真波形如图 4-47 和图 4-48 所示。

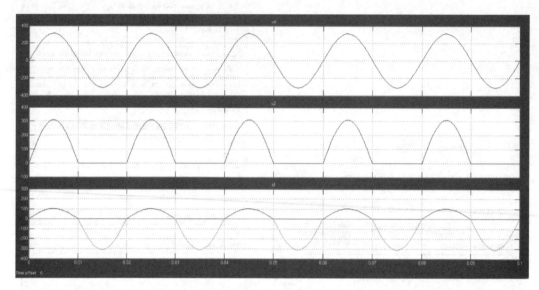

图 4-47 触发角 α＝0°时，电源电压、负载电压、负载电流和晶闸管电压波形

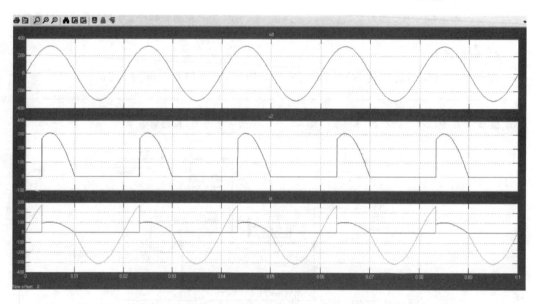

图 4-48 触发角 α＝60°时，电源电压、负载电压、负载电流和晶闸管电压波形

4.9.2 单相桥式相控整流电路仿真

图 4-49 所示为单相桥式相控整流仿真电路图，给出了 α＝0°时和 α＝60°两种触发脉冲情况下电路波形，其他电路元件及参数参考 4.9.1 小节，如图 4-50～图 4-53 所示。

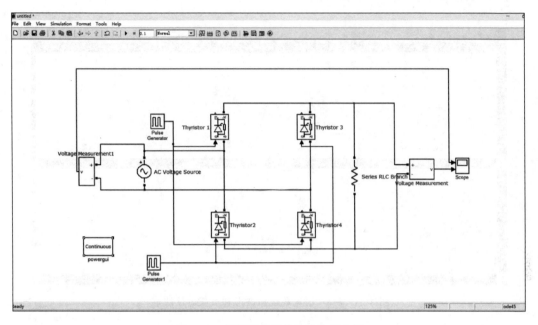

图 4-49　单相桥式相控整流仿真电路

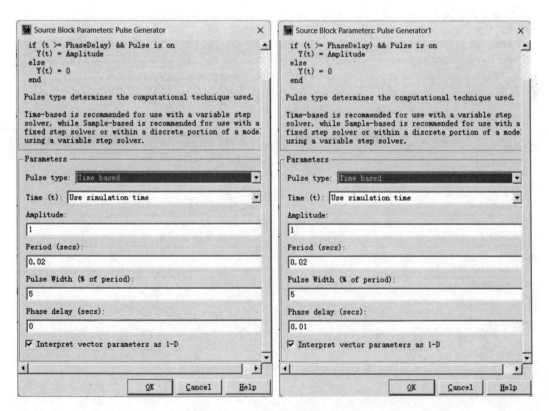

图 4-50　$\alpha=0°$时两种触发脉冲的设置

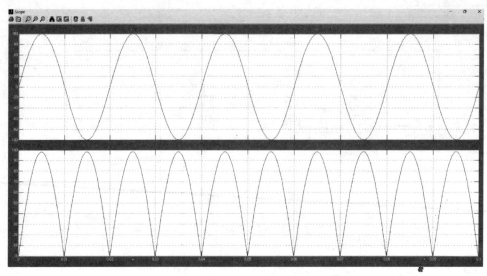

图 4-51　α＝0°时电源电压波形和负载电压波形

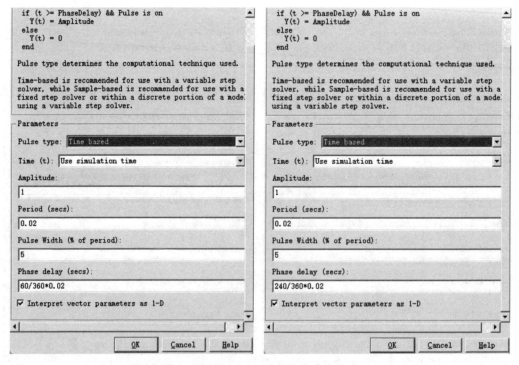

图 4-52　α＝60°时两种触发脉冲的设置

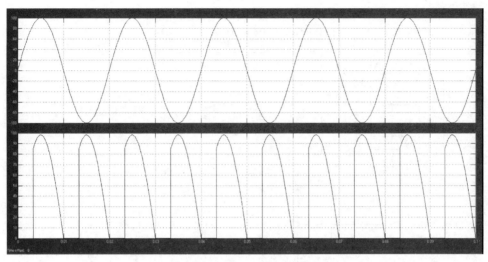

图 4-53　α＝60°时电源电压波形和负载电压波形

4.10　三相桥式全控整流电路实训

1. 实训目的

（1）了解三相桥式全控整流电路的工作原理、输出电压、电流波形。

（2）了解晶闸管在带电阻性及电阻电感性负载，在不同控制角 α 下的工作情况。

三相桥式
全控整流
电路实训

2. 实训器件

本实训的实训器件见表 4-13。

表 4-13　实训器件清单

序　号	型　号	备　注
1	THEAZT-3AT 型电源控制屏	包括"交流电源输出""测量仪表"等模块
2	EZT3-10	TC787 触发电路模块
3	MDK-62	单向晶闸管模块电路
4	EZT3-11A	功放模块
5	EZT3-31	三相同步变压器
6	D42	包括三组同轴的两个 900Ω 可调电阻
7	双踪示波器	自备

3. 实训线路及原理

三相桥式全控整流电路具体实训线路如图 4-54 所示。

4. 实训内容

（1）三相桥式可控整流供电给电阻负载。

（2）三相桥式可控整流供电给电阻电感性负载。

5. 实训方法

（1）按照图 4-54 接线。其中触发电路输出的信号经功放后分别接入对应的晶闸管上。

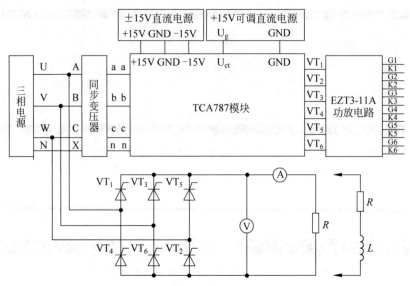

图 4-54 三相桥式全控整流电路具体实训线路

直流电压电流表、700mH 电感(可依照实验现象调整)、正给定电源等均从 THEAZT-3AT 型控制屏上获得,电阻 R 用 D42 磁盘电阻组件,将两个 900Ω 接成并联形式。TCA787 触发电路钮子开关分别达到正常工作和双列脉冲侧。

(2) 三相全控桥式整流电路带电阻负载时的特性测试。按图接线,将给定电位器逆时针旋到底,使其输出为零。负载电阻放在最大阻值位置,按下启动按钮,缓慢调节给定电位器,调节正给定电位器,增加移相电压,使 α 角在 0°~120°范围内调节,同时,根据需要不断调整负载电阻 R,使得负载电流 I_d 保持在 0.6A 左右(注意 I_d 不得超过 0.65A)。观察 α 在 30°、60°、90°、120°等不同移相范围内,整流电路的输出电压 U_d、输出电流 I_d 以及晶闸管端电压 U_{VT} 的波形,并加以记录。

(3) 三相全控桥式整流电路带电阻电感性负载。将电抗 L 接入,用示波器观察并记录 $\alpha = 30°、60°$ 及 90°时的整流电压 U_d 和晶闸管两端电压 U_{vt} 的波形,并记录相应的 U_d 数值于表 4-14。

表 4-14 结果记录

α	30°	60°	90°
U_2			
U_d(记录值)			
U_d/U_2			
U_d(计算值)			

计算公式如下。

当 $\alpha \leqslant 60°$ 时:

$$U_d = \frac{1}{\frac{\pi}{3}} \int_{\frac{\pi}{3}+\alpha}^{\frac{2\pi}{3}+\alpha} \sqrt{6} U_2 \sin\omega t \, d(\omega t) = 2.34 U_2 \cos\alpha$$

当 $\alpha > 60°$ 时：

$$U_\mathrm{d} = \frac{3}{\pi} \int_{\frac{\pi}{3}+\alpha}^{\pi} \sqrt{6}U_2 \sin\omega t \, \mathrm{d}(\omega t) = 2.34U_2 \left[1 + \cos\left(\frac{\pi}{3} + \alpha \right) \right]$$

本 章 小 结

本章主要学习不可控整流电路采用二极管为开关器件,整流输出直流电压大小只与交流输入电压大小有关;可控整流电路采用晶闸管却可以通过改变触发角调控直流输出电压的大小,整流电路中单相桥式结构和三相桥式结构使用最为广泛。本章主要知识点梳理如下。

(1) 可控整流电路的原理分析与计算、各种负载对整流电路工作情况的影响。

(2) 与整流电路相关的一些问题,包括:①变压器漏抗对整流电路的影响,换相压降、重叠角等概念,并掌握相关的计算,熟悉漏抗对整流电路工作情况的影响;②整流电路的谐波和功率因数分析,谐波的概念,各种整流电路产生谐波情况的定性分析,功率因数分析的特点,各种整流电路的功率因数分析。

(3) 可控整流电路的有源逆变工作状态,有源逆变的条件,三相可控整流电路有源逆变工作状态的分析计算,逆变失败及最小逆变角的限制等。

(4) 晶闸管直流电动机系统工作于各种状态时系统的特性,包括变流器的特性和电动机的机械特性等,可逆电力拖动系统的工作情况,环流的概念。

(5) 学会使用仿真软件进行电路的搭建、参数的设置、仿真结果的调试,以巩固和验证理论知识。

习 题

1. 简答题

分别写出晶闸管单相桥式、三相半波、三相全桥整流电路,负载分别为电阻负载和阻感负载(电感极大)时触发角的移相范围。

2. 计算题

(1) 在三相半波可控整流电路中,如果 a 相的触发脉冲消失,试绘出当 $\alpha = 0°$ 时,带纯电阻性负载时的整流电压波形和晶闸管 VT_2 两端电压波形。

(2) 单相半波可控整流电路对电感负载供电,$L = 20\mathrm{Mh}$,$U_2 = 100\mathrm{V}$,求当 $\alpha = 0°$ 时和 $\alpha = 60°$ 时的负载电流 I_d,并画出 U_d 与 I_d 波形。

(3) 在单相桥式全控整流电路中,$U_2 = 100\mathrm{V}$,负载中 $R = 20\Omega$,L 值极大,当 $\alpha = 30°$ 时,要求:

① 作出 U_d、I_d 和 I_2 的波形。

② 求整流输出平均电压 U_d、电流 I_d、变压器二次电流有效值 I_2。

③ 考虑安全裕量,确定晶闸管的额定电压和额定电流。

(4) 在三相半波整流电路中,如果 a 相的触发脉冲消失,试绘出在电阻性负载和电感

性负载下整流电压 U_d 的波形。

（5）在三相半波整流电路的共阴极接法与共阳极接法中，a、b 两相的自然换相点是同一点吗？如果不是，它们在相位上差多少度？

（6）在三相半波可控整流电路中，$U_2 = 100$V，带电阻电感负载，$R = 50\Omega$，L 值极大，当 $\alpha = 60°$ 时，要求：

① 画出 U_d、I_d 和 I_{VT_1} 的波形。

② 计算 U_d、I_d、I_{dT} 和 I_{VT}。

（7）在三相桥式全控整流电路中，电阻负载，如果有一个晶闸管不能导通，此时的整流电压 U_d 波形如何？如果有一个晶闸管被击穿而短路，其他晶闸管受什么影响？

（8）在三相桥式全控整流电路中，$U_2 = 100$V，带电阻电感负载 $R = 50\Omega$，L 值极大，当 $\alpha = 60°$ 时，要求：

① 画出 U_d、I_d 和 I_{VT_1} 的波形。

② 计算 U_d、I_d、I_{dT} 和 I_{VT}。

（9）使变流器工作于有源逆变状态的条件是什么？

（10）什么是逆变失败？如何防止逆变失败？

（11）在单相桥式全控整流电路、三相桥式全控整流电路中，当负载分别为电阻负载或电感负载时，要求晶闸管移相范围分别是多少？

（12）三相全控桥，电动机负载，要求可逆运行，整流变压器的接法是 D/Y-5，采用 NPN 锯齿波触发器，并附有滞后 30° 的 RC 滤波器，决定晶闸管的同步电压和同步变压器的连接形式。

第 5 章 DC-AC 逆变器（无源逆变电路）

DC-AC 逆变器是指能将一定幅值的直流电变换成一定幅值和一定频率交流电的电力电子装置，又称为变换器。如果交流侧输出直接连接无源负载（如电动机、电炉或其他用电器等），则称为无源逆变器；如果交流侧输出连接电网，则称为有源逆变器。由于有源逆变器与电网连接，因此常将有源逆变电路作为 AC-DC 逆变器（整流器）的馈能运行电路来讨论，而本章将只讨论无源逆变器，在不加说明时，逆变器一般多指无源逆变器。

无源逆变器具有广泛的应用，如交流电动机调速用变频器、热处理中的感应加热电源、通信与办公系统中的不间断电源、特种电源中的电镀电源和焊接电源、风力与光伏发电系统中的逆变电源等。除了工业应用之外，逆变器在空调、冰箱等家用电器中也有广泛的应用。本章主要学习以下内容。

(1) 逆变器的电路结构和分类。

(2) 逆变器的三种变换方式——方波变换、阶梯波变换和正弦波变换。

(3) 方波逆变器的基本电路及其特点。

(4) 正弦波逆变器及其 SPWM 控制。

5.1 DC-AC 逆变器概述

5.1.1 逆变器的基本原理

逆变器是实现直流-交流（DC-AC）变换的一种重要的电力电子装置。可以采用开关切换的方式将直流量变换成交流量。逆变器的直流侧可能是电压源或电流源，其中直流侧以电压源供电的逆变器称为电压型逆变器，而直流侧以电流源供电的逆变器称为电流型逆变器。图 5-1(a)所示为电压型逆变器的直流侧采用足够电容量的电容进行滤波，因此直流侧可等效为电压源，其直流电压基本不变，而逆变器的输出电压为幅值与直流电压幅值相等的方波或方波脉冲序列电压，其输出电流波形取决于负载对方波或方波序列电压的响应。图 5-1(b)所示为电流型逆变器的直流侧采用足够电感量的电感进行滤波，因此直流侧可等效为电流源，其直流电流基本不变，而逆变器的输出电流为幅值与直流电流幅值相等的方波或方波脉冲序列电流，其输出电压波形取决于负载对方波或方波脉冲序列电压的响应。

下面以单相桥式逆变器为例，如图 5-2(a)所示，说明其基本的工作原理。电力电子器件 $VT_1 \sim VT_4$ 是桥式电路的 4 个臂，当开关管 VT_1、VT_4 闭合，VT_2、VT_3 断开时，输出电压 u_o 为正的方波电压；当开关管 VT_1、VT_4 断开，VT_2、VT_3 闭合时，输出电压 u_o 为

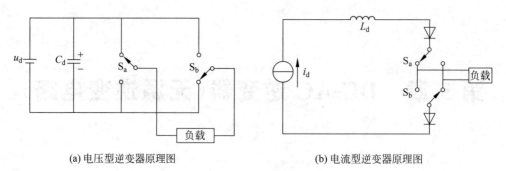

(a) 电压型逆变器原理图　　　　　　　　　　(b) 电流型逆变器原理图

图 5-1　逆变器的原理图

负的方波电压,把直流电变成了交流电。改变两组开关切换频率,可改变输出交流电频率。单相电流型桥式逆变器的输出电压、电流波形如图 5-2(b)所示。显然,输出的正、负方波电压幅值相等,若使输出的正、负方波电压宽度相等,则逆变器输出即为交流方波电压,从而实现了直流电压到交流电压的变换,这就是逆变器工作的基本原理。那么,实现DC-AC 变换功能的逆变器有哪些波形变换方式呢? 具体介绍如下。

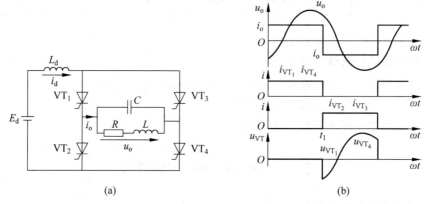

(a)　　　　　　　　　　(b)

图 5-2　逆变器的原理电路

1. 方波变换方式

方波变换方式是指逆变器输出波形为交流方波的变换方式,这是逆变器最简单的变换方式。一般而言,方波变换时逆变器的交流输出有两种基本调制方式:脉冲幅值调制(pulse amplitude modulation,PAM)和单脉冲调制(single pulse modulation,SPM)。

PAM 是指逆变器的输出频率可由 180°方波(图 5-3(a))或 120°方波(图 5-3(b))的周期来控制,图 5-3(c)所示为 180°方波的调频示意;而逆变器输出基波的幅值则由输出方波的幅值即逆变器直流侧电压(电压型逆变器)或电流(电流型逆变器)的幅值来控制,图 5-3(d)所示为 180°方波的调幅示意。显然,采用 PAM 控制方式时,其方波的导通角恒定(180°或 120°)。

SPM 是指逆变器的输出频率仍由方波的周期来控制,而逆变器输出基波的幅值则由逆变器输出方波的导通角进行控制,如导通角在 0°~180°的范围调节,逆变器的输出波形如图 5-3(e)所示。显然,采用 SPM 控制方式时,逆变器输出方波的幅值恒定。

对比上述两种方波的调制方式不难看出:当采用 SPM 变换方式时,逆变器输出方波

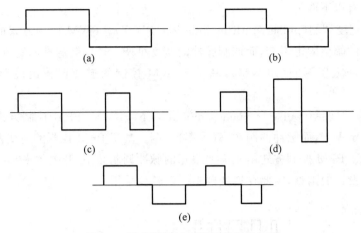

图 5-3 逆变器方波变换时的相关波形

的幅值一定,仅需调节其导通角,因此控制较为简单;而当采用 PAM 变换方式时,逆变器输出方波的周期和幅值均可调,因此控制相对复杂。

2. 阶梯波变换方式

阶梯波变换方式是指逆变器输出波形为交流阶梯波的变换方式。当逆变器采用方波变换方式时,逆变器的控制较为简单,但交流输出谐波较大,研究表明:对于 180°方波变换方式,其输出波形的总谐波畸变系数(total harmonic distortion,THD,是衡量谐波含量的重要指标)约为 48%,而对于 120°方波变换方式,其输出波形的 THD 约为 30%。仔细观察图 5-3(a)和图 5-3(b)不难发现,在一个周期中,120°方波变换方式输出波形有正、零、负三个输出电平,而 180°方波变换方式的输出波形只有正、负两个输出电平。因此,为减少逆变器的交流输出谐波,可以考虑采用方波变换的波形叠加方式来增加输出交流波形的电平,由于这种多电平输出的交流波形形似阶梯波,因此称为交流阶梯波变换,如图 5-4 所示。显然,在基波幅值相同的条件下,该阶梯波的谐波分量远低于 120°和 180°方波变换时的谐波分量。

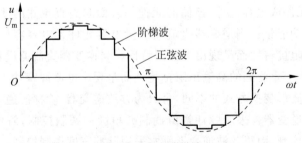

图 5-4 交流阶梯波

3. 斩控变换方式

斩控变换方式是指逆变器输出波形为幅值一定的方波脉冲序列波变换方式。在斩控变换方式中,逆变器的开关管以一定的通、断控制规律进行调制,使其输出幅值一定的方波脉冲序列波形。当开关频率足够高时,采用这种斩控变换方式的逆变器能使其输出波形的谐波含量足够小,因此斩控变换方式是逆变器的主要变换控制方式。一般而言,斩控变换方式主要有以下两类。

（1）脉冲宽度调制（pulse width modulation，PWM）。PWM 控制方式的开关调制周期和调制脉冲的幅值固定不变，而调制脉冲的宽度可调。若调制脉冲的宽度按正弦分布，则称为正弦脉冲宽度调制（SPWM），基于 SPWM 控制的逆变器输出波形如图 5-5（a）所示。

（2）脉冲频率调制（pulse frequency modulation，PFM）。PFM 控制方式的调制脉冲宽度和幅值固定不变，而脉冲调制频率（周期）可调。基于 PFM 控制的逆变器输出波形如图 5-5（b）所示。PFM 控制方式由于需要很宽的脉冲调制频率（开关频率）变化范围，考虑到输出滤波器设计的困难，因此在逆变器中一般较少采用。

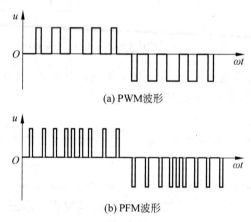

(a) PWM波形

(b) PFM波形

图 5-5　逆变器交流斩控调制变换时的相关波形

5.1.2　逆变器的分类

通常，逆变器主要有以下分类方式。

根据逆变器按直流侧储能电源性质的不同，可分为电压型逆变器（voltage source inverter，VSI）和电流型逆变器（current source inverter，CSI）。逆变器的直流侧必须设置储能元件，如电感元件或电容元件，该储能元件一方面起到直流侧的滤波作用，另一方面可以缓冲负载的无功能量。当逆变器直流侧设置电容元件且电容容量足够大时，此时由于直流侧的低输出阻抗特性而呈现出电压源特性。当逆变器直流侧设置电感元件且电感量足够大时，此时由于直流侧的高输出阻抗特性而呈现出电流源特性。

根据逆变器按波形变换方式的不同，可分为方波逆变器、阶梯波逆变器以及正弦波逆变器等。其中方波逆变器常采用脉冲幅值调制或单脉冲调制控制，阶梯波逆变器常采用移相叠加或多电平控制，而正弦波逆变器则常采用脉冲宽度调制控制。

根据逆变器按电路拓扑结构的不同，可分为半桥逆变器、全桥逆变器以及推挽式逆变器等。

根据逆变器按电路中功率器件的不同，可分为半控型逆变器和全控型逆变器。半控型逆变器功率电路采用半控型功率器件，如晶闸管（SCR）；而全控型逆变器功率电路采用全控型功率器件，如电力场效应晶体管（MOSFET）以及绝缘栅双极晶体管（IGBT）等。

根据逆变器按输出频率的不同,可分为低频逆变器、中频逆变器和高频逆变器。

根据逆变器按输出交流电相数的不同,可分为单相逆变器、三相逆变器和多相逆变器。

根据逆变器按输入、输出是否隔离的不同,可分为隔离型逆变器和非隔离型逆变器。其中隔离型逆变器又可分为工频隔离型逆变器和高频隔离型逆变器两类。

根据逆变器按输出电平的不同,可分为两电平逆变器和多电平逆变器。

5.2　电压型逆变器

电压型逆变器是应用最广的一种 DC-AC 逆变器,电压型逆变电路的主要特点如下。

(1) 直流侧为电压源或并联大的储能电容,直流侧电压基本无脉动。

(2) 逆变器输出电压为方波或方波脉冲序列,并且该电压波形与负载无关。

(3) 逆变器输出电流因负载阻抗不同而不同。阻感负载时须提供无功功率,为了给交流侧向直流侧反馈的无功功率提供通道,逆变桥各臂并联反馈二极管。

(4) 逆变器输出电压的控制可以通过脉冲幅值调制(PAM)、脉冲宽度调制(PWM)等控制方式来实现。

依据电压型逆变器的控制方式和结构的不同,电压型逆变器主要可分为方波型、阶梯波型、正弦波型(PWM 型)三类,以下对方波逆变器和正弦波逆变器进行讨论。

5.2.1　电压型方波逆变器

电压型方波逆变器按其拓扑结构的不同可分为多种结构,主要包括单相全桥逆变器、单相半桥逆变器、推挽式逆变器和三相桥式逆变器。也可以按电压型逆变器所采用功率器件的不同分为半控型和全控型两类。由于电压型逆变器已较少采用基于晶闸管的半控型结构,因此,以下将只讨论全控型电压型逆变器。

1. 电压型单相方波逆变器

电压型单相方波逆变器按其拓扑结构的不同可分为单相全桥方波逆变器、单相半桥方波逆变器以及带中心抽头变压器的电压型单相推挽式方波逆变器等,以下分别加以讨论。

1) 单相全桥方波逆变器

单相全桥方波逆变器在单相逆变电路中应用最多,其主电路结构如图 5-6(a)所示,该逆变器由四个桥臂构成,VT_1、VD_1 和 VT_4、VD_4 是一对,VT_2、VD_2 和 VT_3、VD_3 是另一对,成对桥臂同时导通。这种电压型单相全桥方波逆变器的输出波形控制主要有脉冲幅值调制(PAM)和单脉冲调制(SPM)两类。

(1) 脉冲幅值调制(PAM)。

电压型单相全桥方波逆变器采用 PAM 控制时,其主电路的四个开关管采用 180°互补控制模式,这样逆变器输出的电压为 180°导电的交流方波电压(图 5-6(b)),不同负载时的电压型单相全桥方波逆变器相关波形如图 5-6(c)和图 5-6(d)所示。值得注意的是,流经逆变器桥臂的电流既可以经开关管流通(如 VT_1),也可以经二极管流通(如 VD_1),具体取决于实际电流方向。

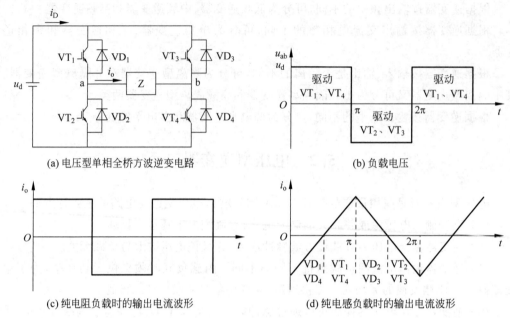

(a) 电压型单相全桥方波逆变电路

(b) 负载电压

(c) 纯电阻负载时的输出电流波形

(d) 纯电感负载时的输出电流波形

图 5-6　电压型单相全桥方波逆变电路及 PAM 控制时的相关波形

对于采用 PAM 控制的逆变器输出 180°方波交流电压波形，输出电压定量分析如下。u_o 为傅里叶级数

$$u_o = \frac{4U_d}{\pi}\left(\sin\omega t + \frac{1}{3}\sin3\omega t + \frac{1}{5}\sin5\omega t + \cdots\right) \qquad (5-1)$$

基波幅值为

$$U_{o1m} = \frac{4U_d}{\pi} = 1.27U_d \qquad (5-2)$$

基波有效值为

$$U_{o1} = \frac{2\sqrt{2}U_d}{\pi} = 0.9U_d \qquad (5-3)$$

需要注意的是，u_o 为正负各 180°脉冲时，改变方波电压周期即可改变交流输出电压频率，但对于 PAM 控制方式，要改变输出电压有效值只能通过改变 U_d 来实现。从而增加了系统和控制复杂性，因而 PAM 控制方式通常较少应用于电压型逆变器中。

（2）单脉冲调制（SPM）。

为了克服电压型逆变器 PAM 控制方式的不足，可以采用 SPM 控制，即通过电压型逆变器输出单脉冲电压方波的宽度调节来控制逆变器输出基波电压的幅值，因此无须调节逆变器直流侧电压幅值。在电压型方波逆变器阻感负载中，SPM 控制通常采用移相方式来调节逆变电路的输出电压，其 SPM 控制的相关驱动信号波形与输出波形如图 5-7 所示。单相全桥逆变器四个开关管驱动信号均为 180°方波，并且负载一端上下桥臂的驱动信号相位固定，而负载另一端上下桥臂的驱动信号相位可移动。一般称驱动信号相位固定的桥臂为超前桥臂，称驱动信号可移相的桥臂为滞后桥臂。显然，调节超前桥臂与滞后桥臂间的相角 θ 就可以调节单相全桥逆变器的输出方波宽度，从而控制逆变器输出电压有效值。

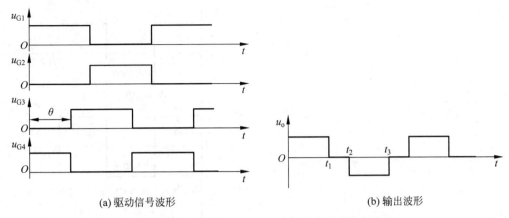

(a) 驱动信号波形　　　　　　　　(b) 输出波形

图 5-7　单相全桥逆变 SPM 驱动信号波形及输出波形

2) 单相半桥方波逆变器

电压型单相半桥逆变电路原理如图 5-8 所示。实际上,若将单相全桥逆变器的直流电压分解为两个相等的电压源串联(可用两个足够大容量且容量相等的电容串联实现),并将串联电压源的电压中心点与负载一端相连,而负载的另一端与桥臂支路的输出端相连,即可构成只有一相桥臂支路的电压型单相逆变器,称为电压型单相半桥逆变器,其电路采用 180°方波 PAM 控制时输出电压波形为方波,输出电流波形随负载情况而定。设开关器件 VT_1 和 VT_2 栅极信号分别半周正偏、半周反偏,互补。在 $0 \leqslant t \leqslant T_S/2$ 期间, VT_1 导通, VT_2 截止,逆变器的输出电压 $u_{an} = +u_d/2$, i_o 波形随负载而异,但感性负载中的电流 i_o 不能立即改变方向,于是 VD_1 导通续流;在 $T_S/2 \leqslant t \leqslant T_S$ 期间, VT_2 导通, VT_1 截止,逆变器的输出电压 $u_{an} = -u_d/2$, i_o 不能立即改变方向, VD_2 导通续流,工作波形如图 5-8(b)所示。显然,以上 180°方波调制时的电压型半桥逆变器输出电压波形为 $u_d/2$ 幅值的 180°交流方波。可见,在直流侧电压相同的情况下,单相半桥逆变器输出方波电压的幅值只有单相全桥逆变器输出方波电压的一半。需要注意的是,在直流侧电压和输出功率相等的条件下,半桥逆变器功率器件的耐压值与全桥逆变器功率器件的耐压值相同,但半桥逆变器功率器件的电流定额则应比全桥逆变器功率器件的电流定额提高一倍。因此,半桥方波逆变器较适合于"高电压"输入且"低电压"输出的小功率逆变电源应用场合。

单相半桥
逆变电路

3) 带中心抽头变压器的电压型单相推挽式方波逆变器

根据以上分析,半桥方波逆变器较适合于"高电压"输入且"低电压"输出的逆变应用场合,但实际应用若要求逆变器与输出负载隔离或者负载电压与逆变器直流电压的幅值相差较大时,如何设计出满足要求的电压型单相逆变器电路呢?图 5-9 所示的带中心抽头变压器的电压型单相推挽式方波逆变器电路就能满足这一要求。带中心抽头变压器逆变电路交替驱动两个 IGBT,经变压器耦合给负载加上矩形波交流电压。两个二极管的作用也是提供无功能量的反馈通道, U_d 和负载相同,变压器匝比为 $1:1:1$ 时, u_o 和 i_o 波形及幅值与全桥逆变电路完全相同。式(5-1)~式(5-3)也适用于该电路。

图 5-9 所示的电路与全桥方波逆变电路相比,虽然少用了一半的功率开关器件,但器件承受的电压为 $2U_d$,比全桥电路高一倍,并且还增加了一个带中心抽头的变压器。因

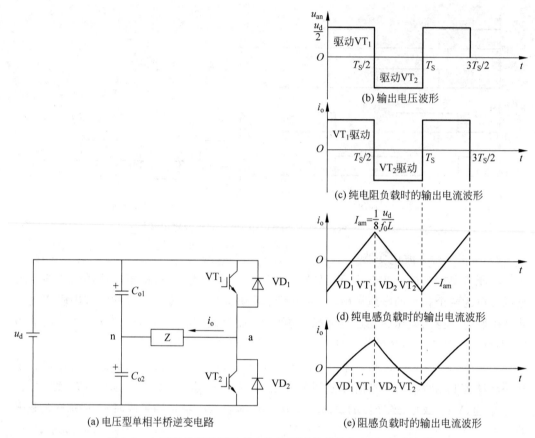

图 5-8　电压型单相半桥逆变电路及不同负载输出电压、电流波形

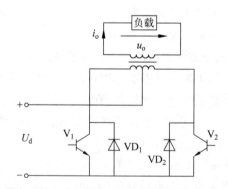

图 5-9　带中心抽头变压器的电压型单相推挽式方波逆变电路

此,该逆变器适用于"低电压"输入且要电气隔离的逆变应用场合。

2. 电压型三相方波逆变器

电压型三相桥式方波逆变电路如图 5-10 所示。

电压型三相桥式逆变器应用最广,可以用三个单相半桥逆变电路组合而成。对于电压型三相桥式逆变器而言,方波调制是 DC-AC 变换最简单的一种控制方式。虽然在采用全控型功率器件的三相桥式逆变器中,一般已较少采用方波调制方式,但在一些特大功率的逆变器应用中,由于须采用低开关

三相桥式
电压型逆
变电路

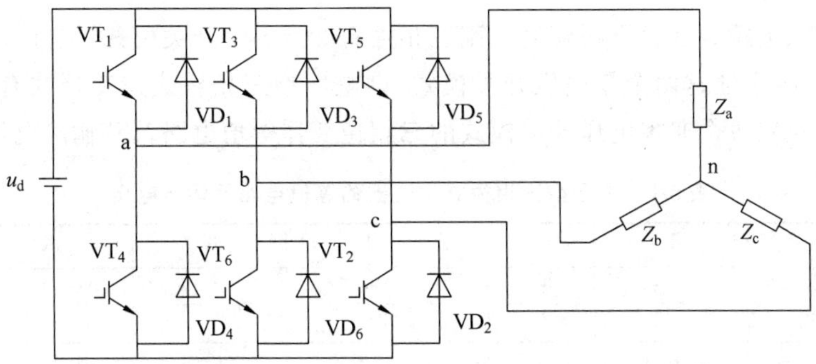

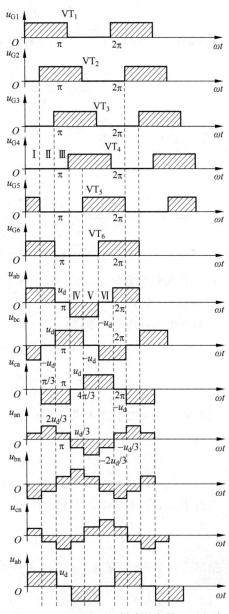

图 5-10　电压型三相桥式方波逆变电路

频率以降低开关损耗,因此仍须采用方波调制方式。电压型三相逆变器的基本工作方式是 180°导电方式,即每个桥臂导电 180°,同一相上下两臂交替导电,各相开始导电的角度差为 120°,任一瞬间有三个桥臂同时导通,每次换流都是在同一相上下两臂之间进行,也称为纵向换流。观察图 5-11,电压型三相桥式逆变器 180°方波调制时,其开关管控制及其相关波形具有以下特征。

(1) 每相上下桥臂开关管均采用 180°互补控制模式。

(2) 相邻相桥臂开关管的驱动信号相位互差 120°。

(3) 任何时刻有且只有 3 个桥臂导通,或 2 个上桥臂 1 个下桥臂导通,或 1 个上桥臂 2 个下桥臂导通。

(4) 按图 5-10 所标功率器件的序号,相邻序号开关管的驱动信号相位互差 60°。

(5) 若逆变器直流侧电压为 U_d,当负载为星形连接的对称负载时,则逆变器输出相电压波形为交流六阶梯波波形,即每间隔 60°就发生一次电平的突变,且电平取值分别为 $\pm\frac{1}{3}U_d$、$\pm\frac{2}{3}U_d$。

(6) 若逆变器直流侧电压为 U_d,则逆变器输出线电压波形为 120°导电的交流方波波形,其方波幅值为 U_d。

对于电压型三相桥式逆变电路而言,由于每相上、下桥臂共有两个开关模式(上桥臂

图 5-11　电压型三相桥式逆变器 180°方波调制时的相关波形

通且下桥臂断、上桥臂断且下桥臂通),则三相共有 $2^3=8$ 个开关模式,去除 3 个上桥臂全通和 3 个下桥臂全通这两个零电压开关模式,则电压型三相桥式逆变器共有 6 个非零电压开关模式,对应每个非零电压开关模式的三相逆变器等值电路及其输出电压,见表 5-1。

表 5-1　电压型三相桥式逆变器的等值电路及输出电压

模　式		I $0\sim\dfrac{\pi}{3}$	II $\dfrac{\pi}{3}\sim\dfrac{2\pi}{3}$	III $\dfrac{2\pi}{3}\sim\pi$	IV $\pi\sim\dfrac{4\pi}{3}$	V $\dfrac{4\pi}{3}\sim\dfrac{5\pi}{3}$	VI $\dfrac{5\pi}{3}\sim2\pi$
导通管号		5、6、1	6、1、2	1、2、3	2、3、4	3、4、5	4、5、6
等值电路		(等值电路图)	(等值电路图)	(等值电路图)	(等值电路图)	(等值电路图)	(等值电路图)
相电压	u_{an}	$+\dfrac{u_d}{3}$	$+\dfrac{2u_d}{3}$	$+\dfrac{u_d}{3}$	$-\dfrac{u_d}{3}$	$-\dfrac{2u_d}{3}$	$-\dfrac{u_d}{3}$
	u_{bn}	$-\dfrac{2u_d}{3}$	$-\dfrac{u_d}{3}$	$+\dfrac{u_d}{3}$	$+\dfrac{2u_d}{3}$	$+\dfrac{u_d}{3}$	$-\dfrac{u_d}{3}$
	u_{cn}	$+\dfrac{u_d}{3}$	$-\dfrac{u_d}{3}$	$-\dfrac{2u_d}{3}$	$-\dfrac{u_d}{3}$	$+\dfrac{u_d}{3}$	$+\dfrac{2u_d}{3}$
线电压	u_{ab}	$+u_d$	$+u_d$	0	$-u_d$	$-u_d$	0
	u_{bc}	$-u_d$	0	$+u_d$	$+u_d$	0	$-u_d$
	u_{ca}	0	$-u_d$	$-u_d$	0	$+u_d$	$+u_d$

负载各相到电源中点 n' 的电压:对于 U 相来说,当桥臂 1 导通时,$u_{an'}=U_d/2$,桥臂 4 导通时,$u_{an'}=-U_d/2$。

负载线电压可由下式求出:

$$\begin{cases} u_{ab}=u_{an'}-u_{bn'} \\ u_{ac}=u_{bn'}-u_{cn'} \\ u_{ca}=u_{cn'}-u_{an'} \end{cases} \tag{5-4}$$

负载相电压可由下式求出:

$$\begin{cases} u_{an}=u_{an'}-u_{nn'} \\ u_{bn}=u_{bn'}-u_{nn'} \\ u_{cn}=u_{cn'}-u_{nn'} \end{cases} \tag{5-5}$$

负载中点 n 和电源中点 n' 间电压为

$$u_{nn'}=\frac{1}{3}(u_{an'}+u_{bn'}+u_{cn'})-\frac{1}{3}(u_{an}+u_{bn}+u_{cn}) \tag{5-6}$$

负载三相对称时,有 $u_{an}+u_{bn}+u_{cn}=0$,于是为

$$u_{nn'}=\frac{1}{3}(u_{an'}+u_{bn'}+u_{cn'}) \tag{5-7}$$

利用式(5-5)和式(5-7)可绘出 u_{an}、u_{bn}、u_{cn} 的波形。

下面是对三相桥式逆变电路的输出电压的定量分析。

1) 输出线电压

u_{ab} 展开成傅里叶级数

$$u_{ab}(t) = \frac{2\sqrt{3}U_d}{\pi}\left(\sin\omega t - \frac{1}{5}\sin 5\omega t - \frac{1}{7}\sin 7\omega t + \frac{1}{11}\sin 11\omega t + \frac{1}{13}\sin 13\omega t + \cdots\right)$$

$$= \frac{2\sqrt{3}U_d}{\pi}\left[\sin\omega t + \sum_n \frac{1}{n}(-1)^k \sin n\omega t\right] \tag{5-8}$$

式中，$n = 6k \pm 1$，k 为自然数。

输出线电压有效值为

$$U_{ab} = \sqrt{\frac{1}{2\pi}\int_0^{2\pi} u_{ab}^2 \, d\omega t} = 0.816U_d \tag{5-9}$$

基波幅值为

$$U_{ab1m} = \frac{2\sqrt{3}U_d}{\pi} = 1.1U_d \tag{5-10}$$

基波有效值为

$$U_{ab1} = \frac{U_{ab1m}}{\sqrt{2}} = \frac{\sqrt{6}}{\pi}U_d = 0.78U_d \tag{5-11}$$

2) 负载相电压

u_{an} 展开成傅里叶级数得

$$u_{an} = \frac{2U_d}{\pi}\left(\sin\omega t + \frac{1}{5}\sin 5\omega t + \frac{1}{7}\sin 7\omega t + \frac{1}{11}\sin 11\omega t + \frac{1}{13}\sin 13\omega t + \cdots\right)$$

$$= \frac{2U_d}{\pi}\left(\sin\omega t + \sum_n \frac{1}{n}\sin n\omega t\right) \tag{5-12}$$

式中，$n = 6k \pm 1$，k 为自然数。

负载相电压有效值为

$$U_{an} = \sqrt{\frac{1}{2\pi}\int_0^{2\pi} u_{an}^2 \, d\omega t} = 0.471U_d \tag{5-13}$$

基波幅值为

$$U_{an1m} = \frac{2U_d}{\pi} = 0.637U_d \tag{5-14}$$

基波有效值为

$$U_{an1} = \frac{U_{an1m}}{\sqrt{2}} = 0.45U_d \tag{5-15}$$

为防止同一相上下两桥臂开关器件直通，应采取"先断后通"的方法。

5.2.2　电压型正弦波逆变器(PWM 控制技术)

以上讨论的电压型方波逆变器需要改变输出电压幅值时，一般常采用脉冲幅值调制

(PAM)或单脉冲调制(SPM),这类逆变器应用于大功率场合,具有开关损耗低、运行可靠等优点,但也存在动态响应慢、谐波含量大等一系列不足。例如,当利用电压型逆变器驱动交流电动机时,需进行变频变压(VVVF)控制,此时若采用 PAM 方式,则必须采用直流调压和交流调频两套功率调节和控制电路,这不仅使电路结构和控制复杂化,而且因电压与频率的不同控制响应将导致系统响应变慢,这主要是由于逆变器直流侧的储能元件惯性会使其直流电压的调节速度远慢于其输出频率的调节速度,从而影响交流电动机的驱动控制性能。为了克服上述不足,应采用脉冲宽度调制(pulse width modulation,PWM)控制。在 PWM 控制中,脉冲幅值一定,通过对一系列脉冲的宽度进行调制,来等效地获得所需要波形(含形状和幅值)。PWM 控制技术在逆变电路中应用十分广泛,目前中小功率的逆变电路几乎都采用了 PWM 技术。

PWM 控制技术

对于要求输出正弦波电压的电压型逆变器(常称为电压型正弦波逆变器),采用 PWM 控制的电压型正弦波逆变器一般应具备以下特点。

(1) 逆变器的直流电压固定,且无须增设功率电路进行调节。

(2) 采用 PWM 控制,可同时调节逆变器的输出频率和输出电压,动态响应快。

(3) 逆变器的输出谐波含量低。

1. 电压型正弦波逆变器的基本原理

图 5-12(a)是频率恒定的正弦波斩控波形。从图中可以看出:在频率恒定的一个正弦波周期中,斩控脉冲的占空比和斩控周期一定,而斩控脉冲的幅值则按正弦函数变化;当斩控正弦波的幅值不变时,则需要控制斩控正弦波的占空比。显然,当斩控频率足够高时,其斩控波形的谐波含量会足够低。由于斩控正弦波的频率恒定,因此该方案适用于交流变压恒频(VVCF)控制,这实际上属于 AC-AC 变换中的交流斩波变换,这种交流斩波变换的优点就是可以直接对频率一定的输入(如 50Hz 交流电)进行斩控,以调节交流输出的基波幅值。然而,针对基于逆变器的交流变压变频(VVVF)控制,即在改变交流输出幅值的同时,还需要改变其交流输出频率,那么如何利用逆变器来实现基于正弦波斩控的 VVVF 控制输出呢?

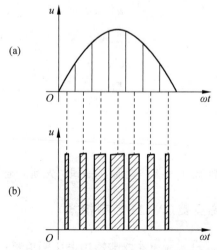

图 5-12 用 PWM 波代替正弦半波

实际上,PWM 的基本原理可以由冲量等效原理进行描述,即冲量相等而形状不同的窄脉冲加在具有惯性的环节上时,其惯性环节的输出基本相同。这里的"冲量"是指窄脉冲的面积,而"惯性环节的输出基本相同"是指输出波形的频谱中,低频段基本相同,仅在高频段略有差异。图 5-13 表示了四种冲量相等而形状不同的窄脉冲波形。在采样控制理论中,有一个重要结论:冲量相等而形状不同的窄脉冲,加在具有惯性的环节上时,其效果基本相同。冲量是指窄脉冲的面积。效果基本相同是指环节的输出响应波形基本相同。如果把输出波形用傅里叶变换展开,则其低频段非常接近,仅在高频段略有差异。

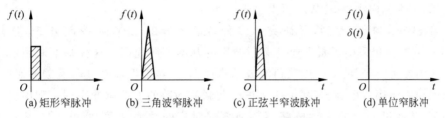

(a) 矩形窄脉冲   (b) 三角波窄脉冲   (c) 正弦半窄脉冲   (d) 单位窄脉冲

图 5-13   形状不同而冲量相同的各种窄脉冲

例如,图 5-13 所示的三个窄脉冲形状不同,其中图 5-13(a)是矩形窄脉冲,图 5-13(b)是三角形窄脉冲,图 5-13(c)是正弦半波窄脉冲,但它们的面积即冲量都等于 1,那么当它们分别加在具有惯性的同一个环节上时,其输出响应基本相同。当窄脉冲变为图 5-13(d)所示的单位脉冲函数时,环节的响应即为该环节的脉冲过渡函数。

分别将如图 5-14 所示的电压窄脉冲加在一阶惯性环节(R-L 电路)上,如图 5-14(a)所示。其输出电流 $i(t)$对不同窄脉冲时的响应波形如图 5-14(b)所示。从波形可以看出,在 $i(t)$的上升段,$i(t)$的形状也略有不同,但其下降段则几乎完全相同。脉冲越窄,各 $i(t)$响应波形的差异也越小。如果周期性地施加上述脉冲,则响应 $i(t)$也是周期性的。用傅里叶级数分解后将可看出,各 $i(t)$在低频段的特性将非常接近,仅在高频段有所不同。

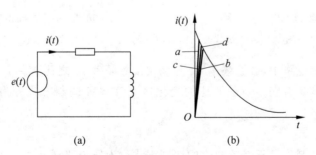

(a)   (b)

图 5-14   冲量相同的各种窄脉冲的响应波形

上面所说的就是面积等效的原理,它是 PWM 控制技术的重要理论基础。

下面分析如何用一系列等幅不等宽的窄脉冲来代替一个正弦半波。

首先,观察图 5-12(a)所示的正弦波斩控波形,将正弦半波 N 等分,看成 N 个相连的脉冲序列,其特征是斩波脉冲宽度不变,而斩波脉冲幅值则按正弦变化,宽度相等,但幅值不等。实际上,考虑脉冲的等面积变换,使其斩波脉冲幅值不变,而斩波脉冲宽度按正弦波规律变化,如图 5-12(b)所示。根据面积等效原理,PWM 波形和正弦半波是等效的。同样,可以用相同方法获得正弦半波负半周的等效 PWM 波形。因此,针对其直流电压一定的电压型逆变器而言,正好可以考虑采用脉冲幅值不变而脉冲宽度可调的脉冲宽度调制,采用 PWM 控制的逆变器可同时调节其输出脉冲序列的基波周期和幅值,从而实现基于 PWM 的 VVVF 控制输出。像这种脉冲宽度按正弦规律变化而和正弦波等效的 PWM 波形也称为正弦脉冲宽度调制(SPWM)。

2. SPWM 控制的基本问题

以上根据冲量等效原理构想出电压型正弦波逆变器的基本控制思路,即采用 SPWM 控制技术,那么如何实现 SPWM 及其波形发生呢?

随着 SPWM 技术发展,已研究出多种特性各异的 SPWM 控制方案,但大多数 SPWM 控制方案仍采用了基于通信调制技术的基本调制规则。这种基本调制规则是以正弦波作为参考"调制波",并以三角波或锯齿波作为"载波",将载波与调制波对称相交,就可以得到一组幅值相等、宽度正比于正弦调制波函数的方波脉冲序列。利用这一方波脉冲序列,并通过相应的驱动电路驱动逆变器对应的功率开关,便可以实现逆变器的 SPWM 控制。采用三角载波和锯齿载波的 SPWM 波形调制如图 5-15 所示。

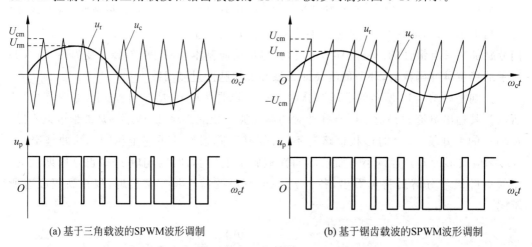

(a) 基于三角载波的SPWM波形调制   (b) 基于锯齿载波的SPWM波形调制

图 5-15   三角载波和锯齿载波的 SPWM 波形调制示意

在 PWM 控制电路中,载波频率 f_c 与调制信号频率 f_r 之比 $N = f_c/f_r$ 称为载波比。根据载波和信号波是否同步及载波比的变化情况,PWM 调制方式分为异步调制和同步调制。

1)异步调制

载波信号和调制信号不保持同步的调制方式称为异步调制。

通常保持载波频率 f_c 固定不变,当调制信号频率 f_r 变化时,载波比 N 是变化的。在信号波的半周期内,PWM 波的脉冲个数不固定,相位也不固定,正负半周期的脉冲不对称,半周期内前后 1/4 周期的脉冲也不对称。

当调制信号频率 f_r 较低时,N 较大,一周期内脉冲数较多,脉冲不对称的不利影响都较小,PWM 波形接近正弦波;当调制信号频率 f_r 增高时,N 减小,一周期内的脉冲数减少,PWM 脉冲不对称的影响就变大,使得输出 PWM 波和正弦波的差异变大。

因此,在采用异步调制方式时,希望采用较高的载波频率,以使在信号波频率较高时仍能保持较大的载波比。

2) 同步调制

载波比 N 等于常数,并在变频时使载波和信号波保持同步的方式称为同步调制。

同步调制方式中,调制信号频率 f_r 变化时 N 不变,信号波一周期内输出脉冲数固定,脉冲相位也固定。在三相 PWM 逆变电路中,通常公用 1 个三角波载波,且取 N 为 3 的整数倍,以使三相输出波形对称。为使一相的 PWM 波正负半周镜对称,N 应取奇数。当 $N=9$ 时的同步调制三相 PWM 波形如图 5-16 所示。根据以上同步调制特点及图 5-16 可以分析:由于同步调制时的开关频率随调制波频率的变化而变化,所以对于需要设置输出滤波器的正弦波逆变器(如 UPS 逆变电源)而言,滤波器参数的优化设计较为困难。调制信号频率 f_r 很低时,载波信号频率 f_c 也很低,由调制带来的谐波不易滤除;调制信号频率 f_r 很高时,载波信号频率 f_c 会过高,使开关器件难以承受。

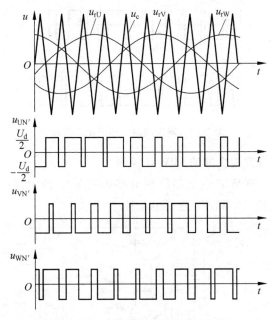

图 5-16　同步调制三相 PWM 波形

因此采用同步调制时,SPWM 的高频性能相对较好,而低频性能相对较差。为了克服这一不足,同步调制时,也应尽量提高 SPWM 的载波比 N,但较高的载波比设计会使调制波频率变大时逆变器的开关频率增加,从而导致开关损耗增加。也可以采用分段同步调制的方法。

3) 分段同步调制

分段同步调制,即把逆变电路的输出频率 f_r 范围划分成若干个频段,每个频段内保持载波比 N 恒定,不同频段载波比 N 不同。在输出频率 f_r 高的频段采用较低的载波比 N,使载波频率不至于过高;在输出频率 f_r 低的频段采用较高的载波比 N,使载波频率不至于过低。

以图 5-17 分段同步调制为例。为防止 f_c 在切换点附近来回跳动,采用滞后切换的方法。同步调制比异步调制复杂,但用微机控制时容易实现。可在低频输出时采用异步调制方式,高频输出时切换到同步调制方式,这样把两者的优点结合起来,和分段同步方式效果接近。

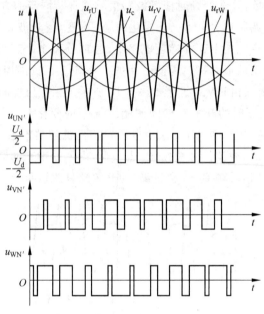

图 5-17　同步调制三相 PWM 波形

3. 电压型单相正弦波逆变器的 SPWM 控制

电压型单相正弦波 SPWM 逆变器原理电路如图 5-18 所示。设负载为阻感负载,工作时 V_1 和 V_2 通断互补,V_3 和 V_4 通断也互补。

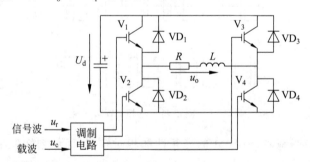

图 5-18　电压型单相正弦波 SPWM 逆变器原理电路

具体的控制规律如下。

在 u_o 正半周,V_1 通,V_2 断,V_3 和 V_4 交替通断,负载电流比电压滞后,在电压正半周,电流有一段为正,一段为负。在负载电流为正的区间,V_1 和 V_4 导通时,负载电压 u_o 等于直流电压 U_d;V_4 关断时,负载电流通过 V_1 和 VD_3 续流,$u_o=0$。在负载电流为负的区间,i_o 为负,实际上从 VD_1 和 VD_4 流过,仍有 $u_o=U_d$;V_4 断,V_3 通后,i_o 从 V_3 和 VD_1 续流,$u_o=0$。这样 u_o 总可得到 U_d 和零两种电平。

单相桥式
PWM
控制技术

同样,在 u_o 负半周,让 V_2 保持通,V_1 保持断,V_3 和 V_4 交替通断,u_o 可得 $-U_d$ 和零两种电平。

如何控制 V_1、V_2 和 V_3、V_4 的控制方法呢? 对于电压型单相正弦波 SPWM 逆变器,可采用两种 SPWM 控制方案,即单极性 SPWM 控制和双极性 SPWM 控制。下面结合图 5-18 所示的电压型单相桥式 SPWM 逆变电路对调制方法进行说明。

1) 单极性 SPWM 控制

单极性 SPWM 控制是指逆变器的输出脉冲具有单极性特征,即当输出正半周时,输出脉冲为单一的正极性脉冲;而当输出负半周时,输出脉冲则为单一的负极性脉冲。为此,必须采用使三角载波极性与正弦调制波极性相同的单极性三角载波调制,单极性 SPWM 及逆变器的输出调制波形如图 5-19 所示。

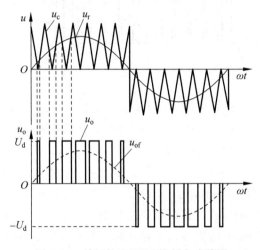

图 5-19　单极性 SPWM 控制方式波形

控制 V_3 和 V_4 通断,可以采用单极性 SPWM 控制方式。

如图 5-19 所示,在 u_r 和 u_c 的交点时刻控制 IGBT 的通断。在 u_r 正半周,V_1 保持通,V_2 保持断,当 $u_r > u_c$ 时,使 V_4 通,V_3 断,$u_o = U_d$;当 $u_r < u_c$ 时,使 V_4 断,V_3 通,$u_o = 0$。在 u_r 负半周,V_1 保持断,V_2 保持通,当 $u_r < u_c$ 时,使 V_3 通,V_4 断,$u_o = -U_d$;当 $u_r > u_c$ 时,使 V_3 断,V_4 通,$u_o = 0$。虚线 u_{of} 表示 u_o 的基波分量。

单极性 SPWM 控制由于采用了单极性三角载波调制,从而使控制信号的发生变得较为复杂,因而工程上很少采用。

2) 双极性 SPWM 控制

双极性 SPWM 控制是指逆变器的输出脉冲具有双极性特征,即无论调制波的正、负半周,其输出脉冲全为正、负极性跳变的双极性脉冲。当采用基于三角载波调制的双极性 SPWM 控制时,只需采用正、负对称的双极性三角载波,双极性 SPWM 控制时的调制及逆变器的输出波形如图 5-20 所示。为实现双极性 SPWM 控制,须对逆变器的开关管进行互补控制。

控制 V_3 和 V_4 通断可以采用下面的双极性 SPWM 控制方式。

如图 5-20 所示,在 u_r 半个周期内,三角波载波有正有负,所得 SPWM 波也有正有

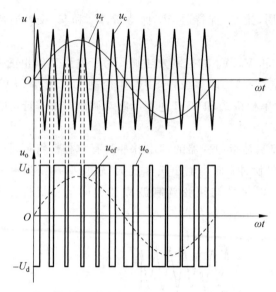

图 5-20　双极性 SPWM 控制方式波形

负。在 u_r 一周期内,输出 SPWM 波只有 $\pm U_d$ 两种电平,仍在调制信号 u_r 和载波信号 u_c 的交点控制器件通断。在 u_r 正负半周,对各开关器件的控制规律相同,当 $u_r>u_c$ 时,给 V_1 和 V_4 导通信号,给 V_2 和 V_3 关断信号,如 $i_o>0$,V_1 和 V_4 通;如 $i_o<0$,VD_1 和 VD_4 通,$u_o=U_d$。当 $u_r<u_c$ 时,给 V_2 和 V_3 导通信号,给 V_1 和 V_4 关断信号,如 $i_o<0$,V_2 和 V_3 通;如 $i_o>0$,VD_2 和 VD_3 通,$u_o=-U_d$。

从上述分析可知,单相桥式电路既可采用单极性调制,也可采用双极性调制。但由于开关器件的通断规律不同,其输出波形差异也较大。双极性 SPWM 逆变器输出为负极性的 SPWM 电压脉冲与单极性 SPWM 控制相比,双极性 SPWM 控制由于采用了正、负对称的双极性三角形载波,从而简化了 SPWM 控制信号的发生。

4. 电压型三相正弦波逆变器的 SPWM 控制

电压型三相正弦波 SPWM 逆变器电路如图 5-21 所示。

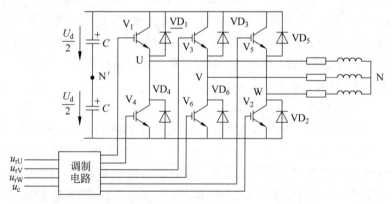

三相桥式 PWM 控制技术　　　　图 5-21　电压型三相正弦波 SPWM 型逆变电路

电压型三相正弦波 SPWM 逆变器一般采用双极性 SPWM 控制方案,这种控制方案对每个相桥臂采用以上讨论的双极性 SPWM 控制,即三个相桥臂采用同一个三角载波信号,而三相桥臂的调制波采用三相对称的正弦波信号。三相 SPWM 控制时的调制波形如图 5-22 所示。

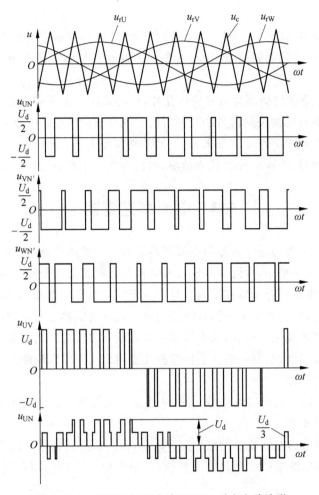

图 5-22　电压型三相正弦波 SPWM 逆变电路波形

三相 PWM 控制通常共用一个三角形载波 u_c,三相的调制信号 u_{rU}、u_{rV} 和 u_{rW} 依次相差 120°。各相功率开关器件的控制规律相同,下面以 U 相为例来说明。

当 $u_{rU} > u_c$ 时,给 V_1 导通信号,给 V_4 关断信号,$u_{UN'} = U_d/2$。当 $u_{rU} < u_c$ 时,给 V_4 导通信号,给 V_1 关断信号,$u_{UN'} = -U_d/2$。当给 $V_1(V_4)$ 加导通信号时,可能是 $V_1(V_4)$ 导通,也可能是 $VD_1(VD_4)$ 导通。$u_{UN'}$、$u_{VN'}$ 和 $u_{WN'}$ 的 PWM 波形只有 $\pm U_d/2$ 两种电平,u_{UV} 波形可由 $u_{UN'} - u_{VN'}$ 得出,当 1 和 6 通时,$u_{UV} = U_d$,当 3 和 4 通时,$u_{UV} = -U_d$,当 1 和 3 或 4 和 6 通时,$u_{UV} = 0$。波形如图 5-22 所示。图中的负载相电压 u_{UN} 可由下式求得

$$u_{UN} = u_{UN'} - \frac{u_{UN'} + u_{VN'} + u_{WN'}}{3} \tag{5-16}$$

从波形图和式(5-16)可以得出,输出线电压 PWM 波由 $\pm U_d$ 和 0 共三种电平构成,负载相电压 PWM 波由 $(\pm 2/3)U_d$、$(\pm 1/3)U_d$ 和 0 共五种电平组成。

经分析,可以得出其主要特点如下。

(1) 相对于逆变器直流电压中点的输出相电压波形为双极性 SPWM 波形,且幅值为 $\pm U_d/2$。

(2) 逆变器输出的线电压波形为单极性 SPWM 波形,且幅值为 $\pm U_d$。

(3) 任何 SPWM 调制瞬间,逆变器每个相桥臂有且只有 1 个功率器件导通(开关管或二极管)。

(4) 同一相上下两臂的驱动信号应该互补,目的是防止上下臂直通造成短路,并且应该留一小段上下臂都施加关断信号的死区时间。死区时间的长短主要由器件关断时间决定。死区时间会给输出 PWM 波带来影响,使其稍稍偏离正弦波。

由于三相双极性 SPWM 控制较为简单,因此在实际工程中得以广泛应用。

5.3 电流型逆变器

直流电源为电流源的逆变器称为电流型逆变器。这类逆变器的直流侧以大电感为能量缓冲元件,电流脉动很小,可近似看成直流电流源。电流型逆变器是逆变器另一类主要的拓扑结构,它与电压型逆变器在结构上具有一定的对偶性。例如,电压型逆变器直流侧的储能元件为电容,而电流型逆变器直流侧的储能元件为电感。另外,电压型逆变器的开关管旁有反向并联的续流二极管,而电流型逆变器的开关管在采用常规全控型器件时,考虑到其较弱的抗反压性能,则一般在全控型器件支路上正向串联阻断二极管。

电流型逆变器有以下主要特点。

(1) 直流侧有足够大的储能电感元件,从而使其直流侧呈现出电流源特性,即稳态时的直流侧电流恒定不变。

(2) 逆变器输出的电流波形为方波或方波脉冲序列,并且该电流波形与负载无关。

(3) 逆变器输出的电压波形取决于负载,且输出电压的相位随负载功率因数的变化而变化。

(4) 逆变器输出电流的控制仍可以通过 PAM(脉冲幅值调制)和 PWM(脉冲宽度调制)两种基本控制方式来实现。

电流型逆变器与电压型逆变器类似,依据控制方式和结构的不同,也可分为方波型、阶梯波型、正弦波型(PWM 型)三类。在电流型逆变电路中,采用半控型器件的电路比较多见。下面主要讨论方波型半控型逆变器。

1. 电流型单相方波逆变器

基于晶闸管的电流型半控型单相桥式方波逆变电路如图 5-23 所示。

电流型半控型单相桥式方波逆变器的功率器件为晶闸管,换流方式可采用强迫换流和负载换流。当晶闸管逆变器采用强迫换流时,一般需增加强迫换流电路,从而使其电路结构复

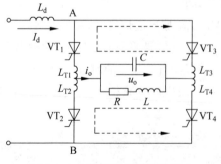

图 5-23 电流型半控型单相桥式方波逆变电路

杂化;而晶闸管逆变器采用负载换流时,晶闸管的换流电压需要由负载提供,即要求负载电流相位超前负载电压相位,显然,这就要求负载为容性负载。如图 5-23 所示,由 4 个桥臂构成,每个桥臂晶闸管各串一个电抗器 L_T 限制晶闸管开通时的 $\dfrac{\mathrm{d}i}{\mathrm{d}t}$。使 VT_1、VT_4 和 VT_2、VT_3 以 $1000\sim2500\,\mathrm{Hz}$ 的中频轮流导通,可得到中频交流电。该电路采用负载换流方式,此时无须增加强迫换流电路,因此电路结构较为简单。

该电路负载实际是电磁感应线圈,加热线圈内的钢料,R、L 串联为其等效电路。因功率因数很低,故并联 C。C 和 L、R 构成并联谐振电路,故此电路称为并联谐振式逆变电路。因是电流型逆变电路,交流输出电流波形接近矩形波,其中含基波和各奇次谐波,且谐波幅值远小于基波。因基波频率接近负载电路谐振频率,故负载对基波呈高阻抗,对谐波呈低阻抗,谐波在负载上产生的压降很小,因此负载电压波形接近正弦波。

另外,为了实现晶闸管逆变器的负载换流,这就要求负载电流略超前于负载电压,因此电容 C 应使负载过补偿,使电路工作在失谐状态下,并略呈容性。

图 5-24 所示为该逆变电路的工作波形。在交流电流的一个周期内,有两个稳定导通阶段和两个换流阶段。

t_1 至 t_2 为 VT_1 和 VT_4 稳定导通阶段,$i_o=I_d$,t_2 时刻前在 C 上建立了左正右负的电压。

t_2 时触发 VT_2 和 VT_3 导通,进入换流阶段。L_T 使 VT_1、VT_4 不能立刻关断,电流有一个减小过程。VT_2、VT_3 电流有一个增大过程。4 个晶闸管全部导通,负载电压经两个并联的放电回路同时放电。t_2 时刻后,L_{T1}、VT_1、VT_3、L_{T3} 到 C;另一个经 L_{T2}、VT_2、VT_4、L_{T4} 到 C。$t=t_4$ 时,VT_1、VT_4 电流减至零而关断,换流阶段结束。$t_4-t_2=t_g$ 称为换流时间。i_o 在 t_3 时刻,即 $i_{VT_1}=i_{VT_2}$ 时刻过零,t_3 时刻大体位于 t_2 和 t_4 的中点。

晶闸管需一段时间才能恢复正向阻断能力,换流结束后还要使 VT_1、VT_4 承受一段反压时间 t_β,$t_\beta=t_5-t_4$ 应大于晶闸管的关断时间 t_q。为保证可靠换流,应在 u_o 过零前 $t_\delta=t_5-t_2$ 时刻触发 VT_2、VT_3。

t_δ 为触发前时间

$$t_\delta=t_\gamma+t_\beta \tag{5-17}$$

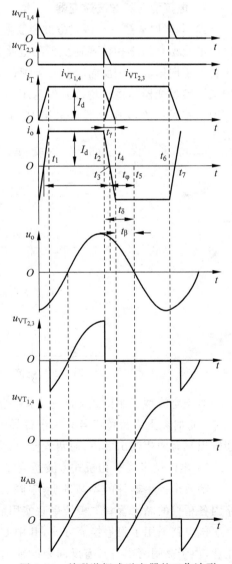

图 5-24　并联谐振式逆变器的工作波形

$i_。$ 超前于 $u_。$ 的时间为

$$t_{\varphi} = \frac{t_{\gamma}}{2} + t_{\beta} \tag{5-18}$$

电角度为

$$\varphi = \omega\left(\frac{t_{\gamma}}{2} + t_{\beta}\right) = \frac{\gamma}{2} + \beta \tag{5-19}$$

式中，ω 为电路工作角频率；γ、β 分别为 t_{γ}、t_{β} 对应的电角度；φ 为负载的功率因数角。

在实际工作过程中，感应线圈参数随时间变化，必须使工作频率适应负载的变化而自动调整，这种控制方式称为自励方式。固定工作频率的控制方式称为他励方式。自励方式存在启动问题，解决方法之一是先用他励方式，系统开始工作后再转入自励方式。另一种方法是附加预充电启动电路。

2. 电流型三相方波逆变器

1）电流型全控三相桥式方波逆变器

电流型全控三相桥式逆变器的电路结构如图 5-25 所示。可以看出，电路中的每个开关管上正向串联一个反向阻断二极管；另外，为了防止电流换相所导致的输出过电压，一般电流型逆变器的输出均接有过电压抑制电容。与电流型单相全桥方波逆变器类似，电流型三相桥式方波逆变器可采用 PAM 和 SPM 两种控制方式，这里只介绍 PAM 控制方式。

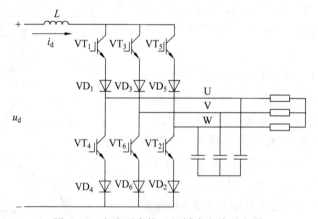

图 5-25　电流型全控三相桥式方波逆变器

对于电流型三相桥式方波逆变器一般采用 120° 导电方式，即每个臂在一周期内导电120°。每时刻上下桥臂组各有一个臂导通，横向换流。此时电流型三相全桥逆变器的三相输出只有两相输出电流，而两者输出电流幅值必然一致。

2）电流型半控三相桥式方波逆变器

随着全控型器件的不断进步，串联二极管式晶闸管逆变电路如图 5-26 所示。这种电路因各桥臂的晶闸管和二极管串联使用而得名，主要用于中大功率交流电动机调速系统。

该电路采用了强迫换流方式，其中 $C_1 \sim C_6$ 为换流电容，$VD_1 \sim VD_6$ 为串联二极管。注意，由于晶闸管本身具有反向阻断能力，因此该电路中的串联二极管 $VD_1 \sim VD_6$ 的主要作用是阻断换流电容间的相互放电。该电路通常称为串联二极管式晶闸管逆变器。基

于晶闸管的电流型半控三相桥式方波逆变器仍采用 120°导电方式,下面主要对换流过程进行分析,换流过程的各个阶段如图 5-27 所示。

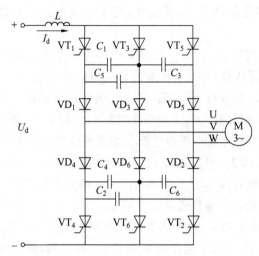

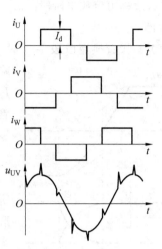

图 5-26　串联二极管式晶闸管逆变电路　　　图 5-27　电流型三相桥式逆变器的输出波形

电容器充电规律如下。

对共阳极晶闸管,与导通晶闸管相连一端极性为正,另一端为负。不与导通晶闸管相连的电容器电压为零。共阴极晶闸管与共阳极晶闸管情况类似,只是电容器电压极性相反。

在分析换流过程时,常用等效换流电容的概念。例如,在分析从 VT_1 向 VT_3 换流时,C_{13} 就是 C_3 与 C_5 串联后再与 C_1 并联的等效电容。设 $C_1 \sim C_6$ 的电容量均为 C,则 $C_{13} = 3C/2$。

下面分析从 VT_1 向 VT_3 换流的过程,换流过程各阶段的电流路径如图 5-28 所示。

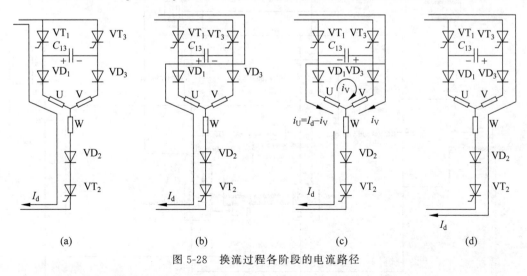

图 5-28　换流过程各阶段的电流路径

假设换流前 VT_1 和 VT_2 通,C_{13} 的电压 U_{C0} 左正、右负。换流过程可分为恒流放电和二极管换流两个阶段。

（1）恒流放电阶段。t_1 时刻触发 VT_3 导通，VT_1 被施以反压而关断。I_d 从 VT_1 换到 VT_3，C_{13} 通过 VD_1、U 相负载、W 相负载、VD_2、VT_2、直流电源和 VT_3 放电，放电电流恒为 I_d，故称恒流放电阶段。u_{C13} 下降到零之前，VT_1 承受反压，反压时间大于 t_q 就能保证关断。

（2）二极管换流阶段。t_2 时刻 u_{C13} 降到零，之后 C_{13} 反向充电。忽略负载电阻压降，则二极管 VD_3 导通，电流为 i_V，VD_1 电流为 $i_U = I_d - i_V$，VD_1 和 VD_3 同时通，进入二极管换流阶段。随着 C_{13} 电压增高，充电电流渐小，i_V 渐大，t_3 时刻 i_U 减到零，$i_V = I_d$，VD_1 承受反压而关断，二极管换流阶段结束。

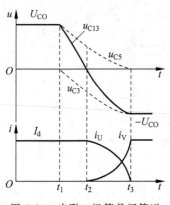

图 5-29 串联二极管晶闸管逆变电路换流过程波形

t_3 以后，VT_2、VT_3 处于稳定导通阶段。

电感负载时，u_{C13}、i_U、i_V 及 u_{C5}、u_{C3} 的波形如图 5-29 所示。图中给出了各换流电容电压 u_{C1}、u_{C3} 和 u_{C5} 的波形。u_{C1} 的波形和 u_{C13} 完全相同，在换流过程中，从 U_{CO} 降为 $-U_{CO}$，C_3 和 C_5 是串联后再和 C_1 并联的，电压变化的幅度是 C_1 的一半。换流过程中，u_{C3} 从零变到 $-U_{CO}$，u_{C5} 从 U_{CO} 变到零，这些电压恰好符合相隔 120° 后从 VT_3 到 VT_5 换流时的要求。

5.4 单相全桥逆变电路 Matlab 仿真

1. 建立仿真模型

利用 Simulink 软件建立交流调压电路的仿真模型，如图 5-30 所示。

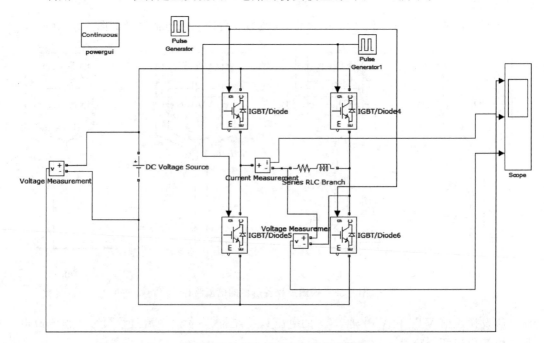

图 5-30 单相全桥逆变电路仿真模型

2. 设置模型参数

（1）直流电源。设置电压为 250V，如图 5-31 所示。

（2）IGBT 触发电。设置两个脉冲相差 180°，如图 5-32 所示。

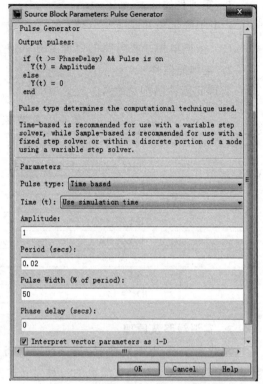

图 5-31　电源电压参数设置对话框　　　图 5-32　脉冲发生器参数设置对话框

3. 仿真波形

仿真波形如图 5-33 所示。

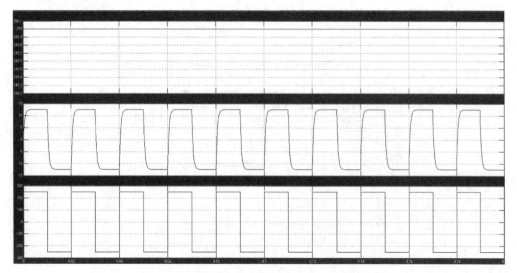

图 5-33　电源电压、负载两端电压和电流波形

5.5 DC-AC 逆变器的实训(车载逆变器实训)

1. 实训目的

(1) 了解单相并联逆变电路结构的组成,了解各元器件的作用。

(2) 掌握单相并联电路的原理及并联逆变器对触发脉冲的要求。

2. 实训元器件

实训元器件明细见表 5-2。

表 5-2　车载逆变器实训元器件

序　　号	型　　号	备　　注
1	THEAZT-3AT 型电源控制屏	
2	EAZC-39	单相并联逆变触发电路
3	EAZC-40	单相并联逆变主电路
4	EAZC-41	电感模块
5	EAZC-42	变压器模块
6	EZT3-40	二极管模块
7	参数表	自备
8	D42	可调电阻

3. 实训线路及原理

车载逆变器(电源转换器)是一种能够将 DC $10\sim14\mathrm{V}$ 直流电转换为和市电(工频交流电)相同的 AC 220V 交流电的一种常备的车用电子设备。其输出的电压可供一般电器使用,有多种功率规格。本节使用的是一种以单项并联逆变为基本原理的车载逆变器。

单相并联逆变主电路原理图如图 5-34 所示,触发电路输出为两路互差 180° 的方波信号,这两路触发信号通过功率放大电路分别接到功率三极管(GTR)$\mathrm{VT_1}$、$\mathrm{VT_2}$ 的 B、E 两端,控制 $\mathrm{VT_1}$、$\mathrm{VT_2}$ 交替导通与关断,通过变压器 T 升压后,这样就能在变压器的二次侧得到交流电压,其输出频率取决于 $\mathrm{VT_1}$、$\mathrm{VT_2}$ 交替通断的频率。

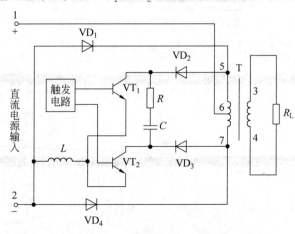

图 5-34　单相并联逆变电路原理

当触发信号使 VT_1 导通时,直流电源经 VD_2、VT_1、L 以及变压器一次侧绕组 6、5 两端,变压器二次侧感应电压为 3(正)、4(负);当触发信号使 VT_2 导通时,直流电源经 VD_3、VT_2、L 以及变压器一次侧绕组 6、7 两端,则二次侧感应电压也改向,为 4(正)、3(负),当 VT_1、VT_2 两个管子交替通断后,这样在负载 R_L 两端得到一个交变的矩形波交流电压。

电阻 R 和电容 C 组成吸收电路,起保护功率三极管吸收尖峰脉冲的作用;L 为限流电感,其作用是限制电容充放电电流;VD_2、VD_3 为隔离二极管,用于防止电容通过逆变变压器的一次侧绕组放电;VD_1、VD_4 为限流电感提供了一条释放磁能的通路。

4. 实训内容

(1) 单相并联逆变触发电路的调试及波形的测试。

(2) 单相并联逆变主电路的测试。

5. 预习要求

阅读本书中有关单相并联逆变电路的内容,了解单相并联逆变电路对触发电路的要求。

6. 思考题

单相并联逆变电路对触发电路有何要求?为何会有这样的要求?

7. 实训步骤

(1) 单相并联逆变触发电路的调试及波形的测试。

① 按下电源控制屏"启动"按钮,操作"电源控制屏"上的"三相电压指示切换"开关及"电压指示切换"开关,观察输入的三相电网电压是否平衡。

② 将电源控制屏上的"三相电源输出切换"拨至"～220V"侧,按下电源控制屏的"停止"按钮。

③ 连接好 EAZC-39 模块电源部分,用双踪示波器的一路探头地线接测试孔 GND1(TP4)观测,应能观测到 555 芯片输出的锯齿波波形。然后观测 PWM1 观测孔,另一路探头观测 PWM2 观测孔,两路探头观测到占空比接近 50%、相位差为 180° 的方波信号。调节 R_{P2}(频率调节)电位器,方波频率应能在 44～55Hz 间变化,最后整定到 50Hz。

(2) 单相并联逆变主电路的测试。

① 关闭加到模块的电源开关,按下电源控制屏的"停止"按钮,按照图 5-35 单相并联逆变实训接线图接线。图中 R_m 限流电阻由 D42 挂件上的两个 900Ω 电阻并联后调节至 45Ω 组成,R_L 负载电阻则采用 D42 挂件上的一个 900Ω 电阻。单相不控整流模块由 EZT3-40 二极管模块连接而成。

② 打开加到模块的电源开关,启动控制屏。

③ 调节 R_M 电阻,使主电路输入电压不大于 16V,测量输出端电压应不小于 60V。

④ 用示波器观察单相并联逆变主电路的 5、7 和 3、4 两端波形,并将波形记录下来。

8. 实训报告

(1) 整理、描绘实训中所记录的各点波形。

(2) 分析实训中各点波形形成的原因。

9. 注意事项

(1) 双踪示波器有两个探头,可同时观测两路信号,但这两探头的地线都与示波器的

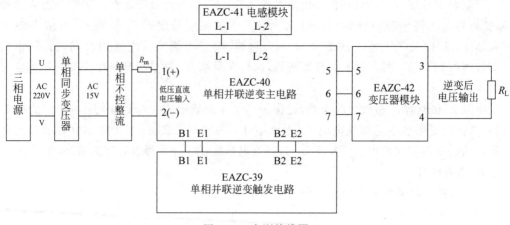

图 5-35 实训接线图

外壳相连,所以两个探头的地线不能同时接在同一电路的不同电位的两个点上,否则这两点会通过示波器外壳发生电气短路。为此,为了保证测量的顺利进行,可将其中一根探头的地线取下或外包绝缘,只使用其中一路的地线,这样从根本上解决了这个问题。当需要同时观察两个信号时,必须在被测电路上找到这两个信号的公共点,将探头的地线接于此处,探头分别接至被测信号,只有这样才能在示波器上同时观察到两个信号,而不发生意外。

（2）“单相并联逆变主电路”处输入的直流电压不能超过 18V,以免损坏变压器。

本 章 小 结

DC-AC 逆变器(即无源逆变电路,也称为变换器)作为在国民经济各个领域有着广泛而重要应用的电能变换装置,多年来备受关注,其相关技术也得到了快速发展。本章分别以电压型逆变器和电流型逆变器为研究对象,具体阐述了相应方波逆变器的基本原理、电路拓扑以及波形调制等。在研究了基于脉冲幅值调制(PAM)的方波逆变器和阶梯波逆变器基础上,重点讨论了电压型正弦波逆变器及其脉宽调制(PWM)技术。针对正弦波逆变器的正弦脉宽调制(SPWM),在详细论述了其基本问题之后,具体分析了电压型单相、三相正弦波逆变器的 SPWM 控制,并介绍了 SPWM 谐波及其特征。鉴于 PWM 技术的发展,本章还简单介绍了较正弦脉宽调制技术性能优越的空间矢量脉宽调制(SVPWM)技术。

习　题

（1）逆变器有哪些类型? 其最基本的应用领域有哪些?

（2）有哪些方法可以调控逆变器的输出电压?

（3）电压型逆变电路中反并联二极管的作用是什么? 为什么电流型逆变电路中没有反并联二极管?

（4）分析采用120°导电方式的电压型三相桥式方波逆变器的工作过程。

（5）说明异步调制和同步调制各自的优缺点，并说明分段同步调制产生的意义。

（6）调制比和载波比对 PWM 逆变器有什么影响？

（7）什么是电压型逆变器？什么是电流型逆变器？两者各有何特点？

（8）换流方式各有哪几种？各有什么特点？

（9）脉冲宽度调制的原理是什么？正弦脉宽调制信号是怎样产生的？什么是调制比？什么是载波比？

（10）单极性和双极性 PWM 调制有什么区别？在三相桥式 PWM 型逆变电路中，输出相电压(输出端相对于直流电源中点的电压)和线电压 SPWM 波形各有几种电平？

 实践任务

查找资料，说明图 5-36 所示是什么电路。

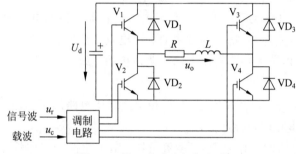

图 5-36　第 5 章实践任务电路

第 6 章　AC-AC 变换器

AC-AC 变换器是把一种形式的交流电变换成另一种形式的交流电的电力电子变换装置,而这种改变包括电压(电流)、频率和相数等。根据变换目标的不同,AC-AC 变换电路可以分为交流调压电路、交流调功电路和 AC-AC 变频电路。

交流调压电路一般采用相位控制,其特点是维持频率不变,仅改变输出电压的幅值,广泛应用于灯光控制(如调光台灯和舞台灯光控制)、异步电动机软启动和异步电动机调速等场合;交流调功电路主要用于投切交流电力电容器以控制电网的无功功率;AC-AC 变频电路没有中间直流环节,把电网频率的交流电直接变换成可调频率的交流电,属于直接变频电路,广泛应用于大功率交流电动机调速传动系统。

本章主要学习以下内容。

(1) 交流调压电路构成的基本思想、单相交流调压电路的工作原理、星形连接的三相交流调压电路的工作原理和特点。

(2) 交流调功电路的工作原理、晶闸管投切电容器电路的工作特点。

(3) 单相 AC-AC 变频器的电路构成的特点、工作原理、调制方法以及输入、输出特性;三相 AC-AC 变频器的电路接线特点。

基于单相交流调压电路的 Matlab 仿真实训和实验教学,加深理解单相交流调压电路的工作原理及负载对移相范围的要求。

6.1　AC-AC 变换器概述

交流电力控制电路只改变电压、电流或控制电路的通断,不改变频率,又可分为交流调压电路和交流调功电路。将两个晶闸管反并联后串联在交流电路中,控制晶闸管就可控制交流电力。

(1) 交流调压电路一般采用相位控制,每半个周波控制晶闸管开通相位,调节输出电压有效值。在高压小电流或低压大电流的直流电源中,若采用晶闸管相控整流电路,则高电压小电流可控直流电源需要多只晶闸管串联,低电压大电流直流电源需要多只晶闸管并联,而高电压小电流和低压很大电流类的晶闸管非常少,故会造成晶闸管在电流和电压参数选型方面的巨大浪费;若采用交流调压电路在变压器一次侧调压,晶闸管的电压和电流参数都适中,而在变压器二次侧只要用二极管整流即可。

(2) 交流调功电路采用通断控制,通断控制一般在交流电压的过零点接通或关断,以交流电周期为单位控制晶闸管通断,改变通断周期数的比,调节输出功率的平均值。在一些大惯性环节中使用,在接通期间负载上承受的电压与流过的电流均是正弦波,与相位控制相比,对电网不会造成谐波污染,仅仅表现为负载整周波的通断。

(3) 交流电子开关一般也采用通断控制,用来替代交流电路中的机械开关,常用于投切交流电力电容器以控制电网的无功功率。交流调功电路和交流电子开关统称为交流电力控制电路。

AC-AC 变频电路也称直接变频电路(或周波变流器),另外还有一种变频电路称为AC-DC-AC 变频电路,它是先把交流整流成直流,再把直流逆变成另一种频率或可变频率的交流,这种通过直流中间环节的变频电路也称为间接变频电路。间接变频电路不属于本章的范围。

6.2　交流调压电路

交流调压就是把一定幅值的交流电变成幅值(有效值)可调的交流电。为了实现调节电压,可以利用电力电子器件的通断把正弦输入电压的正、负半波都对称地切去一块或数块电压波形,通过控制器件时间来调节输入的交流电压幅值,如图 6-1 所示,即只要在交流回路中串联可控双向开关,并在相应时刻控制其开通或关断即可。

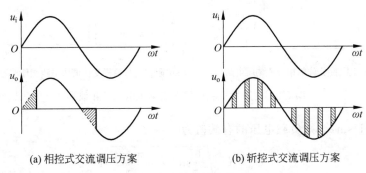

(a) 相控式交流调压方案　　　　　　(b) 斩控式交流调压方案

图 6-1　交流调压的方案比较

对于如图 6-1(a)所示方案,可用双向晶闸管实现可控双向开关,利用改变晶闸管触发脉冲的相位来调节输出电压,故这种调压电路称为相控式交流调压电路。对于如图 6-1(b)所示的方案,在一个交流周期内需要电力电子器件实现多次开通和关断,一般用全控型器件来实现可控双向开关,在图中阴影部分的时间内关断开关,在其他时间内接通开关,这种调压电路与直流斩波电路的工作原理类似,故称为斩控式交流调压电路。以下就交流相控式调压电路进行分析。

6.2.1　单相交流调压电路

相控式交流调压电路的工作情况和负载性质有很大的关系,下面就单相相控式交流调压电路带电阻性负载和阻感性负载分别进行讨论。

1. 电阻性负载

电阻性负载单相交流调压电路如图 6-2(a)所示,在电源 u 的正半周内,晶闸管 VT_1 承受正向电压,当 $\omega t = \alpha$ 时,触发 VT_1 使其导通,则负载上得到

缺 α 角的正弦半波电压,当电源电压过零时,VT_1 管电流下降为零而关断。在电源电压 u 的负半周,VT_2 晶闸管承受正向电压,当 $\omega t = \pi + \alpha$ 时,触发 VT_2 使其导通,则负载又得到缺 α 角的正弦负半波电压。持续这样的控制,在负载电阻上便得到每半波缺 α 角的正弦电压,从而得到负载两端的电压波形如图 6-2(b)所示。改变 α 角的大小,便改变了输出电压有效值的大小。

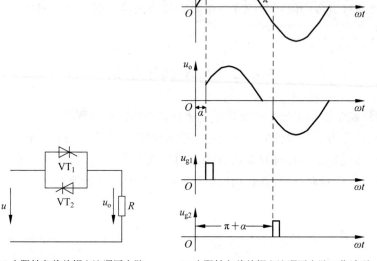

(a) 电阻性负载单相交流调压电路   (b) 电阻性负载单相交流调压电路工作波形

图 6-2   电阻性负载单相交流调压电路工作波形

设 $u = \sqrt{2}U\sin\omega t$,则负载电压的有效值为

$$U_o = U\sqrt{\frac{1}{2\pi}\sin2\alpha + \frac{\pi - \alpha}{\pi}} \tag{6-1}$$

负载电流有效值为

$$I_o = \frac{U_o}{R} = \frac{U}{R}\sqrt{\frac{1}{2\pi}\sin2\alpha + \frac{\pi - \alpha}{\pi}} \tag{6-2}$$

从上式中可以看出,随着 α 角的增大,U_o 逐渐减小;当 $\alpha = \pi$ 时,$U_o = 0$。因此,单相交流调压器对于电阻性负载,其电压的输出调节范围为 $0 \sim U$,控制角 α 的移相范围为 $0 \sim \pi$。

2. 阻感性负载

当负载中感抗 X_L 与电阻 R 相比不可忽略时,该负载即认为是阻感性负载,如图 6-3(a)所示。由于电感的作用,负载电流滞后于负载电压,也就是说当负载电压(电源电压)下降到零,负载中的电流并未下降到零,晶闸管在电压过零后不关断,直到电感中能量全部释放完,电感中的电流下降到零,晶闸管才关断,对应的电路工作波形如图 6-3(b)所示。

由图 6-3(b)可知,晶闸管的导通角 θ 的大小,不但与控制角有关,而且与负载阻抗角有关。一个晶闸管导通时,其负载电流 i_o 的表达式为

$$i_o = \frac{\sqrt{2}U}{Z}\left[\sin(\omega t - \varphi) - \sin(\alpha - \varphi)e^{\frac{\alpha - \omega t}{\tan\varphi}}\right] \tag{6-3}$$

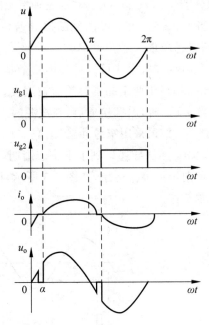

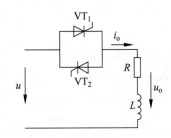

(a) 阻感性负载单相交流调压电路　　　　(b) 阻感性负载单相交流调压电路工作波形

图 6-3　阻感性负载单相交流调压电路的工作波形

式中，

$$\alpha \leqslant \omega t \leqslant \alpha + \theta, \quad Z = [R^2 + (\omega L)^2]^{\frac{1}{2}}, \quad \varphi = \arctan \frac{\omega L}{R} \tag{6-4}$$

当 $\omega t = \alpha + \theta$ 时，$i_o = 0$。将此条件代入可求得导通角 θ 与控制角 α、负载阻抗角 φ 之间的定量关系表达式为

$$\sin(\alpha + \theta - \varphi) = \sin(\alpha - \varphi) e^{-\frac{\theta}{\tan\varphi}} \tag{6-5}$$

针对交流调压器，其导通角 $\theta \leqslant 180°$，再根据上式可绘出 $\theta = f(\alpha, \varphi)$ 单相交流调压电路以 φ 为参变量时，θ 与 α 的关系曲线如图 6-4 所示。

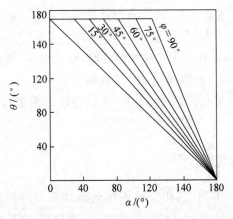

图 6-4　单相交流调压电路以 φ 为参变量时 θ 与 α 的关系曲线

下面分别就 $\alpha>\varphi$、$\alpha=\varphi$、$\alpha<\varphi$ 三种情况来讨论调压电路的工作情况。

(1) 当 $\alpha>\varphi$ 时,由式可以判断出导通角 $\theta<180°$,正负半波电流断续。α 越大,θ 越小,波形断续越严重。

(2) 当 $\alpha=\varphi$ 时,由式可以计算出每个晶闸管的导通角 $\theta=180°$。此时,每个晶闸管轮流导通 $180°$,相当于两个晶闸管轮流被短接,负载电流处于连续状态,输出完整的正弦波。

(3) 当 $\alpha<\varphi$ 时,电源接通后,在电源的正半周,如果先触发 VT_1,则可判断出它的导通角 $\theta>180°$。如果采用窄脉冲触发,当 VT_1 的电流下降为零而关断时,VT_2 的门极脉冲已经消失,VT_2 无法导通。到了下一个周期,VT_1 又被触发导通重复上一个周期的工作,结果形成单向半波整流现象,如图 6-5 所示,回路中出现很大的直流电流分量,无法维持电路的正常工作。

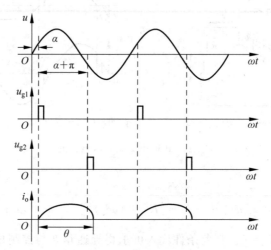

图 6-5 感性负载窄脉冲触发时的工作波形

解决上述失控现象的办法是:采用宽脉冲或脉冲列触发,以保证 VT_1 管电流下降到零时,VT_2 管的触发脉冲信号还未消失,VT_2 可在 VT_1 电流为零关断后接着导通。但 VT_2 的初始触发控制角 $\alpha+\theta-\pi>\varphi$,即 VT_2 的导通角 $\theta<180°$。从第二周开始,由于 VT_2 的关断时刻向后移,因此 VT_1 的导通角逐渐减小,VT_2 的导通角逐渐增大,直到两个晶闸管的导通角 $\theta=180°$ 时达到平衡。

根据以上分析,当 $\alpha<\varphi$ 并采用宽脉冲触发时,负载电压、电流总是完整的正弦波,改变控制角 α,负载电压、电流的有效值不变,即电路失去交流调压作用。在感性负载时,要实现交流调压的目的,则最小控制角 $\alpha=\varphi$(负载的功率因素角),所以 α 的移相范围为 $\varphi \sim 180°$。

6.2.2 三相交流调压电路

根据三相连接形式的不同,三相交流调压电路具有多种形式,如图 6-6 所示。其中图 6-6(a)和图 6-6(c)所示的两种电路最为常见,下面分别介绍这两种电路的基本工作原理和特性。

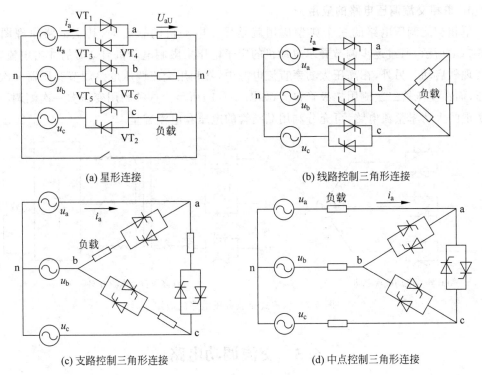

(a) 星形连接　　　　　　　　　　　　(b) 线路控制三角形连接

(c) 支路控制三角形连接　　　　　　　　(d) 中点控制三角形连接

图 6-6　三相交流调压电路

1. 星形连接电路

这种电路可分为三相三线和三相四线两种情况。三相四线时,相当于三个单相交流调压电路的组合,三相互相错开 120°工作,基波和 3 倍次以外的谐波在三相之间流动,不流过零线。而三相中 3 倍次谐波是同相位的,全部流过中性线。因此,中性线有很大的 3 次谐波电流。当 $\alpha = 90°$时,中性线电流甚至和各相电流的有效值接近。

三相三线电阻负载时,任一相在导通时须和另一相构成回路,电流通路中至少有两个晶闸管应采用双脉冲或宽脉冲触发。三相的触发脉冲应依次相差 120°,同一相的两个反并联晶闸管脉冲相位相差 180°。因此,触发脉冲顺序和三相桥式全控整流电路一样,$VT_1 \sim VT_6$ 依次相差 60°。相电压过零点定为 α 的起点,α 角移相范围是 0°～150°。

(1) 0°≤α≤60°,电路处于三个晶闸管导通与两个晶闸管导通的交替模式,每个管子的导通角为 180°－α。但 $\alpha = 0$ 时是一种特殊情况,一直是三个晶闸管导通。

(2) 60°≤α≤90°,任一时刻都是两个晶闸管导通,每个晶闸管的导通角为 120°。

(3) 90°≤α≤150°,电路处于两个晶闸管导通与无晶闸管导通的交替模式,每个晶闸管导通角为 300°－2α,而且这个导通角被分割为不连续的两部分,在半周期内形成两个断续的波头,各占 150°－α。

2. 三角形连接电路

如图 6-6(c)所示,这种电路由三个线电压供电的单相交流调压电路组成,因此单相交流调压电路的分析方法和结论完全适用于支路控制三角形连接三相交流调压电路。在求取输入线电流(即电源电流)时,只要将与该线相连的两个负载的相电流求和就可以了。

3. 单相交流调压电路的应用

单相交流调压电路的一个典型应用就是异步电动机的软启动,其主电路原理图如图 6-7(a)所示,通过逐步调节异步电动机的定子电压来限制电动机启动时的冲击电流,从而实现软启动。另外,在高压大功率直流电源中,常利用交流调压电路调节变压器一次侧电压,而在变压器二次侧用二极管整流,如图 6-7(b)所示。这种利用变压器一次侧调压方式实现的大功率整流电路,可充分利用晶闸管的电压和电流容量。

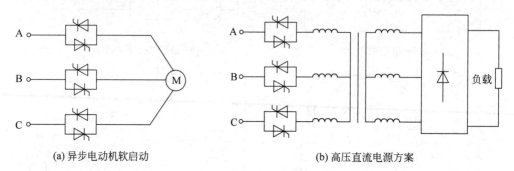

(a) 异步电动机软启动   (b) 高压直流电源方案

图 6-7　相控式交流调压电路的应用

6.3　交流调功电路

交流调功电路与交流调压电路相比较,电路形式完全一样,不同的仅仅是控制方式,通常控制晶闸管导通的时刻都是在电源电压过零的时刻,将负载与电源接通几个周波,再断开几个周波,改变通断周波数的比值来调节负载所消耗的平均功率。这种情况下,在交流电源接通期间,负载电压、电流都是正弦波,不对电网造成谐波污染。

以单相交流调功电路电阻负载为例,设控制周期为 M 倍电源周期,其中前 N 个周期导通,$D=N/M$ 为控制比,通过调节控制比(一般 M 固定,根据控制比,求出 N 再取整)即可调节输出平均功率。当 $M=5$、$N=3$ 时的负载电压波形如图 6-8 所示。

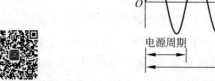

单相交流调功电路

图 6-8　交流调功电路的工作波形

交流调功电路的典型应用是电阻炉的温度控制,因其直接调节对象是电路的平均输出功率,所以称为交流调功电路。系统结构框图如图 6-9 所示,该系统是一个闭环控制系统,其工作原理是:根据给定温度和检测到的实际温度的误差,通过 PID 算法计算出控制比 D,若 $D>0$,则根据 D 和 M 计算出 N,N 和过零信号的综合得到晶闸管的控制脉冲,送到触发电路去驱动晶闸管在电源电压过零点导通,电阻炉通电,炉温升高。注意该系统炉温下降是靠自然冷却,因此当炉温高于给定温度时,通过PID算法计算出控制比$D<0$,这时规定$D=0$,则$N=0$,电阻炉在下面的控制周期中不通电。

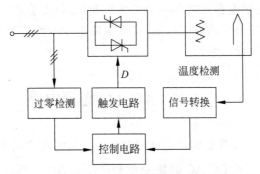

图 6-9　交流调功电路在温度控制系统中的应用

在交流调功电路中,反并联的两个晶闸管或双向晶闸管所起的作用就是替代接触器或其他可控开关,从而可以实现开关的频繁动作,由于这种开关为电力电子器件且工作在交流电路中,因此称为交流电力电子开关。与机械开关相比,交流电力电子开关响应速度快,没有触点,寿命长,可以频繁控制通断。

在公用电网中,交流电力电容器的投入与切断是控制无功功率的重要手段。通过对无功功率的控制,可以提高功率因数,稳定电网电压,改善供电质量。过去大多采用机械开关(接触器等)投切电容器,由于机械开关有着寿命有限、开关过程伴随着噪声等缺点,近几年已逐渐被淘汰,代替它的是交流电力电子开关,如晶闸管投切电容器(thyristor switched capacitor,TSC)。与机械开关投切的电容器相比,晶闸管投切电容器是一种性能优良的无功补偿方式。

图 6-10(a)所示为晶闸管投切电容器基本单元结构(单相),图中小电感L用来抑制电容器投入电网时的冲击电流。根据电网功率因数的变化情况,同时为了减少电容器投入时的电流冲击,不能一次投入所有的电容器,因此一般电容器为分组投切,如图 6-10(b)所示,这样 TSC 就成为断续可调的动态无功功率补偿器。

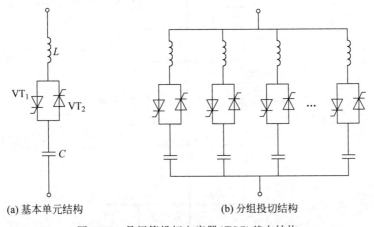

(a) 基本单元结构　　　　　　　　(b) 分组投切结构

图 6-10　晶闸管投切电容器(TSC)基本结构

　　为了减少单组电容器投入时的冲击电流,应考虑电容器的投入时刻,一般以零冲击电
流投入为最佳。因此,选择晶闸管投入时刻的原则是,该时刻交流电源电压应和电容器预
先充电的电压相等。这样电容器电压不会发生跃变,也就不会产生冲击电流。理想情况
下,电容器预先充电电压为电源电压峰值,即在电源电压的峰值处投入电容器,冲击电流
为零,之后电流才按正弦规律变化。

AC-AC 变频
电路

6.4　AC-AC 变频电路

　　AC-AC 变频电路是把电网频率的交流电变成频率、电压可调的交流电,
无须中间直流环节。与 AC-DC-AC 间接变频相比,AC-AC 变频电路提高了系统变换效
率。AC-AC 变频电路广泛应用于大功率低转速的交流电动机调速转动、交流励磁变速恒
频发电机的励磁电源等。

6.4.1　单相 AC-AC 变频电路

1. 电路基本结构

　　单相 AC-AC 变频器原理如图 6-11 所示,它是由两组反并联的三相晶闸管可控整流
桥和单相负载组成。其中图 6-11(a)接入了足够大的输入滤波电感,输入电流近似矩形
波,称为电流型电路;图 6-11(b)则为电压型电路,其输出电压可为矩形波,也可通过控制
成为正弦波。图 6-11(c)为图 6-11(b)电路输出的矩形波电压,用以说明 AC-AC 变频电路
的工作原理。当正组变流器工作在整流状态时,反组封锁,以实现无环流控制,负载 Z 上
电压 u_o 为上正、下负;反之,当反组变流器处于整流状态而正组封锁时,负载电压为上
负、下正,负载电压交变。若以一定频率控制正、反两组变流器交替工作(切换),则向负载

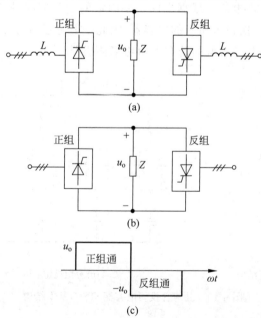

图 6-11　三相输入、单相输出 AC-AC 变频器原理图

输出交流电压的频率 f_o 就等于两组变流器的切换频率,而输出电压 u_o 的大小则决定于晶闸管的触发角 α。

AC-AC 变频电路主要有相控式 AC-AC 变频电路和矩阵式 PWM AC-AC 变频电路,本书主要讲解相控式 AC-AC 变频电路。

相控式 AC-AC 变频是一种直接的变频,也称周波变流器(Cycloconverter),其优点是损耗小,效率较高,可以实现四象限运行;缺点是调频范围低,仅为输入交流电压频率的 $1/3 \sim 1/2$,功率因数较低,适用于低速(600r/min 以下)大功率(500kW 及以上)场合,在轧机、矿山卷扬、风洞等传动中应用较多。

实用的主要是三相输出 AC-AC 变频电路,而单相输出 AC-AC 变频电路是三相输出 AC-AC 变频电路的基础,其电路的构成、工作原理及控制方法大多适用于三相输出 AC-AC 变频电路。

2. 工作原理

相控 AC-AC 变频电路如图 6-12 所示,P 和 N 是两个相控整流电路。P 组工作时,负载电流为正;N 组工作时,负载电流为负。让两组变流器按一定的频率交替工作,负载就得到该频率的交流电。改变两组变流器的切换频率,就可以改变输出频率;而按一定规律改变变流电路工作时的控制角 α,如从 $\alpha = 90°$ 逐渐减小到 $\alpha = 0°$,然后再逐渐增大到 $\alpha = 90°$,则相应变流器输出电压的平均值就可以按正弦规律从零变到最大、再减小至零,从而可以改变交流输出电压的幅值,如图 6-12 所示。

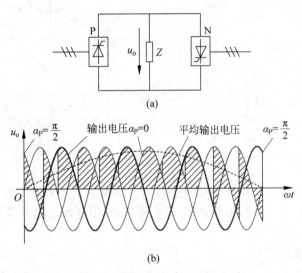

图 6-12 相控 AC-AC 变频电路

在无环流工作方式时,变频电路正、反两组变流器轮流向负载供电,AC-AC 变频电路的负载通常为交流电动机,为了分析两组变流器的工作状态,忽略输出电压、电流中的高次谐波,所以两组变流装置在一个工作周期内会在整流工作状态与逆变工作状态之间交替变化。因此可将图 6-12 所示电路等效成图 6-13(a)所示理想形式,其中交流电源表示变流器输出的基波正弦电压,二极管体现电流的单向流动特征,负载 Z 为感性,负载阻抗(功率因数)角为 φ。

图 6-13(b)给出了一个周期内负载电压 u_o、负载电流 i_o 波形,正、反两组变流器的电压 u_P、u_N 和电流 i_P、i_N 以及正、反两组变流器的工作状态。在负载电流的正半周 $t_1 \sim t_3$ 区间,正组变流器导通,反组变流器被封锁。在 $t_1 \sim t_2$ 区间,正组变流器导通后输出电压、电流均为正,故正组变流器向外输出功率,工作于整流状态;在 $t_2 \sim t_3$ 区间,负载电流方向不变,仍是正组变流器导通,输出电压却反向,因此负载向正组变流器反馈功率,正组变流器工作于逆变状态。在 $t_3 \sim t_4$ 区间,负载电流反向,反组变流器导通、正组变流器被封锁,负载电压、电流均为负,故反组变流器处于整流状态。在 $t_4 \sim t_5$ 区间,电流方向不变,仍为反组导通,但输出电压反向,反组变流器工作在逆变状态。

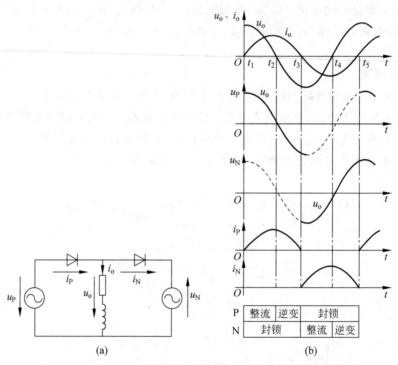

图 6-13　AC-AC 变频电路工作状态

从以上分析可知,AC-AC 变频电路中,正、反组变流器的导通由电流方向来决定,与电压极性无关;每组变流器的工作状态(整流或逆变)则是由输出电压与电流是否同极性来决定。

3. 余弦交点控制法

通过不断改变控制角 α,使 AC-AC 变频电路的输出电压平均幅值按正弦函数变化的调制方法有多种,其中余弦交点法是一种广泛使用的方法。该方法的基本思想是使构成 AC-AC 变频器的各可控整流器输出电压尽可能接近理想正弦波形,使实际输出电压波形与理想正弦波之间的偏差最小。

图 6-14 所示为余弦交点控制法波形。AC-AC 变频电路中任一相负载在任一时刻都要经过一个正组和一个反组的整流器接至三相电源,根据导通晶闸管的不同,加在负载上的瞬时电压可能是 u_{ab}、u_{ac}、u_{bc}、u_{ba}、u_{ca}、u_{cb} 六种线电压,它们在相位上互差 $60°$。如用 u_1—u_6 来表示时,则有

$$u_1 = \sqrt{2}U\sin\omega t \tag{6-6}$$

$$u_2 = \sqrt{2}U\sin\left(\omega t - \frac{\pi}{3}\right) \tag{6-7}$$

$$u_3 = \sqrt{2}U\sin\left(\omega t - \frac{2\pi}{3}\right) \tag{6-8}$$

$$u_4 = \sqrt{2}U\sin(\omega t - \pi) \tag{6-9}$$

$$u_5 = \sqrt{2}U\sin\left(\omega t - \frac{4\pi}{3}\right) \tag{6-10}$$

$$u_6 = \sqrt{2}U\sin\left(\omega t - \frac{5\pi}{3}\right) \tag{6-11}$$

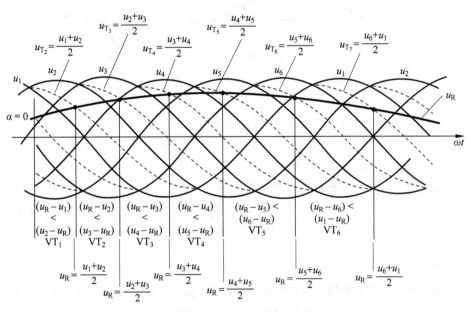

图 6-14　余弦交点控制法波形

设 $u_R = \sqrt{2}\sin\omega_1 t$ 为期望输出的理想正弦电压波形。为使输出实际正弦电压波形的偏差尽可能小，应随时将第一个晶闸管导通时的电压偏差 $u_R - u_1$ 与下一个管子导通时产生的偏差 $u_2 - u_R$ 相比较。若 $(u_R - u_1) < (u_2 - u_R)$，则第一个管子继续导通；若 $(u_R - u_1) > (u_2 - u_R)$，则应及时切换至下一个管子导通。因此，$u_1$ 换相至 u_2 的条件为

$$u_R - u_1 = u_2 - u_R \tag{6-12}$$

即

$$u_R = \frac{u_1 + u_2}{2} \tag{6-13}$$

同理，由 u_i 换相至 u_{i+1} 的条件有

$$u_R = \frac{u_i + u_{i+1}}{2} \tag{6-14}$$

通过图 6-15 可知，AC-AC 变频电路的输出电压是由若干段电网电压拼接而成的，而具体拼接部分则由相控整流电路的拓扑和 α 角来决定。若相控整流电路采用三相桥式拓扑，则 AC-AC 变频电路的输出电压由若干线电压部分波形组成，则在调制电路中，以输出

电压波形为调制波形,载波应该由 6 个相位相差 60°的正弦信号组成。同理,若相控整流电路采用三相半波拓扑,则 AC-AC 变频电路的输出电压由若干相电压部分波形组成,则在调制电路中,以输出电压波形为调制波形,载波应该由 3 个相位相差 120°的正弦信号组成。输出电压一个周期内包含的电网电压段数越多,输出电压波形越接近正弦波。

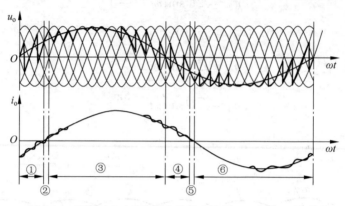

图 6-15 相控 AC-AC 变频电路输出电压 u_o、电流 i_o 波形

每段电网电压的平均持续时间由变流电路的脉波数决定。因此,当输出频率增高时,输出电压一个周期所含电网电压的段数随之减少,波形畸变严重。电压波形畸变以及由此产生的电流波形畸变和转矩脉动是限制输出频率提高的主要因素。分析输出波形畸变和输出上限频率的关系,很难确定一个明确的界限。当然,构成 AC-AC 变频电路的两组交流电路的脉波数越多,输出上限频率越高。以常用的三相桥式电路为例,一般情况下,输出上限频率不高于电网频率的 $\frac{1}{3} \sim \frac{1}{2}$,电网频率为 50Hz 时,AC-AC 变频电路的输出上限频率约为 20Hz。

AC-AC 变频电路采用的是相位控制方式,因此其输入电流的相位总是滞后于输入电压,需要电网提供无功功率。在输出电压的一个周期内,α 角是以 90°为中心前后变化的,输出电压调制比越小,半周期内 α 的平均值越大,位移因数越低。另外,负载的功率因数越低,输入功率因数也越低。而且不论负载功率因数是滞后还是超前,输入的无功电流总是滞后的。

在 α 角的配合控制方式下,虽然控制时段中的电压平均值相等,但由于瞬时值不等,因此必须在正反两组变流器之间设置环流电抗器。采用有环流控制方式可以保证在负载电流较小时仍然连续,有利于改善输出波形,控制也简单。但是设置环流电抗器会增加设备成本,运行效率也因环流而有所降低。和直流可逆调速系统一样,AC-AC 变频电路也可采用无环流控制方式。在无环流控制方式下,当负载电流反向时,为保证无环流而必须留一定的死区时间,会使输出电压的波形畸变增大。另外在负载电流断续时,输出电压被负载电动机反电动势抬高,也会造成输出波形畸变。同时,电流死区和电流断续的影响也限制了输出频率的提高。

6.4.2 三相 AC-AC 变频电路

相控式 AC-AC 变频电路比较实用的电路是三相输出的 AC-AC 变频电路。三相输出的 AC-AC 变频电路是由三组输出电压相位各相差 120°的单相 AC-AC 变频电路组成，主要用于低速、大功率交流电动机变频调速传动。

三相 AC-AC 变频电路有两种主要连接方式，如图 6-16 所示。

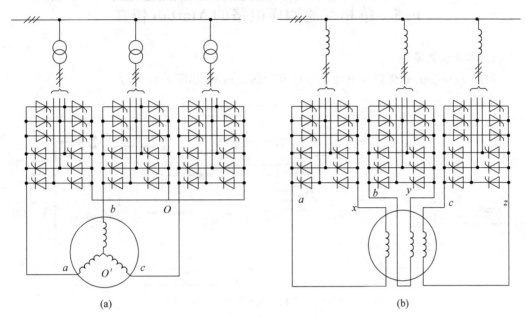

图 6-16　三相输出 AC-AC 变频电路连接方式

1. 公共交流母线进线方式

它是由三组彼此独立、输出电压互差 120°的单相输出 AC-AC 变频电路构成，它们的电源进线经交流进线电抗器接至公共的交流母线上。因为电源进线端公用，所以三组单相 AC-AC 变频电路的输出必须隔离。为此，交流电动机的三个绕组必须拆开，共引出六根线。这种接法主要用于中等容量交流调速系统。

2. 输出星形连接方式

输出星形连接方式是指三组输出电压相位相互错开 120°的单相 AC-AC 变频电路的输出端是星形连接，电动机的三个绕组也是星形连接，电动机中性点不和变频器中性点连接在一起，电动机只引出三根线即可。因为三组单相 AC-AC 变频电路的输出端连接在一起，所以其电源进线必须隔离，因此三组单相 AC-AC 变频器分别用三个变压器供电。由于变频器输出端中点不和负载中点相连接，所以在构成三相变频电路的六组桥式电路中，至少要有不同输出相的两组桥中的四个晶闸管同时导通才能构成回路形成电流。这种接法可用于较大容量交流调速系统。

相控三相 AC-AC 变频电路的输出上限频率和输出电压谐波与单相 AC-AC 变频电路分析方式一致，但输入谐波和功率因数与单相 AC-AC 变频电路有所差别。总输入电流由三个单相的同一相输入电流合成得到，有些谐波相互抵消，谐波种类减少，总的谐波幅值降低。三相电路总的有功功率为各相有功功率之和，但视在功率却不能简单相加，而应该由总输入电流有效值和输入电压有效值来计算得到，应比三相各自的视在功率之和小。因此，三相 AC-AC 变频电路总输入功率因数要高于单相 AC-AC 变频电路，但在输出电压较低时,总功率因数仍然不高。总而言之,三相输出 AC-AC 变频电路总输入功率因数比单相输出 AC-AC 变频电路有所改善。

6.5　单相交流调压电路的 Matlab 仿真

1. 建立仿真模型

利用 Simulink 软件建立交流调压电路的仿真模型,如图 6-17 所示。

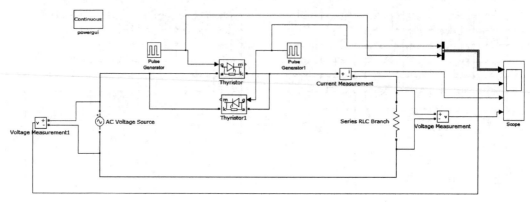

图 6-17　单相交流调压电路仿真

2. 设置仿真参数

(1) 设置交流电源。设置交流电源的电压为 36V,工频为 50Hz,初始相位为 0°,如图 6-18 所示。

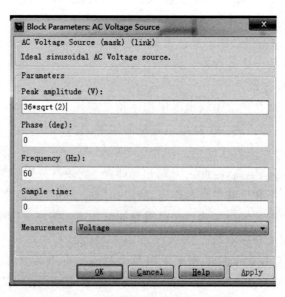

图 6-18　电源电压参数设置对话框

(2) 设置脉冲发生器。设置脉冲发生器如图 6-19 和图 6-20 所示,两者的设置类似,不同的是触发角相差 180°。

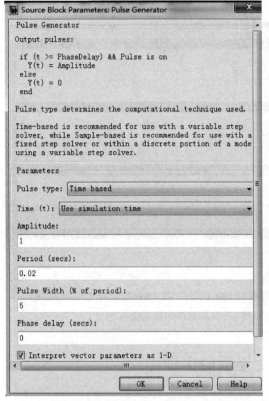
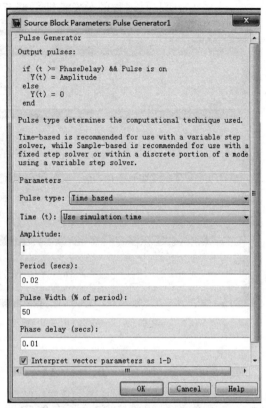

图 6-19　脉冲发生器参数设置对话框(1)　　　　图 6-20　脉冲发生器参数设置对话框(2)

3. 仿真结果

（1）电阻阻值设为 100Ω，测量两端电压和电流，如图 6-21 所示。

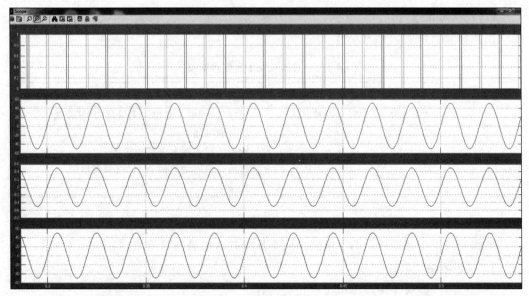

图 6-21　$\alpha=0°$ 时电源电压、触发脉冲、负载两端电压和电流波形

（2）改变两只晶闸管的触发角即可调节负载电压,触发角为60°,波形如图6-22所示。

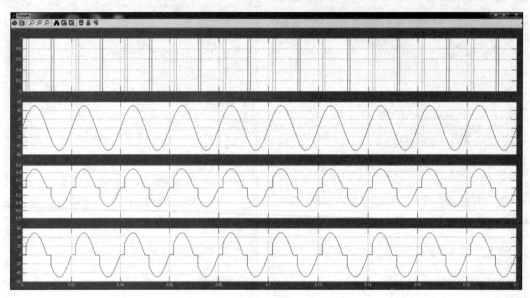

图6-22　α=60°时电源电压、触发脉冲、负载两端电压和电流波形

6.6　AC-AC 变换器的实训

6.6.1　单相晶闸管交流调压电路实训

1. 实训目的

（1）深入理解单相交流调压电路的工作原理。

（2）深入理解单相交流调压电路带电感性负载对脉冲及移相范围的要求。

2. 实训元器件

本实训元器件明细见表6-1。

表 6-1　实训 6.6.1 元器件明细

序　号	型　号	备　注
1	THEAZT-3AT 型电源控制屏	包括"三相电源输出""测量仪表"等模块
2	EZT3-42	反并联晶闸管模块
3	EAZL-12	锯齿波同步触发电路模块
4	D42	包括三组同轴的两个 900Ω 可调电阻
5	双踪示波器	自备

3. 实训线路及原理

单相晶闸管交流调压器的主电路由两个反向并联的晶闸管组成,如图6-23所示。

4. 实训方法

触发电路等模块介绍参考第1章相关内容。

将 EZT3-42 模块上的两个晶闸管反向并联构成交流调压器,晶闸管 VT_1 的门级、阴

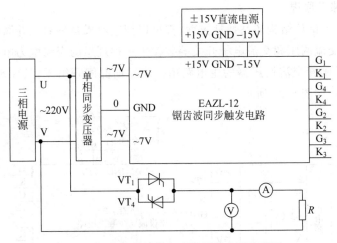

图 6-23　单相晶闸管交流调压器实训接线图

极分别接入 EZLA-12 锯齿波同步触发电路模块输出的 G_1、K_1，晶闸管 VT_4 的门级、阴极分别接入到 G_2、K_2。实训时应保证相序关系对应正确。

按照图 6-23 接线，其中，电阻 R 使用 D42 可调电阻，将两个 900Ω 的电阻并联连接，晶闸管则使用反并联晶闸管模块上的组件，包括单相同步变压器、交流电压表、交流电流表均来自 THEAZT-3AT 型控制屏。

打开直流稳压电源部分的船形开关，按下启动按钮，通过示波器观察负载电压、晶闸管两端电压 U_{VT} 的波形。调节"锯齿波同步触发电路"上的控制电压(R_{P2})电位器，观察在不同 α 角时各点波形的变化，并记录 α 为 $30°$、$60°$、$90°$、$120°$ 时的波形。

5. 注意事项

触发脉冲是从外部接入 EZT3-42 模块上晶闸管的门极和阴极，此时，必须保证触发脉冲移相范围正确，且与主电路保持同步，避免调压波形错误。

6.6.2　单相双向晶闸管交流调压电路实训

1. 实训目的

加深对双向晶闸管的理解。

2. 实训元器件

本实训的元器件明细见表 6-2。

表 6-2　实训 6.6.2 元器件明细

序　号	型　　号	备　　注
1	THEAZT-3AT 型电源控制屏	包括"三相电源输出""测量仪表"等模块
2	EZT3-41	双向晶闸管模块
3	EAZL-12	银齿波同步触发电路模块
4	D42	包括三组同轴的两个 900Ω 可调电阻
5	双踪示波器	自备

3. 实训线路及原理

双向晶闸管不论从结构还是特性方面,都可以把它看成是一对反并联的普通晶闸管。它是功率调节、交流调压和交流电子开关等装置中一种理想的交流电力电子器件。

单相双向晶闸管交流调压器的主电路由一个双向晶闸管组成,其原理与单相晶闸管交流调压器类似,如图 6-24 所示。

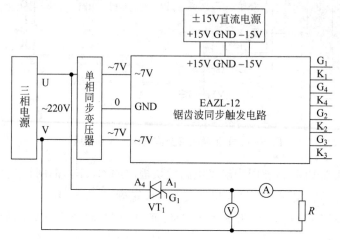

图 6-24 单相双向晶闸管交流调压器实训接线图

4. 实训方法

由于单相双向晶闸管正反两个方向均能导通,门极加正负信号都能触发,因此有四种触发方式。

触发电路等模块的介绍参考第 1 章相关内容。

将锯齿波同步触发电路的 K_1、K_2 短接在一起后接入双向晶闸管的阳极 A_1,锯齿波同步触发电路的 G_1、G_2 短接接入双向晶闸管 VT_1 的门级 G_1。

按照图 6-24 接线,其中电阻 R 用 D42 可调电阻,将两个 900Ω 电阻并联连接,晶闸管则使用反并联晶闸管模块上的组件,单相同步变压器、交流电压表、交流电流表均来自THEAZT-3AT 型控制屏。

打开直流稳压电源部分的船形开关,按下启动按钮,通过示波器观察负载电压、晶闸管两端电压 U_{VT} 的波形。调节"锯齿波同步触发电路"上的控制电压(R_{P2})电位器,观察在不同 α 角时各点波形的变化,并记录 α 为 30°、60°、90°和 120°时的波形。

5. 注意事项

同本章 6.6.1 小节。

本 章 小 结

AC-AC 变换电路是指把一种形式的交流电变换成另一种形式的交流电的电路,它可以是电压幅值的变换,也可以是频率或相数的变换。根据变换目标的不同,AC-AC 变换电路可以分为交流调压电路、交流调功电路和 AC-AC 变频电路。在交流调压电路中,重点分析了单相相控式交流调压电路的基本原理,星形连接的三相相控式交流调压电路的工作原理和电路工作特点,以及单相斩控式交流调压的基本原理。在交流电力控制电路中,简要介绍了交流调功电路和晶闸管投切电容器的基本原理。在 AC-AC 变频电路中,着重介绍了相控式 AC-AC 变频电路的工作原理和余弦交点调制方法。

<h1 style="text-align:center">习　题</h1>

1. 简答题

(1) 简述 AC-AC 变换器。

(2) AC-AC 变换器可以分为哪几类? 各类型可以实现什么功能?

(3) 直接变频电路与间接变频电路有什么区别?

(4) 在交流调压电路中,实现输出电压可控为什么要满足控制角大于负载功率因数角的条件?

(5) 简述相控式交流调压电路与斩控式交流调压电路在控制上的区别。

(6) 简述交流相控式调压电路与交流调功电路的区别。

(7) 交流电子开关有什么作用? 与机械式开关相比有哪些优点?

(8) 简述单相 AC-AC 变频电路的工作原理。

(9) AC-AC 变频电路的输出频率有哪些限制?

2. 计算题

有一电源电压为 220V(AC)的相控式单相交流调压电路,为电阻为 2Ω、感抗为 3.676mH 的串联负载供电。求:

(1) 控制角移相范围;

(2) 晶闸管电流的最大有效值。

✏ 实践任务

查找资料,说明图 6-25 所示是什么电路。

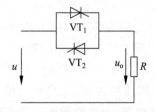

图 6-25　第 6 章实践任务电路

第 7 章　交直流调速技术

调速技术广泛应用于工业生产的不同领域和各类生产机械。本章主要内容包括：交直流调速技术的发展及应用概况、调速系统的稳态指标、比例-积分控制规律和无静差调速系统；直流调速方式及调速用可控直流电源、晶闸管-直流电动机开环调速系统存在的问题、单闭环直流调速系统、转速-电流双闭环调速系统、单闭环直流调速系统的 Matlab 仿真、单闭环晶闸管直流调速系统实训；交流调速方式、交流异步电动机的软启动与降压节能原理、交流变频调速、矢量控制与直接转矩控制、变频器的应用和西门子 MM440 变频器实训。在学习本章内容时，通过 Matlab 仿真和实训的方式，提高对本章知识的理解和应用能力。

7.1　交直流调速技术概述

7.1.1　交直流调速技术的发展及应用概况

在工程实践中，许多生产机械要求在一定的范围内进行速度的平滑调节，并且要求有良好的稳态、动态性能。自动调速系统主要包括直流调速系统和交流调速系统。两种调速系统各有特点，都有着广泛的应用领域。

直流调速系统具有响应速度快、超调量小、系统稳定性好、抗干扰能力强的优点，能够实现平滑、方便的调速，过载能力大，能承受频繁的冲击负载，可实现频繁地无级快速起动、制动和反转，可以满足自动化系统中各种不同的特殊运行要求，因此在金属切削机床、造纸机等需要高性能可控电力拖动的领域有着广泛的应用。

最初的直流调速系统采用恒定的直流电压向直流电动机电枢供电，通过改变电枢回路中的电阻实现调速。这种方法简单易行，设备制造方便，价格低廉。缺点是效率低、机械特性软，不能在较宽范围内平滑调速，所以目前极少采用。20 世纪 30 年代末，出现了发电机-电动机调速系统，配合采用磁放大器、电机扩大机、闸流管等控制器件，可获得优良的调速性能。如有较宽的调速范围、较小的转速变化率和调速平滑等，特别是当电动机减速时，可以通过发电机非常容易地将电动机轴的飞轮惯量反馈给电网，这样一方面可得到平滑的制动特性；另一方面又可以减少能量的损耗，提高效率。这种调速系统的主要缺点是需要增加两台与调速电动机相当的旋转电动机和一些辅助励磁设备，因而存在体积大、费用高、效率低、安装需要有地基、运行有噪声、维修困难等缺点。

在高性能的拖动技术领域中，相当长的一段时间几乎都采用直流电力拖动系统。20世纪 70 年代，随着电力电子技术的兴起，采用电力电子变换器的高效交流变频调速开发成功,这种调速系统结构简单、成本低廉、工作可靠、维修方便、效率较高,从而许多直流调速应用领域被交流调速所替代。

与直流调速系统相比,交流调速系统的优点主要在于交流电动机相对于直流电动机而言,具有结构简单、成本低、安装环境要求低等特点,尤其是在大容量、高转速的应用领域,更受到大家的青睐。随着大规模集成电路和计算机控制技术的发展以及现代控制理论的应用,交流调速系统逐步具备了宽的调速范围、高的稳速范围、高的稳速精度、快的动态响应以及在四象限做可逆运行等良好的技术性能,并且它的调速性能与可靠性也在不断完善,价格不断降低,特别是变频调速节电效果更加明显,而且易于实现过程自动化,在调速性能方面可以与直流电力拖动媲美。

目前,交流调速技术在工业发达国家已得到广泛应用。美国有 $60\%\sim65\%$ 的发电量用于电机驱动,由于有效地利用了交流调速技术,仅工业传动用电就节约了 $15\%\sim20\%$ 的电量。而高性能电力电子器件的应用更是推动了交流调速系统的发展,例如在通用变频器方面,针对中、低压应用领域的绝缘栅双极型晶体管(IGBT)的高开关频率使高性能的变频器成为可能,而随后出现的智能功率模块(IPM),更加简化了通用变频器的设计。目前交流调速系统的发展及应用主要在以下三个方面。

(1)一般性能的节能调速。在过去大量的不变速交流传动中,风机、水泵等机械总容量几乎占工业电气传动总容量的一半,其中有不少场合由于交流电动机本身不具备调速性能,不得不依赖挡板和阀门来调节送风或供水的流量,导致大量电力的浪费。如果将这些设备的控制系统换成交流调速系统,每台风机、水泵平均可节能约 20%,这种节能效果是非常可观的。

(2)高性能交流调速系统。许多在工艺上需要调速的生产机械,过去多用直流传动,如果改成交流调速传动,显然能够带来可观的经济效益。20 世纪 70 年代初发明的矢量控制技术,使交流电动机的调速技术取得了突破性的进展。其后,又陆续提出了直接转矩控制、解耦控制等方法,形成了一系列在性能上可以和直流调速系统媲美的高性能交流调速系统。

(3)特大容量、极高转速的交流调速系统。直流电动机换向器的换向能力限制了直流调速系统的容量和转速,其极限容量与转速的乘积约为 $106kW \cdot r/min$,超过这一数值时,直流电动机的设计与制造就非常困难了。交流电动机则不受此限制,因此特大容量的传动(如厚板轧机、矿井卷扬机)和极高转速的传动(如高速磨头、离心机)都以采用交流调速为宜。

7.1.2　调速系统的稳态指标

任何一台需要控制转速的设备,其生产工艺对调速性能都有一定的要求。例如,最高转速与最低转速之间的范围,有级还是无级调速,在稳态运行时允许转速波动的大小,从正转到反转运行的时间间隔,突加或突减负载时允许的转速波动,运行停止时要求的定位精度等。归纳起来,对于调速系统转速控制的要求有以下三个方面。

(1)调速:在一定的最高转速和最低转速范围内,分挡(有级)或平滑(无级)调节转速。

（2）稳速：以一定的精度在所需转速上稳定运行，在各种干扰下不允许有过大的转速波动。

（3）加、减速：频繁起动、制动的设备要求加速、减速尽量快，不宜经受剧烈速度变化的机械则要求起动、制动尽量平稳。

上述三个方面的要求可具体转化为调速系统的稳态和动态性能指标。

为了进行定量的分析，可以针对前两项要求定义两个调速指标，叫作调速范围和静差率，这两个指标合称调速系统的稳态性能指标。

（1）调速范围。生产机械要求电动机提供的最高转速 $n_{\max}$ 和最低转速 $n_{\min}$ 之比叫作调速范围，用字母 D 表示，即

$$D = \frac{n_{\max}}{n_{\min}} \tag{7-1}$$

式中，$n_{\max}$ 和 $n_{\min}$ 指电动机额定负载时的最高和最低转速，对于少数负载很轻的机械，也可用实际负载时的最高和最低转速代替，例如精密机床。

（2）静差率。系统在某一转速下运行，负载由理想空载增加到额定值时所对应的转速降落 Δn_{N} 与理想空载转速 n_0 之比称为静差率 s，即

$$s = \frac{\Delta n_{\mathrm{N}}}{n_0} \tag{7-2}$$

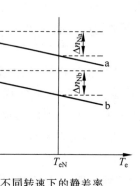

图 7-1　不同转速下的静差率

静差率用来衡量调速系统在负载变化下转速的稳定度。它和机械特性的硬度有关，硬度越高，静差率越小，转速的稳定度就越高。静差率与机械特性硬度又是有区别的。对于同样硬度的特性，理想空载转速越低，静差率越大，转速的相对稳定度也就越差。一般变压调速系统在不同转速下的机械特性是相互平行的，同一个负载运行在不同的机械特性上时，静差率是不一样的，这是因为它们的理想空载转速不同，如图 7-1 所示。由此可见，调速范围和静差率这两项指标并不是彼此孤立的，必须同时使用才有意义。调速系统的静差率指标应以最低速时所能达到的数值为准。

（3）调速系统中调速范围 D、静差率 s 和额定速降 Δn_{N} 之间的关系。在直流电动机变压调速系统中，一般以电动机的额定转速 n_{N} 作为最高转速，因此，该系统静差率应该是最低速时的静差率。最低转速为

$$s = \frac{\Delta n_{\mathrm{N}}}{n_{0\min}} = \frac{\Delta n_{\mathrm{N}}}{n_{\min} + \Delta n_{\mathrm{N}}}$$

调速范围为

$$n_{\min} = \frac{\Delta n_{\mathrm{N}}}{s} - \Delta n_{\mathrm{N}} = \frac{(1-s)\Delta n_{\mathrm{N}}}{s}$$

将上式代入得

$$D = \frac{\Delta n_N s}{\Delta n_N (1-s)} \tag{7-3}$$

对静差率要求越高,即要求 s 值越小,则系统能够允许的调速范围越小。一个调速系统的调速范围是指在最低速时还能满足所需静差率的转速可调范围。

7.1.3 比例-积分控制规律和无静差调速系统

采用比例(P)放大器控制的调速系统是有静差的调速系统,它存在稳定性与稳态精度的矛盾。采用积分(I)调节器或比例积分(PI)调节器代替比例放大器,可以构成无静差调速系统。

1. 积分调节器和积分控制规律

图 7-2(a)所示为用运算放大器构成的积分调节器的原理图,由图可知积分调节器输出为

$$U_o = \frac{1}{C} \int i \, dt = \frac{1}{R_0 C} \int U_i \, dt = \frac{1}{\tau} \int U_i \, dt$$

式中, τ 为积分时间常数, $\tau = R_0 C$。

当 U_o 的初始值为零时,积分调节器的输出时间特性如图 7-2(b)所示,则

$$U_o = \frac{U_i}{\tau} t$$

积分调节器的传递函数为

$$G_i(s) = \frac{U_o(s)}{U_i(s)} = \frac{1}{\tau s} \tag{7-4}$$

其 Bode 图如图 7-2(c)所示。

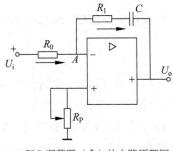
(a) 积分调节器(Ⅰ)的电路原理图

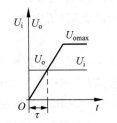
(b) 阶跃输入时的输出特性曲线

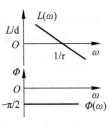
(c) Bode图

图 7-2 积分调节器

如果采用积分调节器,则控制电压 U_c 是转速偏差电压 ΔU_n 的积分,应有

$$U_c = \frac{1}{\tau} \int_0^t \Delta U_n \, dt$$

若初值不为零,还应加上初始电压,则积分式变成:

$$U_c = \frac{1}{\tau} \int_0^t \Delta U_n \, dt + U_{co}$$

只有 $U_n^* = U_n$, $\Delta U_n = 0$ 时, U_c 才停止积分;当 $\Delta U_n = 0$ 时, U_c 并不是零,而是一个终

值 U_{co}；如果 ΔU_n 不再变化，这个终值便保持恒定，这是积分控制的特点。因此，积分控制可以使系统在无静差的情况下保持恒速运行，实现无静差调速。

当负载突增时，积分控制的无静差调速系统动态过程曲线如图 7-3 所示，有静差调速系统突加负载时的动态过程如图 7-4 所示。

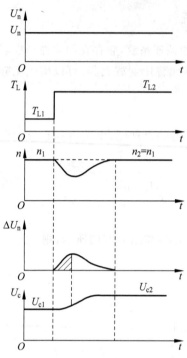 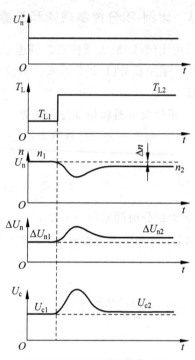

图 7-3　无静差调速系统突加负载时的动态过程　　图 7-4　有静差调速系统突加负载时的动态过程

因此，可得下述结论：比例调节器的输出只取决于输入偏差量的"现状"，而积分调节器的输出则包含了输入偏差量的全部"历史"。

2. 比例-积分控制规律

前面从无静差的角度突出介绍了积分控制优于比例控制的方面，但是在控制的快速性上，积分控制却又不如比例控制。同样在阶跃输入作用下，比例调节器的输出可以立即响应，而积分调节器的输出却只能逐渐地变化，如图 7-2(b)所示。如果既要稳态精度高，又要动态响应快，只有把比例和积分两种控制结合起来才能实现，这便是比例-积分控制。

比例积分调节器如图 7-5 所示，其输出是由比例和积分两部分相加而成。

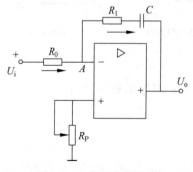

图 7-5　比例积分调节器

$$U_o = \frac{R_1}{R_0}U_i + \frac{1}{R_0 C}\int U_i \mathrm{d}t = K_{pi}U_i + \frac{1}{\tau}\int U_i \mathrm{d}t$$

式中，$K_{pi} = \dfrac{R_1}{R_0}$ 为 PI 调节器比例部分的放大系数；

$\tau = R_0 C$ 为 PI 调节器的积分时间常数。

PI 调节器的传递函数为

$$G_{\mathrm{pi}}(s) = \frac{U_{\mathrm{o}}(s)}{U_{\mathrm{i}}(s)} = K_{\mathrm{pi}} + \frac{1}{\tau s} = \frac{K_{\mathrm{pi}}\tau s + 1}{\tau s}$$

令 $\tau_1 = K_{\mathrm{pi}}\tau = R_1 C$，则 PI 调节器的传递函数也可以写成以下形式：

$$G_{\mathrm{pi}}(s) = \frac{\tau_1 s + 1}{\tau s} = K_{\mathrm{pi}}\frac{\tau_1 s + 1}{\tau_1 s} \tag{7-5}$$

PI 调节器也可以用一个积分环节和一个比例微分环节来表示，τ_1 是微分项中的超前时间常数，它和积分时间常数 τ 的物理意义是不同的。

由 PI 调节器原理图可以看出，系统突加输入信号或突加负载时，由于电容 C 两端电压不能突变，相当于两端瞬间短路，在运算放大器反馈回路中只剩下电阻 R_1，电路等效于一个放大系数为 K_{pi} 的比例调节器，在输出端立即呈现电压 $K_{\mathrm{pi}}U_{\mathrm{i}}$，实现快速控制，发挥了比例控制的长处。此后，随着电容 C 被充电，输出电压 U_{o} 以积分形式不断增长，直到稳态。稳态时，C 两端电压等于 U_{o}，R_1 已不起作用，又和积分调节器一样了，这时又能发挥积分控制的优点，实现了稳态无静差。

在零初始状态和阶跃输入下，PI 调节器输出电压的时间特性如图 7-6(a)所示。这个特性充分体现出比例-积分作用的物理意义。

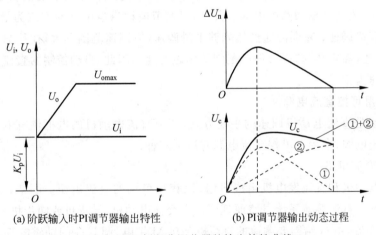

(a) 阶跃输入时PI调节器输出特性　　　　(b) PI调节器输出动态过程

图 7-6　比例积分调节器的输出特性曲线

图 7-6(b)绘出了比例-积分调节器的输入和输出动态过程。假设输入偏差电压 ΔU_{n} 的波形如图所示，则输出波形中比例部分①和 ΔU_{n} 成正比，积分部分②是 ΔU_{n} 的积分曲线，而 PI 调节器的输出电压 U_{c} 是这两部分之和。可见，U_{c} 既具有快速响应性能，又足以消除调速系统的静差。除此之外，比例-积分调节器还是提高系统稳定性的校正装置。因此，它在调速系统和其他控制系统中获得了广泛的应用。

由此可见，比例-积分控制综合了比例控制和积分控制两种控制的优点，又克服了各自的缺点，扬长避短，互相补充。比例部分能迅速响应控制作用，积分部分则最终消除稳态偏差。

7.2　直流调速技术

7.2.1　直流调速方式及调速用可控直流电源

1. 直流调速方式

直流电动机具有良好的起动、制动性能,宜用于大范围的平滑调速,是电力拖动控制系统的主要执行部件,在轧钢机、矿井卷扬机、挖掘机、海洋钻机、金属切削机床、造纸机、高层电梯等高性能可控电力拖动的领域中得到了广泛的应用,而且直流拖动控制系统在理论和实践上都已经比较成熟。尽管近几年交流调速技术发展较快,但随着电力电子技术的飞速发展,直流调速的控制越来越精准,所以直流调速的应用也越来越广泛。而且从闭环控制的角度来看,它又是拖动控制系统的基础,因此首先应该掌握直流调速系统。

直流电动机转速稳态表达式为

$$n = \frac{U - IR}{K_e \Phi} \tag{7-6}$$

式中,n 为转速(r/min);U 为电枢电压(V);I 为电枢电流(A);R 为电枢回路总电阻(Ω);Φ 为励磁磁通(Wb);K_e 为电动势常数。

由式(7-6)可以看出,调节直流电动机的转速有三种方法,即调节电枢供电电压 U、减弱励磁磁通 Φ、改变电枢回路电阻 R。其中,以调节电枢供电电压的方式为最好;改变电阻只能实现有级调速;减弱磁通虽然能够平滑调速,但调速范围不大,往往只作为配合调压方案,在基速(额定转速)以上做小范围的弱磁升速。因此,自动控制的直流调速系统往往以调压调速为主。

2. 调速用可控直流电源

调压调速是直流电动机调速的主要方式,调节直流电动机的电枢供电电压需要有专门的可控直流电源,常用的可控直流电源有以下三种。

1) 旋转变流机组

由交流电动机和直流发电机组成机组,以获得可调的直流电压。图 7-7 所示为旋转变流机组供电的直流调速系统电路原理图。由交流电动机(异步机或同步机)拖动直流发电机 G 实现变流,由 G 给需要调速的直流电动机 M 供电,调节 G 的励磁电流 i_f 可改变其输出电压 U,从而调节电动机的转速 n,因此简称为 G-M 系统,国际上通常称为 Ward-Leonard 系统。为了供给直流发电机和电动机的励磁电流,通常专门设置一台直流励磁发电机 GE,可同轴装在变流机组上,也可另外单用一台交流电动机拖动。

该系统的优点是改变 i_f 的方向时,U 的极性和 n 的转向都跟着改变,系统的可逆运行很容易实现。其次,无论正转减速还是反转减速都能实现回馈制动,能够方便地实现四象限运行。图 7-8 所示为采用变流机组供电时电动机可逆运行的机械特性。图中横坐标 T_e 为励磁转矩,纵坐标为电动机转速 n,n_0 为电动机额定转速,T_L 为负载转矩。

不足之处是该系统需要旋转变流机组,至少包含两台与调速电动机容量相当的旋转电动机,还需要一台励磁发电机,因此设备多、体积大、费用高、效率低、安装需打地基、运行有噪声、维护不方便。20 世纪 60 年代以后人们开始采用各种静止式的变压或变流装

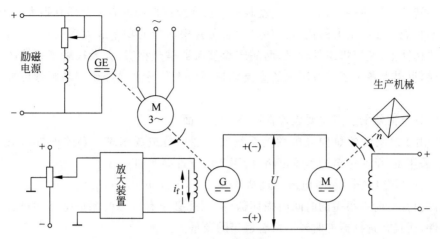

图 7-7 旋转变流机组供电的直流调速系统(G-M 系统)电路原理图

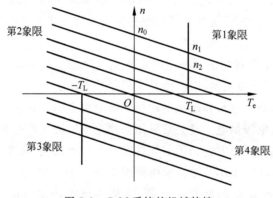

图 7-8 G-M 系统的机械特性

置来替代旋转变流机组。

2) 静止式可控整流器

采用静止式的可控整流器,可以获得可调的直流电压。采用静止式晶闸管整流装置供电的拖动系统称为晶闸管-电动机调速系统(简称 V-M 系统,又称为静止的 Ward-Leonard 系统)。图 7-9 是它的简单电路原理图,图中 UR 是晶闸管可控整流器。通过调节触发装置 GT 的控制电压 U_c 改变触发脉冲的相位,即可改变整流电压 U_d,从而实现平滑调速。

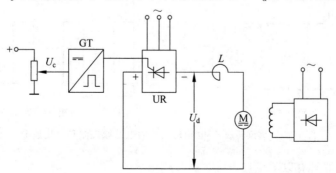

图 7-9 静止式可控整流器供电的直流调速系统(V-M 系统)电路原理图

与旋转变流机组相比,晶闸管整流装置不仅在经济性和可靠性上都有很大的提高,而且在技术性能上还有很大的优势。如晶闸管可控整流器的功率放大倍数在 10^4 以上,在控制的快速性上,变流机组是秒级,而晶闸管整流器是毫秒级,大大提高了系统的动态性能。目前,世界上各主要工业国家的直流调速系统大部分都已经改用晶闸管可控整流器来供电。

晶闸管整流器的缺点主要表现在以下三个方面。

(1) 由于晶闸管的单向导电性给系统的可逆运行造成困难。必须进行四象限运行时,只能采用正、反两组全控整流电路,所用变流设备要增加一倍。

(2) 晶闸管对过电压、过电流和过高的 du/dt 与 di/dt 十分敏感,其中任何一项指标超过允许值都可能在很短的时间内损坏器件,因此必须有可靠的保护电路和符合要求的散热条件,而且在选择器件时还应留有适当的余量。

(3) 当系统处于深调速状态,即较低速运行时,晶闸管的导通角很小,使系统的功率因数很低,并产生较大的谐波电流,引起电网电压波形畸变,殃及附近的用电设备。谐波与无功功率造成的"电力公害"是晶闸管可控整流装置进一步普及的障碍。

3) 直流斩波器或脉宽调制变换器

直流斩波器或脉宽调制变换器是用恒定直流电源或不控整流电源供电,利用电力电子开关器件斩波或进行脉宽调制,以产生可变的平均电压。

在铁路电力机车、城市电车和地铁电动机车等电力牵引设备上,常采用直流串励或复励电动机,由恒压直流电源供电。过去常采用切换电枢回路电阻控制电动机的起动、制动和调速,但电阻的电能损耗很大。为了节能并实行无触点控制,现在多改用电力电子开关器件,如快速晶闸管、GTO、IGBT 等。采用简单的单管控制时,称为直流斩波器,后来逐渐发展成采用各种脉冲脉宽调制开关电路,统称为脉宽调制(pulse width modulation,PWM)变换器。

直流斩波器-电动机系统的电路原理图如图 7-10(a)所示。其中用开关符号 VT 表示电力电子开关器件,VD 表示续流二极管。当 VT 导通时,直流电源电压 U_s 加到电动机上;当 VT 关断时,直流电源与电动机脱开,电动机电枢经 VD 续流,两端电压接近零。如此反复,得到电枢端电压波形 $u = f(t)$,如图 7-10(b)所示,电源电压 U_s 在 t_{on} 时间内被接上,又在 $(T-t_{on})$ 时间内被斩断,故称"斩波"。

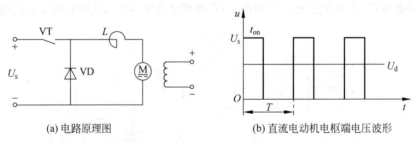

(a) 电路原理图   (b) 直流电动机电枢端电压波形

图 7-10 直流斩波器-电动机系统的电路原理图和电压波形

PWM 变换器具有以下优点。

(1) 主电路线路简单,需用的功率器件较少。

（2）开关频率高,电流容易连续,谐波少,电动机损耗及发热都较小。

（3）低速性能好,稳速精度高,调速范围宽,可达1∶10000左右。

（4）若与快速响应的电动机配合,则系统频带宽,动态响应快,动态抗扰能力强。

（5）功率开关器件工作在开关状态,导通损耗小,当开关频率适当时,开关损耗也不大,因此装置效率较高。

（6）直流电源采用不可控整流时,电网功率因数比采用相控整流器要高。

7.2.2 晶闸管-直流电动机开环调速系统存在的问题

图 7-9 所示的 V-M 系统是开环调速系统,调节控制电压 U_c 就可以改变电动机的转速。如果负载的生产工艺对运行时的静差率要求不高,这样的开环调速系统都能实现一定范围内的无级调速。但是,许多需要调速的生产机械常常对静差率有一定的要求。例如龙门刨床,由于毛坯表面粗糙不平,加工时负载大小常有波动,但为了保证工件的加工精度和加工后的表面粗糙度,加工过程中的速度必须基本稳定,也就是说,静差率不能太大,一般要求调速范围 $D=20\sim40$,静差率 $s\leqslant5\%$。又如热连轧机,各机架轧辊分别由单独的电动机拖动,钢材在几个机架内连续轧制,要求各机架出口线速度保持严格的比例关系,使被轧金属的每秒流量相等,才不致造成钢材拱起或拉断。根据工艺要求,需使调速范围 $D=3\sim10$ 时,保证静差率 $s\leqslant0.2\%\sim0.5\%$。在这些情况下,开环调速系统往往不能满足要求。

例 7-1 某龙门刨床工作台拖动采用直流电动机,其额定数据为 60kW、220V、305A、1000r/min,采用 V-M 系统,主电路总电阻 $R=0.18\Omega$,电动机电动势系数 $C_e=0.2$V·min/r。如果要求调速范围 $D=20$,静差率 $s\leqslant5\%$,采用开环调速能否满足要求? 若要满足要求,系统的额定速降 ΔU_n 最多需要达到多少?

解：当电流连续时,V-M 系统的额定速降为

$$\Delta n_N = \frac{I_{dN}R}{C_e} = \frac{305\times0.18}{0.2} = 275(\text{r/min})$$

开环系统机械特性连续段在额定转速时的静差率为

$$s_N = \frac{\Delta n_N}{n_N+\Delta n_N} = \frac{275}{1000+275} = 0.216 = 21.6\%$$

已经大大超过了5%的要求,更不必谈调到最低速的情况了。

如果要求 $D=20$,$s\leqslant5\%$,则

$$\Delta n_N = \frac{n_N s}{D(1-s)} \leqslant \frac{1000\times0.05}{20\times(1-0.05)} = 2.63(\text{r/min})$$

由本例可以看出,开环调速系统的额定速降是 275r/min,而生产工艺的要求却只有 2.63r/min,相差几乎百倍。由此可见,开环调速系统的稳速性能较差。稳态速降大,静差率数值高,不能满足生产机械的要求,需采用反馈控制的闭环调速系统解决这个问题。

7.2.3 单闭环直流调速系统

1. 闭环系统的组成及静特性

生产工艺要求较高的调速系统,开环调速不能满足要求。下面分析采用反馈控制的

闭环调速系统能否解决这个问题。

　　根据自动控制原理，反馈控制的闭环系统是按被调量的偏差进行控制的系统，只要被调量出现偏差，它就会自动产生纠正偏差的信号。调速系统的转速降落正是由负载引起的转速偏差，显然，引入转速闭环会使调速系统大大减少转速降落。

　　如图 7-11 所示，在反馈控制的闭环直流调速系统中，与电动机同轴安装一台测速发电机 TG，从而引出与被调量转速成正比的负反馈电压 U_n，与给定电压 U_n^* 相比较后，得到转速偏差电压 ΔU_n，经过放大器 A，产生电力电子变换器 UPE 的控制电压 U_c，用来控制电动机转速 n。

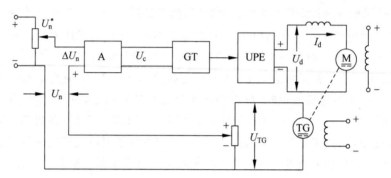

图 7-11　采用转速负反馈的直流调速系统电路原理图

　　下面分析闭环调速系统的稳态特性，以了解它为什么能够减少转速降落。为了突出主要矛盾，先作以下假定。

　　(1) 忽略各种非线性因素，假定系统中各环节的输入、输出关系都是线性的，或者只取其线性工作段。

　　(2) 忽略控制电源和电位器的内阻。

　　在以上假定条件成立的前提下，转速负反馈直流调速系统中各环节的稳态关系如下。

电压比较环节：
$$\Delta U_n = U_n^* - U_n$$

放大器：
$$U_c = K_p \Delta U_n$$

电力电子变换器：
$$U_{do} = K_s U_c$$

调速系统开环机械特性：
$$n = \frac{U_{do} - I_d R}{C_e}$$

测速反馈环节：
$$U_n = \alpha n$$

式中，K_p 为放大器的电压放大系数；K_s 为电力电子变换器的电压放大系数；α 为转速反馈系数，单位为 $V \cdot min/r$；U_{do} 为 UPE 的理想空载输出电压，单位为 V；R 为电枢回路总电阻，单位为 Ω。

　　从上述 5 个关系式中消去中间变量，整理后即得到转速负反馈闭环直流调速系统的

静特性方程式:

$$n = \frac{K_p K_s U_n^* - I_d R}{C_e(1 + K_p K_s \alpha / C_e)} = \frac{K_p K_s U_n^*}{C_e(1 + K)} - \frac{R I_d}{C_e(1 + K)} \tag{7-7}$$

$$K = \frac{K_p K_s \alpha}{C_e}$$

式中,K 为闭环系统的开环放大系数。它相当于在测速反馈电位器输出端把反馈回路断开后,从放大器输入端到测速反馈输出端总的电压放大系数,是各环节单独的放大系数的乘积。

闭环调速系统的静特性表示闭环系统电动机转速与负载电流(或转矩)间的稳态关系,它在形式上与开环机械特性相似,但本质上却有很大的不同,故命名为"静特性",以示区别。根据各环节的稳态关系可以画出闭环系统的稳态结构图,如图 7-12 所示。

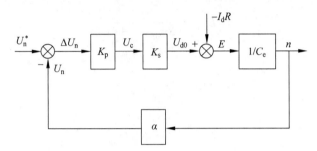

图 7-12　转速负反馈闭环直流调速系统稳态结构图

2. 开环系统机械特性和闭环系统静特性的关系

系统的开环机械特性为

$$n = \frac{U_{d0} - I_d R}{C_e} = \frac{K_p K_s U_n^*}{C_e} - \frac{R I_d}{C_e} = n_{0op} - \Delta n_{op}$$

而闭环时的静特性可写成:

$$n = \frac{K_p K_s U_n^*}{C_e(1 + K)} - \frac{R I_d}{C_e(1 + K)} = n_{0cl} - \Delta n_{cl}$$

式中,n_{0op} 和 n_{0cl} 分别表示开环和闭环系统的理想空载转速;Δn_{op} 和 Δn_{cl} 分别表示开环和闭环系统的稳态速降。

(1)闭环系统静特性比开环系统机械特性好得多。开环系统和闭环系统的转速降落分别为

$$\Delta n_{op} = \frac{R I_d}{C_e}$$

$$\Delta n_{cl} = \frac{R I_d}{C_e(1 + K)}$$

故有

$$\Delta n_{cl} = \frac{\Delta n_{op}}{1 + K} \tag{7-8}$$

当 K 值较大时,Δn_{cl} 比 Δn_{op} 小得多。也就是说,闭环系统的特性要好得多。

（2）闭环系统的静差率比开环系统小得多。闭环系统和开环系统的静差率分别为

$$s_{cl} = \frac{\Delta n_{cl}}{n_{0cl}}$$

$$s_{op} = \frac{\Delta n_{op}}{n_{0op}}$$

与理想空载转速相同的情况比较，即 $n_{0op} = n_{0cl}$ 时，有

$$s_{cl} = \frac{s_{op}}{1+K} \tag{7-9}$$

故可以认为闭环系统静差率比开环小得多。

（3）如果所要求的静差率一定，则闭环系统可以大大提高调速范围。

开环时：

$$D_{op} = \frac{n_N s}{\Delta n_{op}(1-s)}$$

闭环时：

$$D_{cl} = \frac{n_N s}{\Delta n_{cl}(1-s)}$$

可以得到：

$$D_{cl} = (1+K)D_{op} \tag{7-10}$$

要满足上述三个条件，闭环系统必须设置放大器，且 K 需足够大。由上述分析可得结论：闭环调速系统可以获得比开环调速系统好得多的稳态特性，从而在保证满足一定静差率的要求下，提高调速范围。为此需增设放大器以及检测与反馈装置。

下面分析闭环系统能够减少稳态速降的实质。

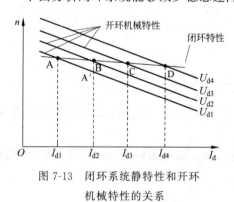

图 7-13　闭环系统静特性和开环
机械特性的关系

在开环系统中，当负载电流增大时，电枢压降也增大，转速只能降下来。闭环系统装有反馈装置，转速稍有降落，反馈电压就会降低，通过比较和放大，提高电力电子装置的输出电压 U_{do}，使系统工作在新的机械特性上，因而转速又有所回升。在图 7-13 中，设原始工作点为 A，负载电流为 I_{d1}。当负载增大到 I_{d2} 时，开环系统的转速必然降到 A′点所对应的数值。闭环后，由于反馈调节作用，电压可升到 U_{d2}，使工作点变成 B，稳态速降比开环系统小得多。

这样，在闭环系统中，每增加（或减少）一点负载，就会相应地提高（或降低）一点电枢电压，改换一条机械特性。闭环系统的静特性就是这样在许多开环机械特性上各取一个相应的工作点，如图 7-13 中的 A、B、C、D、…，再由这些工作点连接而成。

闭环系统能够减少稳态速降的实质在于它的自动调节作用，在于它能够随着负载的变化而相应地改变电枢电压，以补偿电枢回路电阻压降的变化。

3. 闭环控制的性质

转速反馈闭环调速系统是一种基本的反馈控制系统,它具有以下 3 个基本特征,也就是反馈控制的基本规律。各种不另加其他调节器的基本反馈控制系统都服从这些规律。

(1) 只用比例放大器的反馈控制系统,其被调量仍有静差。从静特性分析中可以看出,闭环系统的开环放大系数 K 值越大,系统的稳态性能越好。然而,只要设置的放大器是一个比例放大器,即 K 为常数,稳态速差就只能减小,不可能消除。因为闭环系统的稳态速降为

$$\Delta n_{\mathrm{cl}} = \frac{RI_{\mathrm{d}}}{C_{\mathrm{e}}(I + K)}$$

只有 $K = \infty$,才能使 $\Delta n_{\mathrm{cl}} = 0$,而这是不可能实现的。因此,这样的调速系统叫作有静差调速系统。实际上,这种系统正是依靠被调量的偏差进行控制的。

(2) 反馈控制系统的作用是抵抗扰动、服从给定。反馈控制系统具有良好的抗扰性能,它能有效地抑制一切被负反馈环包围的前向通道上的扰动作用,但完全服从给定作用。

除给定信号外,作用在控制系统各环节上一切会引起输出量变化的因素都叫作"扰动因素"。上面只讨论了负载变化一种扰动因素,除此以外,交流电源电压的波动(使 K_{s} 变化)、电动机励磁的变化(造成 C_{e} 变化)、放大器输出电压的漂移(使 K_{p} 变化)、由温升引起主电路电阻的增大等,所有这些因素都和负载变化一样,最终都会影响到转速,都会被测速装置检测出来,再通过反馈控制的作用,减小它们对稳态转速的影响。在图 7-14 中,上述各种扰动作用都表示出来了,反馈控制系统对它们都有抑制功能。但是,如果在反馈通道上的测速反馈系数 α 受到某种影响而发生变化,那么不但不能得到反馈控制系统的抑制,反而会增大被控量的误差。反馈控制系统所能抑制的只是被反馈环包围的前向通道上的扰动。

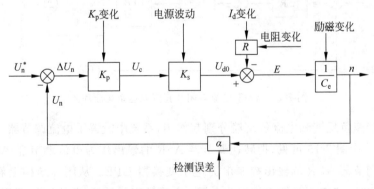

图 7-14　闭环调速系统的给定作用和扰动作用

抗扰性能是反馈控制系统最突出的特征之一。正因为有这个特征,在设计闭环系统时,可以只考虑一种主要扰动作用。例如,在调速系统中只考虑负载扰动,按照克服负载扰动的要求进行设计,则其他扰动也就自然都会受到抑制。

与众不同的是,在反馈环外的给定作用下,图 7-14 中的转速给定信号 U_{n}^{*} 的微小变化都会使被控量随之变化,丝毫不受反馈作用的抑制。因此,全面来看,反馈控制系统的

规律是：一方面能够有效抑制一切被包在负反馈环内前向通道上的扰动作用；另一方面，被控量紧紧地跟随着给定信号，对给定信号的任何变化都"唯命是从"。

（3）系统的精度依赖于给定和反馈检测的精度。如果产生给定电压的电源发生波动，反馈控制系统无法鉴别是对给定电压的正常调节还是不应有的电压波动。因此，高精度的调速系统必须有更高精度的给定稳压电源。

反馈检测装置的误差也是反馈控制系统无法克服的问题。对于上述调速系统来说，反馈检测装置就是测速发电机。如果测速发电机的励磁发生变化，会使反馈电压失真，从而使闭环系统的转速偏离应有数值。而测速发电机电压中的换向纹波、制造或安装不良造成转子偏心等都会给系统带来周期性的干扰。采用光电编码盘的数字测速技术，可以大大提高调速系统的精度。

7.2.4 转速-电流双闭环直流调速系统

多环调速系统是指按一环套一环的嵌套结构组成的有两个或两个以上闭环的控制系统。转速-电流双闭环控制的直流调速系统是性能优良、应用最广泛的直流调速系统。

1. 转速-电流双闭环调速系统的组成和工作原理

1）系统组成

图 7-15 所示为转速-电流双闭环直流调速系统的原理图。图中，ASR 为转速调节器，ACR 为电流调节器，TG 为测速发电机，TA 为电流互感器，UPE 为电力电子变换器。

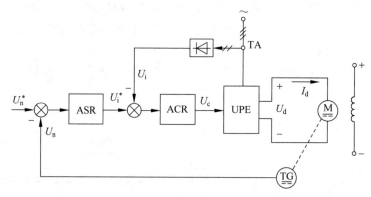

图 7-15　转速-电流双闭环直流调速系统原理图

为了使转速负反馈和电流负反馈分别起作用，系统中设置了电流调节器 ACR 和转速调节器 ASR。由图 7-15 可见，把转速调节器 ASR 的输出作为电流调节器 ACR 的输入，再通过电流调节器 ACR 的输出控制电力电子变换器 UPE。从闭环结构上看，电流环在里边称之为内环，转速环在外边称之为外环，这就形成了转速-电流双闭环调速系统。为了获得良好的静态、动态性能，转速和电流两个调节器一般都采用 PI 调节器。

2）系统工作原理

电流环是由电流调节器 ACR 和电流反馈环节组成的闭合回路，其主要作用是通过电流检测元件的反馈信号稳定电流。

由于电流调节器 ACR 为 PI 调节器，稳态时的输入偏差电压大小为

$$\Delta U_{\mathrm{i}} = U_{\mathrm{i}}^* - U_{\mathrm{i}} = U_{\mathrm{i}}^* - \beta I_{\mathrm{d}} = 0$$

即

$$I_{\mathrm{d}} = \frac{U_{\mathrm{i}}^*}{\beta}$$

式中，β 为电流反馈系数。

当 U_{i}^* 一定时，由于电流负反馈的作用，整流装置的输出电流保持在 U_{i}^*/β 的数值上。

当 $I_{\mathrm{d}} > U_{\mathrm{i}}^*/\beta$ 时，自动调节的过程为

$$I_{\mathrm{d}} \uparrow \rightarrow |\Delta U_{\mathrm{i}}| = |U_{\mathrm{i}}^* - \beta I_{\mathrm{d}}| \downarrow \rightarrow U_{\mathrm{c}} \downarrow \rightarrow U_{\mathrm{d}} \downarrow \rightarrow I_{\mathrm{d}} \downarrow$$

最终保持电流稳定。当电流下降时也有类似的调节过程。

转速环是由转速调节器 ASR 和转速负反馈环节组成的闭合回路，其主要作用是通过转速检测元件的反馈信号稳定转速，最终消除转速偏差。

由于转速调节器 ASR 采用 PI 调节器，所以在系统达到稳态时应满足：

$$\Delta U_{\mathrm{n}} = U_{\mathrm{n}}^* - \alpha n = 0$$

即

$$n = \frac{U_{\mathrm{n}}^*}{\alpha}$$

当 U_{n}^* 一定时，转速 n 将稳定在 U_{n}^*/α 数值上。

当 $n < U_{\mathrm{n}}^*/\alpha$，即负载突增时，其自动调节的过程为

$$T_{\mathrm{L}} \uparrow \rightarrow n \downarrow \rightarrow |\Delta U_{\mathrm{n}}| = |U_{\mathrm{n}}^* - \alpha n| \uparrow \rightarrow |U_{\mathrm{i}}^* < 0| \uparrow \rightarrow$$
$$|\Delta U_{\mathrm{i}} < 0| \uparrow \rightarrow U_{\mathrm{c}} \uparrow \rightarrow U_{\mathrm{d}} \uparrow \rightarrow n \uparrow$$

最终保持转速稳定。当转速上升时也有类似的调节过程。

2. 双闭环系统静态特性

双闭环调速系统的稳态结构框图如图 7-16 所示。电流调节器 ACR 和转速调节器 ASR 均采用带限幅的 PI 调节器。

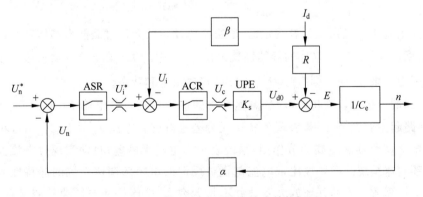

图 7-16 双闭环调速系统的稳态结构框图

实际上，在正常运行时，电流调节器一般不会达到饱和状态，因此，分析双闭环调速系统静特性的关键是掌握转速 PI 调节器 ASR 的稳态特征。其一般有两种状态：不饱和状态下，输出未达到限幅值，通过转速调节器的调节，使输入偏差电压 ΔU_{n} 在稳态时总为

零；饱和状态下，也就是输出达到限幅值后恒定，输入的变化不再影响输出，除非有反向的输入信号使调节器退出饱和，此时转速环相当于开环。

1）转速调节器不饱和状态

此时的转速调节器和电流调节器都不饱和，都发挥着调节作用。在处于稳定状态时，它们的输出偏差电压都是零，即

$$\Delta U_n = U_n^* - U_n = 0$$

$$\Delta U_i = U_i^* - U_i = 0$$

又因为

$$U_n^* = U_n = \alpha n \tag{7-11}$$

$$U_i^* = U_i = \beta I_d \tag{7-12}$$

所以

$$n = \frac{U_n}{\alpha} = \frac{U_n^*}{\alpha} = n_0$$

从而得到图 7-17 所示的静特性的 CA 段。

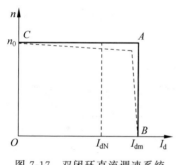

图 7-17 双闭环直流调速系统
的静特性

由于转速调节器 ASR 不饱和，则 $U_i^* < U_{im}^*$，再由式(7-12)可知，$I_d < I_{dm}$。这就是说，CA 段特性是 I_d 从理想空载状态的 0 一直延续到 I_{dm}，而 I_{dm} 一般都大于额定电流 I_{dN}。CA 段就是此系统静特性的运行段。

2）转速调节器饱和状态

此时的转速调节器 ASR 的输出达到了限幅值 U_{im}^*，转速环呈开环状态，转速的变化不再对系统产生影响，双闭环调速系统也就变成了一个电流无静差的电流单闭环调速系统。在系统稳定时：

$$I_d = \frac{U_{im}^*}{\beta} = I_{dm} \tag{7-13}$$

式中，最大电流 I_{dm} 是由设计者选定的，取决于电动机的允许过载能力和拖动系统允许的最大加速度。式(7-13)所描述的静特性就是图 7-17 中的 AB 段。AB 段只适用于 $n < n_0$ 的情况，因为如果 $n > n_0$，则 $U_i^* > U_{im}^*$，ASR 将退出饱和状态。

由上面的分析可以看出，双闭环调速系统的静特性在负载电流 I_d 小于 I_{dm} 时，转速负反馈回路起主要调节作用，表现为转速无静差；当负载电流 I_d 达到 I_{dm} 后，转速调节器饱和，电流调节器起主要调节作用，系统表现为电流无静差，自动实现过电流保护。显然，双闭环调速系统的静特性比带电流截止负反馈的单闭环调速系统的静特性要好。然而，实际上运算放大器的开环放大系数并不是无穷大，电流检测与转速检测又存在误差，这就使 AB 和 AC 段的特性仍然都存在很小的静差，如图 7-17 中虚线所示。

3. 双闭环系统的稳态参数计算

当系统的 ASR 和 ACR 两个调节器都不饱和且系统处于稳态时，各变量之间的关系为

$$U_n = \alpha n = U_n^* = \alpha n_0 \tag{7-14}$$

$$U_i^* = U_i = \beta I_d = \beta I_{dL} \qquad (7\text{-}15)$$

$$U_{ct} = \frac{U_{do}}{K_s} = \frac{C_e n + I_d R}{K_s} = \frac{C_e U_n^*/\alpha + I_{dL} R}{K_s} \qquad (7\text{-}16)$$

由式(7-16)可知,在稳态工作点上,转速 n 由给定电压 U_n^* 决定,而转速调节器的输出量 U_i^* 则由负载电流 I_{dL} 决定,控制电压 U_c 则由转速 n 和 I_d 的大小决定。很明显,比例调节器的输出量总是由输入量决定,而比例积分调节器与比例调节器不同,它的输出与输入无关,而是由它后面所接的环节决定。后面需要 PI 调节器提供多大的输出,它就能提供多大输出,直到饱和为止。

转速反馈系数和电流反馈系数还可以分别通过下面两式计算。

转速反馈系数:

$$\alpha = \frac{U_{nm}^*}{n_{max}} \qquad (7\text{-}17)$$

电流反馈系数:

$$\beta = \frac{U_{im}^*}{I_{dm}} \qquad (7\text{-}18)$$

式中,U_{nm}^* 和 U_{im}^* 分别是最大转速给定电压和转速调节器的输出限幅电压,由设计者选定,且受运算放大器允许输入电压和稳压电源的限制。

7.2.5 单闭环直流调速系统 Matlab 仿真

1. 有静差的转速单闭环直流调速系统 Matlab 仿真

1) 模型建立

利用 Simulink 建立有静差的转速单闭环直流调速系统仿真模型,如图 7-18 所示。该系统由给定信号、速度调节器、同步脉冲触发器、晶闸管整流桥、平波电抗器、直流电动机、速度反馈等部分组成。

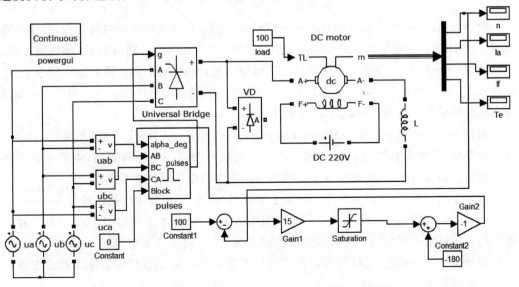

图 7-18 有静差的转速单闭环直流调速系统仿真模型

平波电抗器的电感为 5×10^{-3} H,励磁电源为 DC 220V。三相交流电源幅值为 220V、频率为 50Hz,相互相差为 120°,形成相序。通过 Simulink→Sources→Constant 设置转速给定信号为 100。有静差调速系统的速度调节器采用比例调节器,设置为 15。

通过 SimPowerSystems→Power Electronics→Universal Bridge 设置晶闸管整流桥,参数设置如图 7-19 所示。

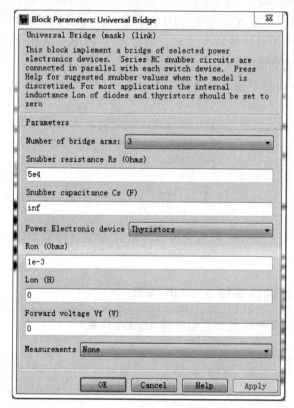

图 7-19 晶闸管整流桥参数设置

通过 SimPowerSystems→Machines→DC Machine 设置直流电动机的参数,具体设置如图 7-20 所示。直流电动机的励磁绕组"F+""F−"接直流恒定励磁电源,即他励方式。电枢绕组"A+""A−"经平波电抗器接晶闸管整流桥的输出端,经 m 端口输出转速 n、电枢电流 I_a、励磁电流 I_f、电磁转矩 T_e,通过示波器观察仿真输出图形。电动机经 TL 端口接负载转矩信号。本例中负载转矩 1s 前为 50N·m,1s 后为 100N·m。

通过 SimPowerSystems→Power Electronics→Universal Bridge 设置图 7-18 中的二极管桥模块,具体参数如图 7-21 所示。在整流桥后面并联一个二极管桥,主要是为了加快电动机的减速过程,同时避免在整流桥输出端出现负电压而使波形畸变。

仿真中根据需要,在控制电路中增加了限幅器、偏置、反相器等模块。通过 Simulink→Commonly Used Blocks→Saturation 进行限幅器的设置,具体参数如图 7-22 所示。将限幅器的上下幅值设置为[180,0],用加法器加上偏置"−180"后调整为[0,−180],再经过反相器转换为[0,180]。这样就可以将速度调节器的输出限制在使同步脉冲触发器能够正常工作的范围了。

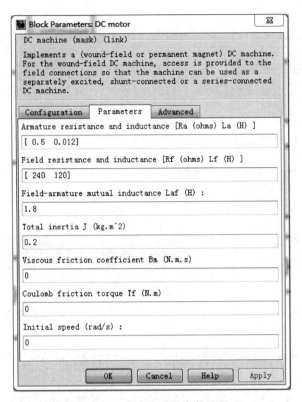

图 7-20 直流电动机参数设置

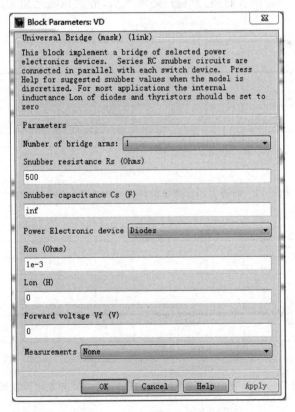

图 7-21 二极管桥模块参数设置

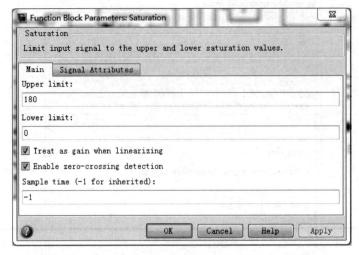

图 7-22　限幅器参数设置

通过 Simulink→Commonly Used Blocks→Gain 可设置反相器的参数,参数设置为−1。

2) 仿真结果

将仿真参数的 Start time 设置为 0,Stop time 设置为 2s,仿真算法采用 ode23s,其他为默认参数。单击仿真快捷键图标▶,启动仿真程序。

图 7-23 和图 7-24 分别为有静差的转速单闭环直流调速系统的转速波形和电枢电流波形。转速接近指令值,但有静差,而且转矩增大后,静差也随之加大。

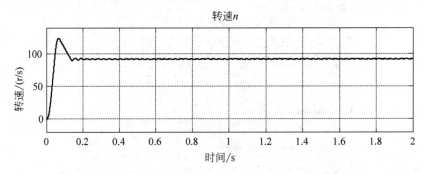

图 7-23　有静差的转速单闭环直流调速系统的转速波形

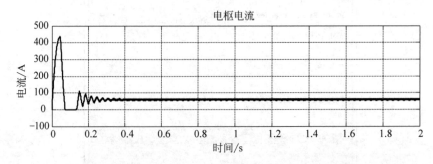

图 7-24　有静差的转速单闭环直流调速系统的电枢电流波形

2. 无静差的转速单闭环直流调速系统 Matlab 仿真

1）模型建立

利用 Simulink 建立无静差的转速单闭环直流调速系统仿真模型，如图 7-25 所示。该系统与上述有静差的转速单闭环直流调速系统基本相同，只是控制电路中的速度调节器采用了 PI 调节器。

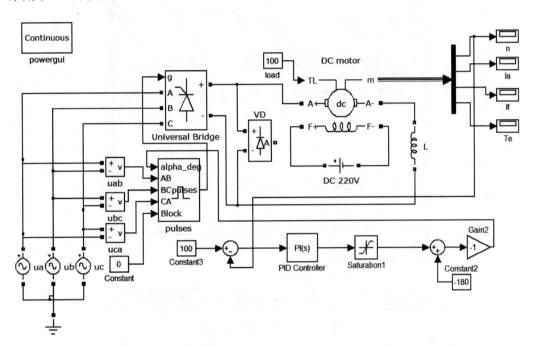

图 7-25　无静差的转速单闭环直流调速系统仿真模型

通过 Simulink Extras→Additional Linear→PID Controller 设置 PI 调节器，具体参数如图 7-26 所示。

2）仿真结果

仿真参数设置与有静差的转速单闭环直流调速系统相同。图 7-27 所示为无静差的转速单闭环直流调速系统的转速曲线。在 PI 调节器的控制下，电动机转速在 0.2s 左右达到了指令值 100。可以看出，加入积分环节进行整定后，稳定时转速 n 实现无静差调节。

7.2.6　单闭环晶闸管直流调速系统实训

1. 实训目的

（1）了解单闭环直流调速系统的原理、组成及各主要单元部件的原理。

（2）掌握晶闸管直流调速系统的一般调试过程。

（3）了解单闭环反馈控制系统的基本特征。

2. 实训所需挂件及附件

实训所需挂件及附件见表 7-1。

单闭环直流调速系统实训

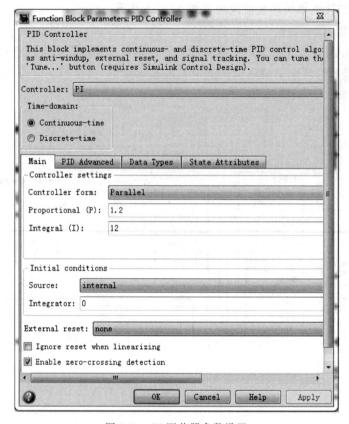

图 7-26　PI 调节器参数设置

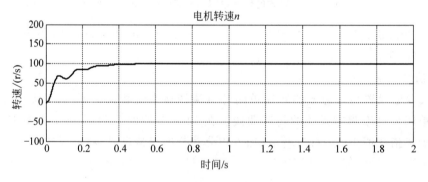

图 7-27　无静差的转速单闭环直流调速系统的转速曲线

表 7-1　单闭环晶闸管直流调速系统实训所需挂件及附件

序　号	型　号	备　注
1	THEAZT-3AT 型电源控制屏	该控制屏包括"三相电源输出""测量仪表"等模块
2	MDK-62	单相晶闸管模块
3	EZT3-10A	TCA787 触发电路
4	EZT3-11A	功放模块
5	EZT3-15-1	调节器Ⅰ

续表

序 号	型 号	备 注
6	EZT3-15-2	转速变换
7	EZT3-16	调节器Ⅱ
8	EZT3-17-1	电流反馈与过流保护
9	EZT3-19	电阻电容模块
10	EZT3-30	电流互感器模块
11	EZT3-31	三相同步变压器
12	D42	包括三组同轴的两个 900Ω 可调电阻
13	DJ15	直流并励电动机
14	DJ13-1	直流发电机
15	DD03-3	电机导轨、光码盘测速系统及数显转速表
16	双踪示波器	自备

3. 实训线路及原理

为了提高直流调速系统的动、静态性能指标,通常采用闭环控制系统。对于调速指标要求不高的场合,可采用单闭环系统,对于调速指标较高的场合则采用多闭环系统。其中反馈的方式分为转速反馈、电流反馈、电压反馈等。在单闭环系统中,转速单闭环使用较多。

转速单闭环实验是将反映转速变化的电压信号作为反馈信号,接入转速调节器的输入端,与给定的电压比较、放大后得到移相控制电压 U_{ct},作用于控制整流桥的"触发电路",触发脉冲经功放后加到晶闸管的门极和阴极之间,以改变"三相全控整流"的输出电压,这就构成了转速负反馈闭环系统。电动机转速随给定电压变化,电动机最高转速由速度调节器的输出限幅决定。速度调节器采用比例调节器,对阶跃输入有稳态误差,想要消除此误差,则需要将比例调节器换成比例-积分调节器。当给定恒定时,闭环系统对速度变化起到抑制作用,当电动机负载或电源电压波动时,电动机的转速能稳定在一定的范围内。

转速单闭环调速系统实训控制电路如图 7-28 所示。

各模块的电源已默认接好,其中±15V 电源中的 DNG3 与给定部分的 GND 控制屏内部已经连通,不需要额外接线。

4. 实训方法

1) 实验准备

(1) 连接各模块电源,按照实验接线图接线。晶闸管均在 MDK-62 获得,电阻 R 由 D42 可调电阻获得,所用的交流表、励磁电源等均在 THEAZT-3AT 控制屏的面板上。

(2) 上电前确保:各模块均能正常使用且调整在初始位置。将电源控制屏上的可调直流电源的电位器逆时针转到底,负载电阻处于最大值。检查电动机导轨是否固定牢靠,联轴器有无松动。

(3) 三相电源输出切换拨至"～220V"侧,按下 THEAZT-3AT 型电源屏启动按钮,观察输入的三相电网电压是否平衡。

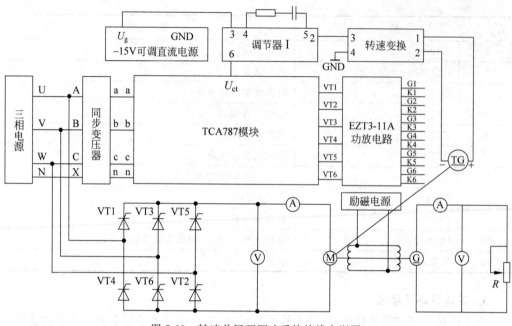

图 7-28 转速单闭环调速系统接线实训图

　　(4) 观察芯片 TCA787 输入的三相同步信号的相位是否正确,应该满足 a 相超前 b 相 120°,b 相超前 c 相 120°。

　　(5) 触发电路确认正常后,拨动 EZT3-11 上的钮子开关,使其工作在"双脉冲列"输出状态。通过示波器观察 TCA787 模块的 α 角是否处于 150°。

　　2) 转速单闭环直流调速系统实验

　　(1) 按照图 7-28 接线,在转速单闭环实验中,给定部分提供的给定电压为负给定,转速反馈信号为正电压,将调节器 I 结成比例调节器或比例-积分调节器,此处推荐比例电阻为 130kΩ,积分电容为 0.47μF,可串入平波电抗器 200mH。

　　(2) 反电动势负载先接轻载(450Ω),从零开始逐渐增大给定电压 U_g,使电动机转速接近 $n=1200$rpm。若电机有抖动现象可适当调节比例积分参数。

　　(3) 由小到大调节直流发电机负载 R,测定相应的电动机电枢电流 I_d 和转速 n,I_d 电流最大不要超过 1.1A。测出系统静态特征曲线 $n=f(I_d)$。

　　转速单闭环实验中,直流电动机不可直接起动,接通主电路电源前要确认 α 不得小于 120°。

5. 实训报告

　　(1) 整理并画出实训中记录的波形,作不同负载时 $U=f(\alpha)$ 的曲线。

　　(2) 讨论、分析实训中出现的各种问题。

6. 注意事项

　　(1) 在主电路上电前一定要确保励磁电源的接通。

　　(2) 触发脉冲与晶闸管主电路电源必须同步,两者频率应该相同,而且要有固定的相位关系,使每一周期都能在同一相位上触发。

　　(3) 在连接反馈信号时,给定信号的极性必须与反馈信号的极性相反,以确保为负反馈,否则会造成失控。

(4) 可用 EZT3-43 三相全控整流移相触发器模块代替实验中的 TCA787 触发电路模块及功放模块。

7.3 交流调速技术

7.3.1 交流调速方式

由于直流调速系统具有优良的调速性能,所以在过去很长时间里,直流调速系统一直占据着电力拖动领域的主导地位。但是由于直流电动机本身结构上存在换向器、电刷,导致直流调速系统的使用场合受到限制,而且有着单机容量小、转速不可能很高等缺点。

随着电力电子器件和控制技术的飞速发展,交流电动机特有的优点在电力拖动中逐渐表现出来。目前,交流调速系统的性能已经与直流调速系统不相上下。纵观交流调速发展的过程,大致是沿着四个方向发展的。

(1) 以节能为目的,改恒速为调速的交流调速系统。如水泵、风机、压缩机等负载由交流电动机拖动,这类装置用电量占工业用电量的 50%,通过调速改变风量或流量,节能效果非常可观。

(2) 高性能交流调速系统。随着矢量控制、直接转矩控制、解耦控制等交流调速技术的不断发展,交流调速的性能有了极大的提高,已达到同直流调速一样的性能指标。

(3) 较大容量、极高转速的交流调速系统。直流电动机受换向器的限制,最高电压只能达 1000 多伏,最高转速只能在 3000r/min 左右。而交流电动机不受此限制,其转速可达每分钟几万转。

(4) 取代热机、液压、气动控制的交流调速系统。

由于交流电动机结构上的特点,最近二十年交流调速技术发展得十分迅速,对交流调速方式的研究也在不断深入。

根据电机学原理,计算交流异步电动机的转速公式为

$$n = \frac{60f_1}{p}(1-s) \tag{7-19}$$

式中,f_1 为定子供电频率(Hz);p 为电动机极对数;s 为转差率。

由式(7-19)可以看出,改变交流异步电动机转速的方案有三种:①改变转差率 s 的调速方式;②改变定子供电频率 f_1 的调速方式;③改变极对数 p 的调速方式。

根据调速方案,实现交流异步电动机调速的方法常见的有:①减压调速;②电磁转差离合器调速;③绕线转子异步电动机转子串电阻调速;④绕线转子异步电动机串级调速;⑤变极对数调速;⑥变频调速。

如果按对电动机中转差功率的处理进行分类,调速系统又可分为:①转差功率消耗型调速系统(上述的第①、②、③三种调速方法都属于这一类);②转差功率回馈型调速系统(上述第④种调速方法属于这一类);③转差功率不变型调速系统(上述的第⑤、⑥属于这一类)。

7.3.2 交流异步电动机的软起动与降压节能原理

1. 交流异步电动机的软起动

随着工业生产机械的不断更新和发展,对电动机的起动性能也提出了越来越高的要求。

(1)要求电动机有足够大且能平稳提升的起动转矩和符合要求的机械特性曲线。

(2)尽可能小的起动电流和起动功耗。

(3)起动设备应尽可能简单、经济、可靠,起动操作方便。直接起动是最简单的起动方式,但是由于其起动电流大、转矩冲击大,会对电网及拖动设备造成很大的危害。一般的生产机械都要求尽可能采用软起动方式,以避免对拖动系统造成不必要的损害。

1)软起动方式

交流异步电动机软起动的方式有传统的减压起动方式、晶闸管减压软起动器、变频软起动方式。

减压起动的目的是减小起动电流,从而减小起动过程中的功率消耗。但是由于电压降低的同时也降低了电动机的起动转矩,因此需要重载起动的电动机就不能采用减压起动的方式,而要采用变频软起动方式。在这里只讨论减压起动。

2)晶闸管减压软起动器

随着电力电子技术的发展,晶闸管软起动器得到了广泛的应用。其主回路采用三相晶闸管调压电路,由微处理器控制晶闸管的触发延迟角 α 按设计的模式调节输出电压,以控制电动机的起动过程。当起动过程完成后,与软起动器并联的旁路接触器吸合,短路所有的晶闸管,使电动机直接投入电网运行。软起动器的控制框图如图 7-29 所示。

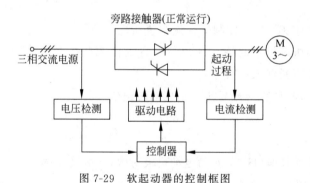

图 7-29 软起动器的控制框图

软起动实际上就是按照预先设定的控制模式进行电动机减压起动的过程。

目前的软起动器有限流软起动、电压斜坡起动、转矩控制起动、加突跳转矩控制起动、电压控制起动等起动方式。各种软起动方式的相应起动曲线如图 7-30 所示。

(1)限流软起动。在电动机起动过程中限制起动电流不超过某一设定值(I_{11}),主要用于轻载起动。其输出电压从零开始迅速增加,直到输出电流达到预先设定的电流限值 I_n,然后在保持输出电流 $I < I_{11}$ 的条件下,逐渐升高电压,直到额定电压,从而使电动机转速逐渐升高到额定转速,如图 7-30(a)所示。这种起动方式的优点是起动电流小,可按需要进行调整,对电网电压影响小。但起动时难以预知起动压降,不能充分利用压降空

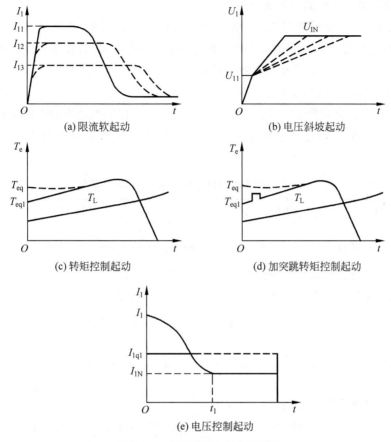

(a) 限流软起动

(b) 电压斜坡起动

(c) 转矩控制起动

(d) 加突跳转矩控制起动

(e) 电压控制起动

图 7-30　各种软起动方式波形图

间,起动转矩不能保持最大,起动时间相对较长。

（2）电压斜坡起动。输出电压按预先设定的斜坡线性上升,主要用于重载起动。它的缺点是起动转矩小,且转矩特性呈抛物线性上升,对起动不利,且因起动时间较长,故对电动机不利。改进的方法是采用双斜坡起动,如图 7-30（b）所示。输出电压先迅速升至 U_{11}（U_{11} 为电动机起动所需最小转矩对应的电压值）,然后按设定的速率逐渐升压,直至达到额定电压。这种起动方式的特点是起动电流相对较大,但起动时间相对较短,适用于重载起动。

（3）转矩控制起动。按电动机的起动转矩线性上升的规律控制输出电压,主要用于重载起动,如图 7-30（c）所示。它的优点是起动平滑、柔性好,对拖动系统有利,同时可减少对电网的冲击;缺点是起动时间较长。

（4）加突跳转矩控制起动。与转矩控制起动一样也用于重载起动的场合,不同的是在起动瞬间加突跳转矩,克服拖动系统的静转矩,然后转矩平滑上升,如图 7-30（d）所示。这种方式可以缩短起动时间,但加突跳转矩会给电网带来冲击,干扰其他负载。

（5）电压控制起动。在保证起动压降的前提下使电动机获得最大的起动转矩,尽可能地缩短起动时间,是最优的轻载软起动方式,如图 7-30（e）所示。

目前,晶闸管交流调压控制技术广泛应用于交流电动机软起动场合。

2. 交流异步电动机的调压调速节能原理

电动机调压调速运行的目的：一是要满足生产工艺的要求，如轧钢机、起重机、传送机械、纺织机械和造纸机械等；二是出于节能的目的，如风机、水泵类平方转矩负载的设备，在调速运行时，可以节省大量的电能损耗。

1) 交流异步电动机调压节能原理

电动机的效率定义为输出机械功率与输入电功率之比。电动机的损耗是输入的电功率与输出机械功率之差。功率较小的三相异步电动机各类损耗占总损耗的百分比见表 7-2。

表 7-2　三相异步电动机各类损耗占总损耗的百分比

定 子 铜 损	转 子 铜 损	铁　　损	杂 散 损 耗	机 械 损 耗
40%	16%	30%	12%	2%

可见电动机的主要损耗是铜损和铁损，共占总损耗的 86%。

在忽略铁损与励磁电流的情况下，电动机铜损可用下式表示：

$$P_{Cu} = 3(R_1 + R_2')I_2'^2 = (R_1 + R_2')\frac{\omega_1^2 T_e^2}{3U_1^2} \tag{7-20}$$

可见，负载电流 I_2 是随负载变化而变化的，P_{Cu} 也随负载变化而变化，称 P_{Cu} 为可变损耗。

电动机的铁损可用下式表示：

$$P_{Fe} = P_{co} + P_h = K_1(dBf)^2 + K_2 fB^2 = U_1^2(K_1' + K_2'/f)$$

式中，P_{co} 为涡流损耗(W)；P_h 为磁滞损耗(W)；d 为硅钢片厚度(mm)；f 为电源频率(Hz)；B 为磁通密度(T)；K_1、K_1' 为涡流损耗常数；K_2、K_2' 为磁滞损耗常数。

由式(7-20)可知，电动机接工频交流电运行时，铁损与电压平方成正比，是一个常量，称之为不变损耗。

如果用 P_0 表示铜损和铁损之和，则

$$P_0 = U_1^2(K_1' + K_2') + (R_1 + R_2')\frac{\omega_1^2 T_e^2}{3U_1^2} \tag{7-21}$$

式(7-21)中，U_1 增大，铁损增加，但铜损减小。可见，必定存在一个最佳定子供电电压 U_1，使得总的损耗 P_0 最小。式(7-21)对 U_1 求导，令 $dP_0/dU_1 = 0$，可求得最佳定子供电电压 U_1 为

$$U_1 = \sqrt[4]{\frac{(R_1 + R_2')T_e}{3\left(K_1' + \frac{K_2'}{\omega_1}\right)}\omega_1} \tag{7-22}$$

式(7-22)中，电动机在工频电压工作时，即电动机定子端电压与负载平方根成正比，电动机定子端电压应该随负载增加而增加，随负载减小而减小，这样可使电动机损耗最小，电动机处于最佳工作状态，耗电量最少。

但是，对于满载或重载运行的电动机，降低其端电压会造成严重的后果。随着定子电

压的降低,电动机的磁通密度和电动势随之减小,铁耗下降。电动机随电压平方变化的转矩也迅速下降而小于负载转矩,电动机只能依靠增大转差率,提高电磁转矩以达到与负载转矩相平衡的状态。转差率的增大,会引起转子电流增大,同时引起定子和转子电压间的相角增大,导致定子电流增大,从而使定子和转子铜耗增加值大大超过铁耗的下降值,这时电动机绕组温升将会增高,效率下降,甚至发生电动机烧毁事故。因此,一般规程都规定了电动机正常运行时电压变化范围不得超过额定电压的 95%～110%。

2) 交流电动机调压调速节能的实质

电动机通过调压调速的方法达到节电的目的,其节省的是拖动功率。如风机、水泵类负载采用恒速拖动时,电动机以额定功率工作,风机和水泵则产生额定的压头(扬程)和流量,而实际生产过程并不需要这么大的流量,只能用节流的方式或循环的方式消耗掉多余的流量,这样就浪费了大量的电能。采用调速运行后,生产过程需要多大流量就产生多大的流量,从而大大减少了输入电动机的功率,达到大幅度节能的目的。对于恒转矩性质的负载,电动机的输入功率与其转速呈线性关系,当其低速运行时,也有明显的节能效果。

对于轻载运行的电动机,使供电电压适当降低,在经济上是有利的。这是因为在轻载运行时,电动机的实际转差率大大小于额定值,转子电流并不大,在减压运行时,转子电流增加的数值有限。另外,由于电压的降低,使空载电流变小,铁损大幅减少。在这种情况下,电动机的总损耗就可降低,定子温升、运行效率和功率因数同时可以得到改善。由此可见,电动机的运行经济性与电动机负载率同运行电压是否合理匹配关系极大。

以上分析表明,并不是所有的减压行为都能达到节电的目的,只有当电压降低程度大于转差率及功率因数上升程度时,才能使运行效率提高。实际上,电动机输入功率随电压降低而变化的关系呈马鞍形曲线。

这里需要特别强调的一点是:交流异步电动机轻载减压节能节约的只是电动机自身的功率损耗,其数量是有限的,而风机、水泵类负载的调速节能,其节省的是拖动功率。

7.3.3 交流变频调速

变频调速及其控制技术发展极为迅速,它的发展与电力电子器件制造技术、变频控制技术以及微型计算机和大规模集成电路的飞速发展密切相关。因此,变频调速技术的应用领域也日益广泛。

1. 交流变频调速技术的应用及发展

1) 交流变频调速技术的应用

由于交流通用型变频器具有极佳的调速效果,所以在诸多领域都有很好的应用。下面列举了变频调速技术在 20 类负载(仅从使用角度分类,有别于恒转矩、恒功率二类负载的提法)中的使用情况。

(1) 风机类负载。风机类负载应用范围广、用量大,在钢厂、电厂、有色金属、矿山、化工、纺织、化纤、水泥、造纸等行业应用较多。过去多数通过调节挡板开度调节风量,因此浪费了大量电能。采用变频调速,既可节电,又减少机械磨损,延长了设备寿命。

(2) 泵类负载。泵类负载的应用量大面广,包括水泵、油泵、化工泵、泥浆泵、砂泵等,有低压中小容量,也有高压大容量。

（3）压缩机类负载。压缩机也是应用广泛的一类负载，低压的压缩机在各工业部门普遍应用，高压大容量压缩机在钢铁（如制氧机）、矿山、化肥厂、乙烯厂都有较多应用。采用变频调速技术具有起动电流小、节电、优化设备参数、延长使用寿命等优点。

（4）轧机类负载。在冶金行业，过去大型轧机多用 AC-AC 变频，近年来多用 AC-DC-AC 变频，轧机交流化已是一种趋势，尤其是轻负载轧机。

（5）卷扬机类负载。铁厂的高炉卷扬设备是主要的炼铁输送设备。它要求起动、制动平稳，加速、减速均匀，可靠性高。原来多采用串级、直流或转子串电阻调速方式，效率低、可靠性差。用交流变频替代上述调速方式，可以获得理想的效果。

（6）转炉类负载。转炉类负载用交流变频替代直流机组，简单可靠，运行稳定。

（7）辊道类负载。钢铁、冶金行业的辊道类负载采用交流电动机变频控制，可提高设备可靠性和稳定性。

（8）大型窑炉、煅烧炉类负载。冶金、建材、烧碱等大型工业的转窑（转炉）以前大部分采用直流、整流子电动机、滑差电动机，调速方式多采用串级调速或中频机组调速。由于这些调速方式或有滑环，或效率低，近年来，很多企业已采用交流变频控制，效果很好。

（9）吊车、翻斗车类负载。吊车、翻斗车等负载转矩大且要求运行平稳，正反转频繁且要求可靠。变频装置控制吊车、翻斗车均能满足这些要求。

（10）拉丝机类负载。生产钢丝的拉丝机，要求高速、连续，钢丝强度达到 $200\text{kg}/\text{mm}^2$，调速系统精度高、稳定度高且要求同步。变频调速装置能满足这些控制要求。

（11）运送车类负载。煤矿的原煤装运列车或钢厂的钢水运送车等要求起动、制动运行平稳，这些变频技术都能满足。

（12）电梯高架游览车类负载。电梯是载人工具，要求拖动系统可靠，又要满足频繁的加减速和正反转要求。电梯动态特性和可靠性的提高，可增加电梯乘坐的安全感、舒适感和效率。过去电梯调速采用直流技术居多，现在国内外多数电梯厂商都采用交流电机变频调速技术，如上海三菱、广州日立、青岛富士、天津奥的斯等均采用交流变频调速，不少原来生产的电梯也进行了变频改造。

（13）给料机类负载。冶金、电力、煤炭、化工等行业，给料机众多。无论是圆盘给料机还是振动给料机，采用变频调速均可提高控制精度。

（14）堆取料机类负载。堆取料机是煤场、码头、矿山堆取的主要设备，主要功能是堆料和取料。

（15）破碎机类负载。破碎机、球磨机在冶金矿山、建材领域都有着重要的作用。该类负载采用变频调速后，效率显著提高。

（16）搅拌机类负载。化工、医药行业搅拌机应用广泛，采用变频调速取代其他调速方式，收效很大。

（17）纺丝机类负载。纺丝的工艺复杂，工位多，要求张力控制，有的要求位置控制。

（18）特种电源负载。许多电源，如实验电源、飞机拖动电源（400Hz）都可采用变频装置，其优点是投资少、见效快、体积小、操作简单。

（19）聚酯切片类负载。聚酯切片是石化行业主要产品之一。由于变频调速精度高，便于多个控制点进行控制，平稳可靠、使用变频调速后可以增加产品产量，给企业带来效益,所以许多企业在扩容时均采用变频调速技术。

（20）造纸机类负载。我国造纸工业的造纸机,要求精度高的多采用晶闸管直流调速方式,但也有滑差电动机和整流子电动机。由于存在滑环和炭刷造成可靠性和精度不高,导致造纸机械技术落后,一般车速只有 200m/min 左右,难以同国外的 2000m/min 相比。因此造纸机械的变频化已是大势所趋。

2）变频调速与节能技术

随着我国国民经济的发展,电力需求大大增加,在增加发电能力的同时,必须重视节约用电。采用电力电子的变频调速技术可以节约大量的电能。

目前我国亟待整改的是风机、水泵类用电设备的能耗问题。其主要原因是设计中过多考虑建设前期、后期工艺要求的差异,选型裕量过大,使设备长期在低负载、低运行效率下工作。我国风机、水泵和压缩机用电量占全国发电量的 35％左右。其中 20％～30％的风机、水泵需要调速,其流量调节 90％以上仍沿用落后的挡板和阀门调节方式。所以,应严格限制在负载率低和工况变化大的风机和泵类上采用挡板和阀门调节流量;新建和扩建工程需要调速运行的风机和泵类,应禁用挡板和阀门调节流量;对已采用挡板和阀门调节流量的风机和泵类,应分期、分批、有步骤地进行调速技术改造。

电动机节能途径有两个:一是提高电动机本身的效率,达到长期高效运行,主要用于恒速机械;二是提高电动机转速的控制精度,使其在最节能的转速下运行。

不同的使用场合,使用变频器的目的不同,变频调速的目的也就不同,节能效益也不同,起到的运行效果是由生产工艺所决定的。

（1）风机、水泵采用变频器调速控制。在各种风机、水泵、油泵中,随叶轮的转动,空气或液体在一定的速度范围内的流量与转速的一次方成正比,所产生的阻力大致与转速的二次方成正比,所需的功率与转速的三次方成正比。当所需风量、流量减少时,采用变频器调节电动机的转速从而调节流量的办法,电动机消耗的功率会呈三次方下降,节能效果非常明显。节电率由原来的系统裕量和系统运行状况所决定,一般节电率可达 30％以上。对于供水系统可实现全自动变频调速恒压供水,通过一台通用变频器可同时控制多台水泵,并可附设夜间小泵运行及消防功能。因此,具有无需水塔、高位水箱,无二次污染,投资小,高效节能等优点。

（2）工业锅炉风机采用变频器调速控制。工业锅炉风机包括引风机和送风机,通过调节风门挡板改变送风量和引风量。采用变频器调速控制后,将风门挡板调节至最大,使引风机和送风机联锁控制,不仅提高了系统自动化程度,且可以大幅度降低功率消耗,一般节电率在 40％以上。

（3）中央空调系统采用变频器调速节能。对于中央空调系统中的冷冻、冷却水泵组,可以采用一台通用变频器同时控制多台水泵,能对多点温度和湿度进行检测及集中监控,实现最佳舒适度控制。系统运行高效节能。一般节电率可达到 30％～60％。

（4）空气压缩机采用变频器调速控制。通过一台通用变频器能同时控制多台空气压缩机,可避免电动机空载运行,无须专人值守,实现自动恒压供气。一般节电率可达 30％以上。

3）变频调速技术的发展

交流变频调速技术具有一系列的优点，主要体现在：①调速范围宽，可以使普通异步电动机实现无级调速；②起动电流小但起动转矩大；③起动平稳，可消除机械的冲击力，保护机械设备；④对电动机具有保护功能，降低电动机的维修费用；⑤具有显著的节电效果；⑥可通过调节电压和频率的关系方便地实现恒转矩或者恒功率调速。

因此，交流变频调速技术近20年来得到了迅速发展。

（1）变频调速技术的发展过程如下。

变频调速技术是应交流电动机无级调速的需要诞生的，是建立在电力电子技术基础之上的。从20世纪60年代后半期开始，电力电子器件从VT（晶闸管）、GTO（门极可关断晶闸管）、BJT（双极型功率晶体管）、MOSFET（金属氧化物场效应晶体管）、SIT（静电感应晶体管）、SITH（静电感应晶闸管）、MGT（MOS控制晶体管）、MCT（MOS控制晶闸管）发展到今天的IGBT（绝缘栅极双极型晶体管）、HVIGBT（耐高压绝缘栅极双极型晶闸管）和智能功率模块IPM（intelligent power module），器件的更新促使电力变换技术的不断发展。

同时，变频调速控制技术的发展也日新月异。从20世纪70年代开始，脉宽调制变压变频（PWM-VVVF）调速研究引起了人们的高度重视。20世纪80年代，作为变频技术核心的PWM模式优化问题让人们产生了浓厚的兴趣，并得出诸多优化模式，其中以鞍形波PWM模式效果最佳。从20世纪80年代后半期开始，美国、日本、德国、英国等发达国家的VVVF变频器已投入市场并广泛应用。

变频调速技术按U/f控制方式的发展主要分三个阶段。

第一阶段：20世纪80年代初，日本学者提出了基于磁通轨迹的电压空间矢量（或称磁通轨迹法）。该方法以三相波形的整体生成效果为前提，以逼近电动机气隙的理想圆形旋转磁场轨迹为目的，一次生成三相调制波形。这种方法被称为电压空间矢量控制。典型产品有1989年前后进入我国市场的FUJI（富士）FRNSOOOGS/PS、SANKEN（三垦）MF系列等。

第二阶段：矢量控制，也称磁场定向控制。它是20世纪70年代初由F. Blasschke等人首先提出，以直流电动机和交流电动机相比较的方法分析阐述了这一原理，由此开创了交流电动机等效直流电动机控制的先河。它使人们认识到交流电动机尽管控制复杂，但同样可以实现转矩、磁场独立控制的内在本质。

1992年开始，德国西门子公司开发了6SE70通用型系列，它可以分别实现频率控制、矢量控制和伺服控制。

第三阶段：直接转矩控制。它与矢量控制不同，它不是通过控制电流、磁链等量间接控制转矩，而是把转矩直接作为被控量进行控制。

1995年ABB公司首先推出的ACS600直接转矩控制系列产品，已达到小于2ms的转矩响应速度。在带PG（速度传感器）时的静态速度精度达±0.01%，在不带PG的情况下即使受到输入电压的变化或负载突变的影响，也可以达到±0.1%的速度控制精度。

变频调速控制技术的发展完全得益于微处理机技术的发展，自从1991年Intel公司推出8X196MC系列以来，专门用于电动机控制的芯片在品种、速度、功能、性价比等方面都有了很大的发展。如日本三菱公司开发用于电动机控制的 M37705、M7906 单片机和美国德州仪器公司生产的 TMS320C240DSP 等都是颇具代表性的产品。

（2）交流变频调速技术的发展趋势如下。

交流变频调速技术是强弱电混合、机电一体的综合性技术，既要处理巨大电能的转换（整流、逆变），又要处理信息的收集、变换和传输，因此它的共性技术必定分成功率和控制两大部分。功率部分要解决与高压大电流有关的技术问题和新型电力电子器件的应用技术问题；控制部分要解决（基于现代控制理论的控制策略和智能控制策略）硬、软件开发问题（主要是全数字控制技术）。

通用变频器的发展是世界经济高速发展的产物，其主要发展方向表现在以下方面。

① 实现高水平的控制。基于电动机和机械模型的控制策略，有矢量控制、磁场控制、直接转矩控制和机械扭矩补偿等；基于现代理论的控制策略，有滑模变结构技术、模型参考自适应技术、采用微分几何理论的非线性解耦、鲁棒观察器，在某种指标意义下的最优控制技术和奈奎斯特阵列设计方法等；基于智能控制思想的控制策略，如模糊控制、神经元网络、专家系统和各种自优化、自诊断技术等。

② 开发清洁电能的变流器。清洁电能变流器是指变流器的功率因数为 1，网侧和负载侧有尽可能低的谐波分量，以减少对电网的公害和电动机的转矩脉动。对中小容量变流器，提高开关频率的 PWM 控制是有效的；对大容量变流器，在常规的开关频率下，可改变电路结构和控制方式，实现清洁电能的目的。

③ 缩小装置的尺寸。紧凑型变流器要求功率和控制元件具有较高的集成度，其中包括智能化的功率模块、紧凑型的光耦合器、高频率的开关电源，以及采用新型电工材料制造的小体积变压器、电抗器和电容器。功率器件冷却方式的改变（如水冷、蒸发冷却和热管）对缩小装置的尺寸很有帮助。

④ 高速度的数字控制。基于 16 位甚至 32 位高速微处理器的数字控制模板有足够的能力实现各种控制算法，Windows 操作系统的引入使设计者可以自由设计，图形编程的控制技术也有很大的发展。

⑤ 专用化。通用变频器中出现"专用型家族"是近年的事，其目的是更好发挥变频器的独特功能并尽可能地方便用户。如用于起重机负载的 ARB ACC 系列，用于交流电梯的 Siemens MICO340 系列和 FUJIFRN 5000G11UD 系列，其他还有用于恒压供水、机械主轴传动、电源再生、纺织、机车牵引等场合的专用系列产品。

⑥ 系统化。通用变频器从模拟式、数字式、智能化、多功能向集中型发展。最近，日本安川电机公司提出了以变频器、伺服装置、控制器及通信装置为中心的 D&M&C 概念，并制定了相应的标准，目的是为用户提供最佳的系统。

作为今后主要的研究内容及解决的关键技术有：①高电压、大电流技术；②新型电力电子器件的应用技术；③全数字自动化控制技术；④现代控制技术。

2. 变频调速控制方式

异步电动机的转速表达方程式为

$$n = \frac{60 f_1}{p}(1-s) = n_0(1-s) \tag{7-23}$$

式中，n 为异步电动机的转速(r/min)；f_1 为异步电动机定子的供电电源频率(Hz)；p 为异步电动机定子绕组极对数；s 为转差率；n_0 为异步电动机的同步转速。

由式(7-23)可知，通过改变供电电源的频率就可以调整电动机的同步转速，从而实现异步电动机的转速调节，这就是变频调速的基本原理。

在进行电动机调速时，希望保持电动机中的每极气隙磁通为额定值，以便充分发挥电动机的带负载能力。事实上，只改变 f_1 并不能做到这一点。异步电动机的感应电动势和电磁转矩表达式为

$$E_g = 4.44 f_1 N_s k_{Ns} \Phi_m \tag{7-24}$$

$$T_e = C_m \Phi_m I_2' \cos \varphi_2 \tag{7-25}$$

式中，E_g 为定子每相中的气隙磁通感应电动势有效值(V)；N_s 为定子每相绕组的串联匝数；k_{Ns} 为定子基波绕组系数；Φ_m 为每极气隙主磁通量(Wb)；T_e 为电磁转矩(N·m)；C_m 为电磁转矩系数；I_2' 为转子电流折算到定子侧的有效值(A)；$\cos \varphi_2$ 为转子电路的功率因数。

在忽略电动机定子阻抗压降的情况下，有

$$U_1 \approx E_g = 4.44 f_1 N_s k_{Ns} \Phi_m \tag{7-26}$$

式中，U_1 为定子供电相电压(V)。

于是

$$\Phi_m = \frac{E_g}{4.44 f_1 N_s k_{Ns}} \approx \frac{U_1}{4.44 f_1 N_s k_{Ns}} \tag{7-27}$$

由式(7-26)、式(7-27)可以看出，在只改变 f_1 调速时，若 f_1 上升，则 Φ_m 下降，T_e 也随之下降，即电动机拖动负载的能力下降，甚至会因为拖不动而出现堵转现象；若 f_1 降低，则 Φ_m 上升，由于在设计电动机时，Φ_m 的额定值一般选择在接近定子铁心的临界饱和点，因此，当 f_1 小于额定频率时，Φ_m 会超过额定值，从而引起主磁通饱和，导致励磁电流急剧升高，使定子铁心的损耗急剧增加。这两种情况在实际应用中都是不允许出现的。

由上述分析可知，只改变频率 f_1 实际上并不能正常调速。在许多场合，要求在调整定子的供电频率 f_1 的同时调整定子供电相电压 U_1 的值，通过 U_1 和 f_1 的配合实现不同的控制方式。

1) U_1/f_1 为常数的恒压频比控制方式

由式(7-27)可以看出，要保持 Φ_m 不变，当电源频率从额定值 f_{1N}(又称为基频)向下调整时，必须同时调整 E_g，即

$$\frac{E_g}{f_1} = 常数$$

但是，电动机定子绕组中的感应电动势 E_g 难以测量，当定子供电电压的数值较高时，可忽略定子绕组阻抗压降，认为定子相电压 $U_1 \approx E_g$，则

$$\frac{U_1}{f_1} = 常数$$

这种保持电压与频率的比值为常数的变频调速控制方式称为恒压频比控制方式。

但是，在低压低频时，U_1 和 E_g 都较小，定子的漏磁阻抗压降所占的分量比较显著，

不能再被忽略。这时,可以人为把电压 U_1 抬高一些,以便近似地补偿定子压降。

受异步电动机定子额定电压 U_{1N} 的限制,这种控制方式一般在 f_{1N} 处于额定频率 f_{1N} 以下调速时采用。

2) 恒电压控制方式

当 $f_1 > f_{1N}$ 时,如果仍然保持 U_1/f_1 为常数,则 $U_1 > U_{1N}$,这是不允许的,此时只能在保持 $U_1 = U_{1N}$ 不变的情况下调整 f_1 的大小。这种保持 $U_1 = U_{1N}$ 的变频调速控制方式称为恒电压控制方式,一般在 $f_1 > f_{1N}$ 的情况下采用。

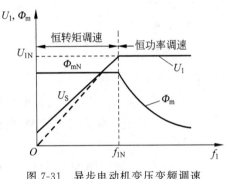

图 7-31　异步电动机变压变频调速
的控制特性

在额定频率以下调速时,保持磁通恒定的同时转矩也是恒定的,因此具有"恒转矩调速"性质;而在额定频率以上调速时,转速升高的同时转矩降低,基本上具有"恒功率调速"的性质。这两种变频调速控制的特性,如图 7-31 所示。

另外,在变频调速过程中,始终保持异步电动机定子电流的幅值恒定,即保持 I_1 为常数,这种变频调速控制的方式称为恒电流控制方式。

3. 变频调速装置的类型与特点

对于异步电动机的变压变频调速,必须具备能够同时控制电压幅值和频率的交流电源,而电网提供的是恒压恒频的电源,因此应该配置变压变频器,又称 VVVF(Variable Voltage Variable Frequency)装置。最早的 VVVF 装置是旋转变频机组,即由直流电动机拖动交流同步发电机,通过调节直流电动机的转速控制交流发电机输出的电压和频率。自从电力电子器件获得广泛应用以后,旋转变频机组已经逐步让位给静止式的变压变频器了。

从整体结构上看,电力电子变压变频器可分为 AC-DC-AC 变频器和 AC-AC 变频器两大类。

1) AC-DC-AC 变压变频器

AC-DC-AC 变压变频器是先将工频交流电源通过整流器变换成直流,再通过逆变器变换成可控频率和电压的交流,如图 7-32 所示。

图 7-32　AC-DC-AC(间接)变压变频器

由于这类变压变频器在恒频交流电源和变频交流输出之间有一个"中间直流环节",所以又称为间接式的变压变频器。

由于具体的整流和逆变电路种类较多,AC-DC-AC 变压变频器的种类也很多。当前应用最广泛的是由二极管组成的不控整流器和由功率开关器件(P-MOSFET、IGBT 等)组成的脉宽调制(PWM)逆变器,简称 PWM 变压变频器,如图 7-33 所示。

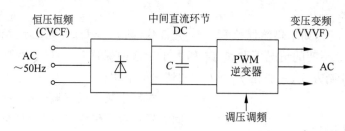

图 7-33　AC-DC-AC PWM 变压变频器

PWM 变压变频器的应用之所以如此广泛,是由于它具有以下的优点。

(1) 在主电路整流和逆变两个单元中,只有逆变单元可控,通过它可以同时调节电压和频率,结构简单。采用全控型的功率开关器件,只需通过驱动电压脉冲进行控制,电路简单,效率较高。

(2) 输出电压波形虽是一系列的 PWM 波,但由于采用了恰当的 PWM 控制技术,正弦基波的比重较大,影响电动机运行的低次谐波受到很大的抑制,因此转矩脉动小,从而提高了系统的调速范围和稳态性能。

(3) 逆变器同时实现调压和调频,动态响应不受中间直流环节滤波器参数的影响,系统的动态性能得以提高。

(4) 采用不可控的二极管整流器,电源侧功率因数较高,且不受逆变输出电压大小的影响。

PWM 变压变频器常用的功率开关器件有 P-MOSFET、IGBT、GTO 和替代 GTO 的电压控制器件(如 IGCT、IEGT)等。受到开关器件额定电压和电流的限制,对于特大容量电动机的变压变频调速仍只能采用半控型的晶闸管,但可采用可控整流器调压和六拍逆变器调频等技术,其结构如图 7-34 所示。

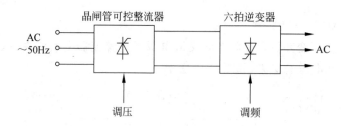

图 7-34　可控整流器调压、六拍逆变器调频的 AC-DC-AC 变压变频器

2) AC-AC 变压变频器

AC-AC 变压变频器的基本结构如图 7-35 所示。它只有一个变换环节,把恒压恒频(CVCF)的交流电源直接变换成 VVVF 输出,因此又称直接式变压变频器。有时为了突出其变频功能,也称作周波变换器。

常用的 AC-AC 变压变频器输出的每一相都是一个由正、反两组晶闸管可控整流装置

图 7-35　AC-AC(直接)变压变频器

反并联的可逆电路,也就是说,每一相都相当于一套直流可逆调速系统的反并联可逆电路,如图 7-36 所示。

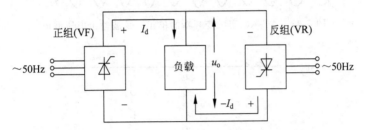

图 7-36　AC-AC 变压变频器单相可逆电路

AC-AC 变压变频器的控制方式有以下几种。

(1) 整半周控制方式

正、反两组按一定周期相互切换,在负载上就能获得交变的输出电压 u_o。u_o 的幅值取决于各组可控整流装置的触发延迟角 α,u_o 的频率取决于正、反两组整流装置的切换频率。如果触发延迟角一直不变,则输出的平均电压是方波,如图 7-37 所示。

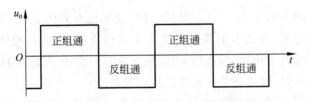

图 7-37　方波型平均输出电压波形

(2) α 调制控制方式

要获得正弦波输出,就必须在每一组整流装置导通期间不断改变其触发延迟角。

例如,在正向组导通的半个周期中,使触发延迟角 α 由 $\pi/2$(对应于平均电压 $U_o = 0$)逐渐减小到 0(对应于 U_o 最大),然后再逐渐增加到 $\pi/2$(U_o 再变为 0),如图 7-38 所示。

当 α 角按正弦规律变化时,半周的平均输出电压为图 7-38 中虚线所示的正弦半波。对反向组负半周的控制也是如此。

三相 AC-AC 变压变频电路可以由 3 组单相 AC-AC 变频电路组成,其基本结构如图 7-39 所示。如果每组可控整流装置都用桥式电路,含 6 只晶闸管(当每一桥臂都是单管时),则三相可逆线路共需 36 只晶闸管,即使采用零式电路也需 18 只晶闸管。

因此,这样的 AC-AC 变压变频器虽然在结构上只有一个变换环节,省去了中间直流环节,看似简单,但所用的器件数量却很多,总体设备相当庞大。而且这类设备输入功率因数较低,谐波电流含量大,频谱复杂,因此须配置谐波滤波和无功补偿设备;其最高输

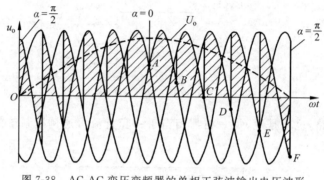

图 7-38　AC-AC 变压变频器的单相正弦波输出电压波形

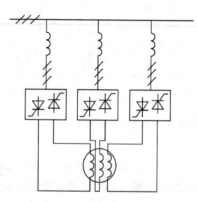

图 7-39　三相 AC-AC 变压变频器的基本结构

出频率不超过电网频率的 1/3～1/2。但是，这些设备也有其优势，即都是直流调速系统中常用的可逆整流装置，在技术上和制造工艺上都很成熟，因此目前仍有部分场合会使用。一般主要用于轧机主传动、球磨机、水泥回转窑等大容量、低转速的调速系统，供电给低速电动机直接传动时，可以省去庞大的齿轮减速箱。

近年来又出现了一种采用全控型开关器件的矩阵式 AC-AC 变压变频器，类似于 PWM 控制方式，输出电压和输入电流的低次谐波都较小，输入功率因数可调，能量可双向流动，以获得四象限运行，但当输出电压必须为正弦波时，最大输出、输入电压比只有 0.866。目前这类变压变频器尚处于开发阶段，其发展前景较好。

7.3.4　矢量控制与直接转矩控制

1. 矢量控制

直流他励电动机之所以具有良好的静态、动态特性，是因为其励磁电流 i_m 和电枢电流 i_a 是两个可以独立控制的变量，只要分别控制这两个变量，就可以独立控制直流他励电动机的励磁磁通和电磁转矩。直流电动机的电磁转矩表达式为

$$T_e = C_m \Phi_m i_a$$

式中，T_e 为直流电动机的电磁转矩（N·m）；C_m 为电磁转矩系数；Φ_m 为直流电动机的励磁磁通（Wb）。

如不考虑磁路饱和的影响,也不考虑电枢反应,则可用图 7-40 来表示直流他励电动机的电磁关系。

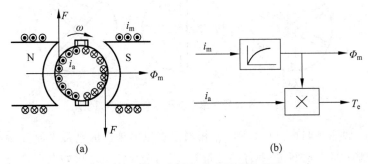

图 7-40　直流电动机电磁关系示意图

励磁磁通 Φ_m 由励磁电流 i_m 产生,它与励磁电流 i_m 成正比而与电枢电流 i_a 无关。由此可以看出,这是一种解耦系统,由于 i_a 是只有大小和正负变化的标量,因此控制系统的结构也比较简单。

在直流调速系统中(弱磁升速除外),一般是磁通 Φ_m 可以先建立而且不参与系统的动态调节。直流电动机的运动方程式为

$$T_e - T_L = \frac{GD^2}{375} \times \frac{dn}{dt}$$

式中,T_L 为负载转矩(N·m);GD^2 为飞轮力矩(N·m²)。

当负载转矩 T_L 发生变化时,只要调节电枢电流 i_a 即可调节电磁转矩 T_e,从而获得满意的动态特性。

对于交流异步电动机来说,情况要复杂得多。由于三相异步电动机的电磁转矩表达式为

$$T_e = C_m \Phi_m I_2' \cos\varphi_2$$

在交流异步电动机中,电动机的气隙磁通 Φ_m、转子电流 I_2' 和转子功率因数 $\cos\varphi_2$ 都是转差率 s 的函数,并且各量之间又处于相当复杂的耦合状态,使交流异步电动机的转矩控制问题变得相当复杂。

基于上述原因,希望能用与控制直流电动机类似的原理控制交流电机。三相异步电动机的矢量控制方法正是这一思路的体现,它是在等效原则的基础上,通过矢量坐标变换,把三相异步电动机等效成直流电动机进行控制。

由电机学原理可知,三相异步电动机三相定子绕组 A、B、C 中的电流 i_A、i_B、i_C 在空间产生一个角速度为 ω_1 的旋转磁场,如图 7-41(a)所示。产生旋转磁场并非一定是三相绕组,如图 7-41(b)所示,取空间相互垂直的两相静止绕组 α、β,并且在 α、β 绕组中通以互差 90°的两相平衡交流电流 i_α、i_β 时,同样能建立一个旋转磁场。当旋转磁场的强弱和转向与三相绕组产生的合成磁场相同时,则两相绕组 α、β 与三相定子绕组 A、B、C 等效。

再假想有两个相互垂直的 M 绕组和 T 绕组,在 M 绕组中通以直流电流 i_M,T 绕组中通以直流电流 i_T,并将此固定绕组以同样的角速度 ω_1 旋转起来,则 M、T 两相旋转绕组所产生的合成磁场也是一个旋转磁场。再进一步,使 M 绕组轴线与三相绕组的旋转磁

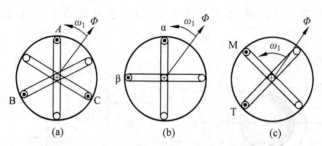

图 7-41　等效的交流电动机与直流电动机绕组

场 Φ 方向相同,如图 7-41(c)所示,则 i_M 相当于直流电动机的励磁电流分量,由它产生直流电动机的磁场;而与磁场 Φ 垂直的分量 i_T 相当于直流电动机的电枢电流,即转矩电流分量。调节 i_M 即可调节磁场的强弱,调节 i_T 即可在磁场恒定的情况下调节转矩的大小。这种通过矢量坐标变换实现的控制系统叫作矢量控制系统,简称 VC 系统。

矢量控制也称磁场定向控制,通过上述分析可知,其基本原理是:将异步电动机在三相坐标系下的定子电流 i_A、i_B、i_C,通过三相/二相(3S/2S)变换,等效成两相静止坐标系下的交流电流 i_α、i_β,再通过按转子磁场定向旋转变换,等效成同步旋转坐标系下的直流电流 i_M 和 i_T,然后模仿对直流电动机的控制方法,实现对交流电动机的控制。其实质是将交流电动机等效为直流电动机,分别对速度、磁场两个分量进行独立控制。通过控制转子磁链,然后分解定子电流获得转矩和磁场两个分量,经坐标变换,实现正交或解耦控制。

但是,由于转子磁链难以准确观测,以及矢量变换的复杂性,使得实际控制效果往往难以达到理论分析的效果,这是矢量控制技术在实践上的不足。此外,它必须直接或间接得到转子磁链在空间上的位置才能实现定子电流解耦控制。因此,在这种矢量控制系统中需要配置转子位置或速度传感器,显然给许多应用场合带来了不便。

2. 直接转矩控制

1985 年,德国鲁尔大学 Depenb rock 教授首先提出直接转矩控制理论(DTC)。直接转矩控制系统是近十年继矢量控制系统之后发展起来的一种新型的具有高性能的交流变频调速系统。

1) 工作原理

矢量控制系统是通过模仿直流电动机的控制,以转子磁链定向,用矢量变换的方法实现对异步电动机的转速(转矩)和磁链完全解耦的控制系统。直接转矩控制与矢量控制不同,它不是通过控制电流、磁链等变量间接控制转矩,而是把转矩直接作为被控量进行控制;它也不需要解耦电动机模型,而是在静止的坐标系中计算电动机磁通和转矩的实际值,然后经磁链和转矩的 Band-Band 控制产生 PWM 信号,从而对逆变器的开关状态进行最佳控制,在很大程度上解决了矢量控制中运算控制复杂、特性易受电动机参数变化的影响、实际性能难以达到理论分析结果等一些重大问题,克服了矢量控制中的不足,能方便地实现无需速度传感器有很快的转矩响应速度和很高的速度及转矩控制精度,并以新颖的控制思想,简洁明了的系统结构,优良的动态、静态性能得以迅速发展。

图 7-42 所示为按定子磁链控制的直接转矩控制系统的原理框图。和矢量控制系统一样,它也是分别控制异步电动机的转速和磁链,而且采用在转速环内再设置转矩内环的

方法,以抑制磁链变化对转速系统的影响。因此,转速与磁链子系统也是近似解耦的。

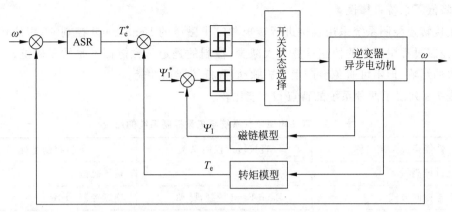

图 7-42 直接转矩控制系统结构示意图

直接转矩控制系统中的核心问题是转矩和定子磁链观测模型以及如何根据转矩和磁链的偏差信号来选择电压空间矢量控制器的开关状态。

图 7-42 所示的控制系统中,在每个采样周期采集现场的定子磁链值 Ψ_1 和转矩值 T_e,并分别同给定的定子磁链值 Ψ_1^* 和转矩值 T_e^* 进行比较,以控制定子磁链偏差 $\Delta\Psi_1 = \Psi_1^* - \Psi_1$ 和转矩值偏差 $\Delta T_e = T_e^* - T_e$ 在相应的范围内(磁链宽带和转矩宽带),从而确定逆变器的 6 个功率开关器件的状态(开关策略)。转矩和定子磁链的这种控制方式为直接反馈的双位式 Band-Band 控制,它避开了将定子电流分解成转矩分量和励磁分量这一做法,省去了旋转坐标变换,简化了控制系统的结构,但也带来了转矩脉动这一不利现象,因此限制了调速范围。

2) 直接转矩控制系统的特点

(1) 直接转矩控制是直接在定子坐标系下分析交流异步电动机的数学模型,控制其磁链和转矩,因此它所需要进行的信号处理特别简单。

(2) 直接转矩控制中,磁场通过定子磁链定向,只要知道了定子电阻就可以把定子磁链观测出来,因此大大减小了控制性能受参数变化的影响。

(3) 直接转矩控制是用空间矢量的概念分析异步电动机的数学模型,并控制其物理量,使问题变得简单明了。

(4) 直接转矩控制是把转矩直接作为被控量,因此它并不是要获得理想的正弦波电流,或是强调圆形的磁链轨迹,而是追求转矩的直接控制效果。

(5) 直接转矩控制是利用空间矢量的分析方法,直接在定子坐标系下计算电动机的转矩,借助开关控制产生 PWM 信号。它没有 PWM 信号发生器。该控制系统的转矩响应迅速且无超调,是一种高性能的交流调速方法。

实际上,直接转矩控制也存在缺点,如逆变器开关频率的提高受限等。

3. 直接转矩控制系统与矢量控制系统的比较

直接转矩控制系统和矢量控制系统都是已经获得实际应用的高性能异步电动机调速系统,都采用转矩和磁链分别控制。两者在性能上各有特点。

矢量控制系统强调转矩与转子磁链解耦,有利于分别设计转速调节器与转子磁链调节器,可以实行连续控制,调速范围较宽。缺点是转子磁链的测量受电动机转子参数影响较大,降低了系统鲁棒性。

直接转矩控制系统采用直接进行转矩和定子磁链的 Band-Band 控制,不用旋转坐标变换,控制过程中所需的控制运算大大减少,控制的是定子磁链而不是转子磁链,不受转子参数的影响,但不可避免会产生转矩脉动,降低了调速性能。

表 7-3 列出了两种系统的特点和性能比较。

表 7-3   直接转矩控制系统与矢量控制系统的比较

性能指标系统名称	直接转矩控制系统	矢量控制系统
磁链控制	定子磁链	转子磁链
转矩控制方式	Band-Band 控制,脉动	连续控制,平滑
坐标变换形式	3S/2S 变换	3S/2S 变换,2S/2R 旋转变换
转子参数变化的影响	无	有
调速范围	不够宽	比较宽

从表 7-3 中可以看出,如能将直接转矩控制系统和矢量控制系统结合起来,取长补短,应能构成性能更加优越的控制系统,这也是当前国内外交流异步电动机变频调速的研究方向之一。

7.3.5   变频器的应用

目前,变频器已迈入了高性能、多功能、小型化和廉价阶段。随着电力电子技术、数字控制技术、电路集成技术和控制理论的迅速发展,变频器成本的不断下降,使变频器的应用越来越广泛;和其他调速方式相比,变频调速以其极高的性价比得到了用户的普遍认可,已成为电动机调速领域的主力军。

1. 通用变频器的主电路结构和额定参数

1)通用变频器的主电路结构

目前,变频器的生产厂家和型号众多,外观也千差万别,图 7-43 所示为 SIEMENS 公司和 ABB 公司生产的某型号通用变频器外观图。

图 7-43   通用变频器外观图

无论外观如何,无论哪个厂家生产的产品,通用变频器内部主电路结构基本是一致的,如图7-44所示。整流电路一般由二极管整流桥模块实现,逆变电路则由全控功率器件模块(如IGBT)实现。

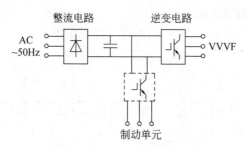

图 7-44 变频器主电路结构图

2) 通用变频器的额定参数

变频器主要有以下额定参数。

(1) 输入侧的额定值。

输入侧的额定值主要是电压和相数。国内中、小容量变频器输入电压的额定值有三种(均为线电压):①380V,3相,最普遍采用的类型;②220V,3相,主要用于某些进口设备中;③220V,单相,主要用于家用小容量变频器中。

(2) 输出侧的额定值。

① 输出额定电压 U_N:由于变频器在变频的同时也要变压,所以输出电压的额定值是指输出电压中所允许的最大值。

② 输出额定电流 I_N:允许长时间输出的最大电流,是用户选择变频器时的主要依据。

③ 输出额定容量 S_N:取决于 U_N 和 I_N 的乘积,即

$$S_N = \sqrt{3} U_N I_N$$

④ 配用电动机容量 P_N:变频器说明书中规定的配用电动机容量。

⑤ 过载能力:变频器的过载能力是指其输出电流超过额定输出电流的允许时间。

(3) 频率指标。

① 频率范围:变频器输出的最高频率和最低频率。

② 频率精度:变频器输出频率的准确程度。

③ 频率分辨率:输出频率的最小改变量,即每相邻两挡频率之间的最小差值。

2. 变频器的安装与接线

1) 变频器的安装

要保证变频器长期可靠运行,良好的安装环境是必需的。一般变频器安装时的要求如下。

(1) 应用环境应无浮尘、无腐蚀性气体或液体、无导电的污染物,如凝露、炭粉、金属颗粒等。

(2) 变频器必须垂直安装在一个平滑、牢固的表面。变频器最小安装空间是外围尺寸加上变频器周围的通风空间,一般变频器的上下左右应留出 20cm 的空间。

（3）电动机和变频器之间的距离受最大电动机电缆长度的限制。

（4）安装地点必须能承受变频器的重量和噪声输出。

（5）环境温度一般要求为—10～+40℃。

（6）环境湿度要求相对湿度不超过90%。

变频器的安装必须按如图7-45所示的顺序进行操作。

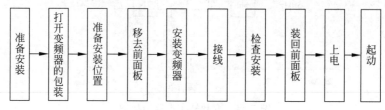

图7-45　变频器的安装步骤

2）变频器的接线

（1）主电路接线。

变频器使用过程中，须采取强制性主电路保护措施，一旦变频器发生故障，这些措施能够及时切断电源。以下两点对于安全至关重要：①为变频器安装一个主接触器；②控制接触器，当热继电器触点动作时，主接触器随之断开（即热继电器触点断开接触器）。

图7-46所示为一个简单的接线示例。

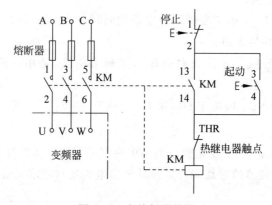

图7-46　主接触器接线

变频器的功率连接端子接线时一般采用线鼻子。电缆截面面积较小时，可选用环形线鼻子，操作步骤为：①选择合适的环形线鼻子；②将线鼻子与电缆连接起来；③使用热缩管绝缘环形线鼻子端；④将端子与变频器连接起来。接线结果如图7-47所示。

电缆截面面积较大时可采用压接式线鼻子。使用压接式线鼻子安装电缆线鼻子的操作步骤为：①将压接式线鼻子安装在电缆的传动端；②将线鼻子安装在变频器上。接线结果如图7-48所示。

注意：接线时千万不要将进线电源连接到变频器的输出端。进线电源连接到输出端会导致变频器的永久损坏。其次不要将额定电压小于变频器额定输入电压一半的电动机连接到变频器上。

图 7-47 环形线鼻子接线结果

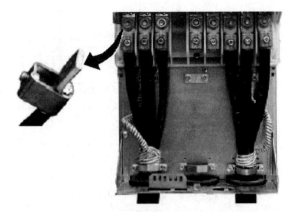

图 7-48 压接式线鼻子接线结果

（2）控制电路接线。

控制电路接线常规采用多芯、带辫状铜屏蔽层电缆，其额定温度不低于 60℃。将屏蔽层拧成一束，屏蔽层束长度不应超过直径的 5 倍，并且连接到变频器的相应端子上。不要连接电缆另一端的屏蔽层。

为了减小电缆的电磁干扰，应该合理布置控制电缆：

① 控制电缆走线应尽可能远离电源电缆和电动机电缆（至少 20cm）；

② 如果控制电缆不可避免地与动力电缆交叉，两者夹角应尽可能接近 90°；

③ 控制电缆走线应远离变频器（至少 20cm），以避免电磁干扰。

在同一根电缆中的不同类型的信号混用时，应注意：

① 同一根电缆中不能既走模拟信号，又走数字信号；

② 继电器控制信号最好采用双绞线（特别是当电压大于 48V 时）。电压不超过 48V 时，继电器控制信号可以采用与数字信号相同的电缆。

传输模拟信号时采用的电缆如下：

① 带屏蔽的双绞线；

② 每个信号采用一对单独屏蔽的双绞线；

③ 不同的模拟信号不要用同一根导线作为公共返回线。

低电压数字信号应选用双屏蔽层电缆，也可以使用单独的、成对绞合的屏蔽多芯电缆。

3. 西门子 MM440 变频器的快速入门

目前，工业生产领域应用的变频器生产厂家众多，如 ABB、富士、西门子等。而每一个品牌又有很多种型号，如西门子变频器就有伺服型、通用型、风机泵型。下面以应用范围较为广泛、通用性较强的西门子变频器 MM440 为例进行简单的介绍。

1）西门子 MM440 变频器的安装与接线

西门子 MM440 变频器的防护等级是 IP20，无滤波器，单相 220V 输入（也有三相 380V 输入的产品），0.37kW，A 型尺寸。其安装与接线如图 7-49 所示。

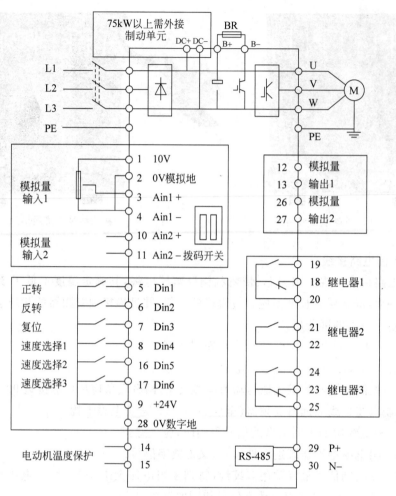

图 7-49 西门子 MM440 变频器的安装与接线

2）西门子 MM440 变频器操作介绍

（1）西门子 MM440 变频器基本操作面板（BOP）如图 7-50 所示。

图 7-50 BOP 按键功能介绍

通过表 7-4 所示步骤，可以将参数 P1000 的第 0 组参数（即 P1000[0]）设置为 1。

表 7-4 参数 P1000[0] 设置步骤

序号	操 作 步 骤	BOP 显示结果
1	按 P 键,访问参数	r0000
2	按 ▲ 键,直到显示 P1000	P1000
3	按 P 键,显示 in000,即 P1000 的第 0 组值	in000
4	按 P 键,显示当前值 2	2
5	按 ▼ 键,达到所要求的数值 1	1
6	按 P 键,存储当前设置	P1000
7	按 FN 键,显示 r0000	r0000
8	按 P 键,显示频率	50.00

（2）一台新的 MM440 变频器一般需要经过以下三个步骤进行调试,即参数复位→快速调试→功能调试。

① 参数复位是将变频器参数恢复到出厂状态下的默认值。一般在变频器出厂和参数出现混乱的时候进行此操作。

② 快速调试需要用户输入电动机相关的参数和一些基本驱动控制参数,使变频器可以良好地驱动电动机运转。一般在复位操作后,或者更换电动机后需要进行此操作。

③ 功能调试指用户按照具体生产工艺的需要进行的设置操作。这部分的调试工作比较复杂,需要在现场进行多次调试。

7.4 西门子 MM440 变频器实训

7.4.1 变频器的面板操作与运行

1. 任务目的

（1）熟悉变频器的面板操作方法。

（2）熟练掌握变频器功能参数的设置。

（3）熟练掌握变频器的正反转、点动、频率调节方法。

2. 任务引入

变频器 MM440 系列（MicroMaster440）是德国西门子公司生产的、广泛应用于工业场合的多功能标准变频器。它采用高性能的矢量控制技术,提供低速高转矩输出和良好的动态特性,同时具备超强的过载能力,以满足广泛的应用场合。对于变频器的应用,必须首先熟悉对变频器面板的操作,以及根据实际应用,对变频器的各种功能参数进行设置。

3. 相关知识点

1）变频器面板的操作

利用变频器的操作面板和相关参数设置,即可实现对变频器进行正反转、点动等基本操作。

2）基本操作面板修改设置参数的方法

MM440 在缺省设置时，用 BOP 控制电动机的功能是被禁止的。如果要用 BOP 进行控制，参数 P0700 应设置为 1，参数 P1000 也应设置为 1。用基本操作面板（BOP）可以修改任何一个参数。修改参数的数值时，BOP 有时会显示 busy，表明变频器正忙于处理优先级更高的任务。下面就以设置 P1000＝1 的过程为例，介绍通过基本操作面板（BOP）修改设置参数的流程，见表 7-5。

表 7-5 基本操作面板（BOP）修改设置参数流程

序号	操 作 步 骤	BOP 显示结果
1	按 P 键，访问参数	r0000
2	按 ▲ 键，直到显示 P1000	P1000
3	按 P 键，直到显示 in000，即 P1000 的第 0 组值	in000
4	按 P 键，显示当前值 2	2
5	按 ▼ 键，达到所要求的值 1	1
6	按 P 键，存储当前设置	P1000
7	按 Fn 键，显示 r0000	r0000
8	按 P 键，显示频率	5000

4. 任务训练

1）训练内容

通过变频器操作面板对电动机进行启动、正反转、点动、调速控制。

2）训练工具、材料和设备

本实训需要西门子 MM440 变频器 1 台、小型三相异步电动机 1 台、实训台、电工工具 1 套、连接导线若干。

3）操作方法和步骤

（1）按要求接线。系统接线如图 7-51 所示，检查电路正确无误后，合上主电源开关 QS。

（2）参数设置。

① 设定 P0010＝30 和 P0970＝1，按下 P 键，开始复位，复位过程大约为 3min。

② 设置电动机参数。为了使电动机与变频器相匹配，需要设置电动机参数。电动机参数设置见表 7-6。电动机参数设定完成后，设 P0010＝0，变频器当前处于准备状态，可正常运行。

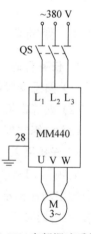

图 7-51 变频调速系统电气图

表 7-6　电动机参数设置

参 数 号	出 厂 值	设 置 值	说　　明
P0003	1	1	设定用户访问级为标准级
P0010	0	1	快速调试
P0100	0	0	功率以 kW 表示,频率为 50Hz
P0304	230	380	电动机额定电压(V)
P0305	3.25	1.05	电动机额定电流(A)
P0307	0.75	0.37	电动机额定功率(kW)
P0310	50	50	电动机额定频率(Hz)
P0311	0	1400	电动机额定转速(r/min)

③ 设置面板基本操作控制参数,见表 7-7。

表 7-7　面板基本操作控制参数

参 数 号	出 厂 值	设 置 值	说　　明
P0003	1	1	设用户访问级为标准级
P0010	0	0	正确地进行运行命令的初始化
P0004	0	7	命令和数字 I/O
P0700	2	1	由键盘输入设定值(选择命令源)
P0004	0	10	设定值通道和斜坡函数发生器
P1000	2	1	由键盘(电动电位计)输入设定值
P1080	0	0	电动机运行的最低频率(Hz)
P1082	50	50	电动机运行的最高频率(Hz)
P0003	1	2	设用户访问级为扩展级
P0004	0	10	设定值通道和斜坡函数发生器
P1040	5	20	设定键盘控制的频率值(Hz)
P1058	5	10	正向点动频率(Hz)
P1059	5	10	反向点动频率(Hz)
P1060	10	5	点动斜坡上升时间(s)
P1061	10	5	点动斜坡下降时间(s)

(3) 变频器运行操作如下。

① 变频器启动。在变频器的前操作面板上按启动键,变频器将驱动电动机升速,并运行在由 P1040 设定的 20Hz 频率对应的 560r/min 的转速上。

② 正反转及加减速运行。电动机的转速(运行频率)及旋转方向可直接通过前操作面板上的增加键/减少键(▲/▼)改变。

③ 点动运行。按下变频器前操作面板上的点动键,则变频器驱动电动机升速,并运行在由 P1058 设置的正向点动 10Hz 频率值上。当松开变频器前操作面板上的点动键时,变频器将驱动电动机降速至零。此时如果按下变频器前操作面板上的换向键,再重复上述的点动运行操作,电动机可在变频器的驱动下反向点动运行。

④ 电动机停车。在变频器的前操作面板上按停止键,变频器驱动电动机降速至零。

5．成绩评价

成绩评价见表 7-8。

表 7-8　成绩评价表

序号	主要内容	考核要求	评分标准	配分	扣分	得分
1	接线	能够正确使用工具和仪表，按照电路图正确接线	(1) 接线不规范，每处扣 5～10 分 (2) 接线错误，扣 20 分	30		
2	参数设置	能够根据任务要求正确设置变频器参数	(1) 参数设置不全，每处扣 5 分 (2) 参数设置错误，每处扣 5 分	30		
3	操作调试	操作调试过程正确	(1) 变频器操作错误，扣 10 分 (2) 调试失败，扣 20 分	20		
4	安全文明生产	操作安全规范、环境整洁	违反安全文明生产规程，扣 5～10 分	20		

6．巩固练习

(1) 怎样通过变频器操作面板对电动机进行预定时间的启动和停止？

(2) 怎样设置变频器的最大和最小运行频率？

7.4.2　变频器的外部运行操作

1．任务目的

(1) 掌握 MM440 变频器基本参数的输入方法。

(2) 掌握 MM440 变频器输入端子的操作控制方式。

(3) 熟练掌握 MM440 变频器的运行操作过程。

2．任务引入

实际应用中，电动机经常要根据各类机械的某种状态进行正转、反转、点动等运行，变频器的给定频率信号、电动机的起动信号等都是通过变频器控制端子给出，即变频器的外部运行操作，大大提高了生产过程的自动化程度。下面学习变频器的外部运行操作相关知识。

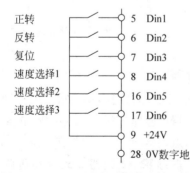

图 7-52　MM440 变频器的数字输入端口

3．相关知识点

1) MM440 变频器的数字输入端口

MM440 变频器有 6 个数字输入端口，具体如图 7-52 所示。

2) 数字输入端口功能

MM440 变频器的 6 个数字输入端口（Din1～Din6），即端口 5、6、7、8、16 和 17，每一个数字输入端口功能较多,用户可根据需要进行设置。参数号 P0701～P0706 对应端口数字输入 1 功能至数字输入 6 功能,每一个数字输入功能设置参数值范围均为 0～99,出厂默认值均为 1。表 7-9 列出了几个常用的参数值及各数值的具体含义。

表 7-9 MM440 数字输入端口功能设置表

参 数 值	功 能 说 明
0	禁止数字输入
1	ON/OFF1(接通正转、停车命令 1)
2	ON/OFF1(接通反转、停车命令 1)
3	OFF2(停车命令 2),按惯性自由停车
4	OFF3(停车命令 3),按斜坡函数曲线快速降速
9	故障确认
10	正向点动
11	反向点动
12	反转
13	MOP(电动电位计)升速(增加频率)
14	MOP 降速(减少频率)
15	固定频率设定值(直接选择)
16	固定频率设定值(直接选择＋ON 命令)
17	固定频率设定值(二进制编码选择＋ON 命令)
25	直流注入制动

4. 任务训练

1) 训练内容

用自锁按钮 SB₁ 和 SB₂ 外部线路控制 MM440 变频器的运行,实现电动机正转和反转控制。其中端口 5 (Din1)设为正转控制,端口 6(Din2)设为反转控制。对应的功能分别由 P0701 和 P0702 的参数值设置。

2) 训练工具、材料和设备

本实训需西门子 MM440 变频器 1 台、三相异步电动机 1 台、实训台、开关按钮模块、导线若干、通用电工工具 1 套。

3) 操作方法和步骤

(1) 按要求接线。

变频器外部运行操作接线图如图 7-53 所示。

(2) 参数设置。

接通断路器 QS,在变频器通电的情况下完成相关参数设置,具体设置见表 7-10。

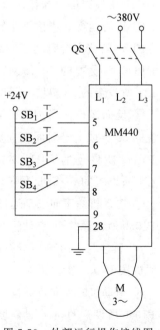

图 7-53 外部运行操作接线图

表 7-10　变频器参数设置

参　数　号	出　厂　值	设　置　值	说　　　明
P0003	1	1	设用户访问级为标准级
P0004	0	7	命令和数字 I/O
P0700	2	2	命令源选择"由端子排输入"
P0003	1	2	设用户访问级为扩展级
* P0701	1	1	ON 接通正转,OFF 停止
* P0702	1	2	ON 接通反转,OFF 停止
* P0703	9	10	正向点动
* P0704	15	11	反转点动
P0004	0	10	设定值通道和斜坡函数发生器
P1000	2	1	由键盘(电动电位计)输入设定值
* P1080	0	0	电动机运行的最低频率(Hz)
* P1082	50	50	电动机运行的最高频率(Hz)
* P1120	10	5	斜坡上升时间(s)
* P1121	10	5	斜坡下降时间(s)
P0003	1	2	设用户访问级为扩展级
P0004	0	10	设定值通道和斜坡函数发生器
* P1040	5	20	设定键盘控制的频率值
* P1058	5	10	正向点动频率(Hz)
* P1059	5	10	反向点动频率(Hz)
* P1060	10	5	点动斜坡上升时间(s)
* P1061	10	5	点动斜坡下降时间(s)

（3）变频器运行操作。

① 正向运行。当按下带锁按钮 SB_1 时,变频器数字端口 5 为 ON,电动机按 P1120 所设置的 5s 斜坡上升时间正向启动运行,经 5s 后稳定运行在 560r/min 的转速上,此转速与 P1040 所设置的 20Hz 对应。放开按钮 SB_1,变频器数字端口 5 为 OFF,电动机按 P1121 所设置的 5s 斜坡下降时间停止运行。

② 反向运行。当按下带锁按钮 SB_2 时,变频器数字端口 6 为 ON,电动机按 P1120 所设置的 5s 斜坡上升时间正向启动运行,经 5s 后稳定运行在 560r/min 的转速上,此转速与 P1040 所设置的 20Hz 对应。放开按钮 SB_2,变频器数字端口 6 为 OFF,电动机按 P1121 所设置的 5s 斜坡下降时间停止运行。

③ 电动机的正向点动运行。当按下带锁按钮 SB_3 时,变频器数字端口 7 为 ON,电动机按 P1060 所设置的 5s 点动斜坡上升时间正向启动运行,经 5s 后稳定运行在 280r/min 的转速上,此转速与 P1058 所设置的 10Hz 对应。放开按钮 SB_3,变频器数字端口 7 为 OFF,电动机按 P1061 所设置的 5s 点动斜坡下降时间停止运行。

④ 电动机的反向点动运行。当按下带锁按钮 SB_4 时,变频器数字端口 8 为 ON,电动机按 P1060 所设置的 5s 点动斜坡上升时间正向启动运行,经 5s 后稳定运行在 280r/min 的转速上,此转速与 P1059 所设置的 10Hz 对应。放开按钮 SB_4,变频器数字端口 8 为 OFF,电动机按 P1061 所设置的 5s 点动斜坡下降时间停止运行。

⑤ 电动机的速度调节。分别更改 P1040 和 P1058、P1059 的值就可以改变电动机正常运行速度和正向、反向点动运行速度。

⑥ 电动机实际转速测定。在电动机运行过程中,利用激光测速仪或者转速测试表,可以直接测量电动机实际运行速度。当电动机处在空载、轻载或者重载时,实际运行速度会根据负载的轻重略有变化。

5. 成绩评价

成绩评价见表 7-11。

表 7-11　成绩评价表

序号	主要内容	考 核 要 求	评 分 标 准	配分	扣分	得分
1	接线	能够正确使用工具和仪表,按照电路图正确接线	(1) 接线不规范,每处扣 5～10 分。 (2) 接线错误,扣 20 分	30		
2	参数设置	能够根据任务要求正确设置变频器参数	(1) 参数设置不全,每处扣 5 分。 (2) 参数设置错误,每处扣 5 分	30		
3	操作调试	操作调试过程正确	(1) 变频器操作错误,扣 10 分。 (2) 调试失败,扣 20 分	20		
4	安全文明生产	操作安全规范、环境整洁	违反安全文明生产规程,扣 5～10 分	20		

6. 巩固练习

(1) 电动机正转运行控制要求稳定运行频率为 40Hz,Din3 端口设为正转控制。画出变频器外部接线图,设置参数并进行操作调试。

(2) 利用变频器外部端子实现电动机正转、反转和点动的功能,电动机的加减速时间为 4s,点动频率为 10Hz。Din5 端口设为正转控制,Din6 端口设为反转控制,设置参数并进行操作调试。

7.4.3　变频器的模拟信号操作控制

1. 任务目的

(1) 掌握 MM440 变频器的模拟信号控制。

(2) 掌握 MM440 变频器基本参数的输入方法。

(3) 熟练掌握 MM440 变频器的运行操作过程。

2. 任务引入

MM440 变频器可以通过 6 个数字输入端口对电动机进行正反转运行、正反转点动运行方向控制;可通过基本操作面板,按频率调节按键增加和减少输出频率,从而设置正反向转速的大小;还可以由模拟输入端控制电动机转速的大小。本任务的目的就是通过模拟输入端的模拟量控制电动机转速的大小。

3. 相关知识点

MM440 变频器的 1、2 输出端口为用户的给定单元提供了一个高精度的＋10V 直流稳压电源。可将转速调节电位器串联在电路中,通过调节电位器改变输入端口 Ain1＋给定的模拟输入电压,变频器的输入量紧紧跟踪给定量的变化,从而平滑无极地调节电动机转速的大小。

　　MM440 变频器为用户提供了两对模拟输入端口,即端口 3、4 和端口 10、11,通过设置 P0701 的参数值,使数字输入端口 5 具有正转控制功能;通过设置 P0702 的参数值,使数字输入端口 6 具有反转控制功能;模拟输入端口 3、4 外接电位器,通过端口 3 输入大小可调的模拟电压信号,控制电动机转速的大小。即由数字输入端控制电动机转速的方向,由模拟输入端控制转速的大小。

　　4. 任务训练

　　1) 训练内容

　　用按钮 SB₁ 控制实现电动机起停功能,由模拟输入端控制电动机转速的大小。

　　2) 训练工具、材料和设备

　　本实训需要西门子 MM440 变频器 1 台、三相异步电动机 1 台、电位器 1 个、实训台、开关按钮模块、通用电工工具 1 套、导线若干。

　　3) 操作方法和步骤

　　(1) 按要求接线。

　　变频器模拟信号控制接线如图 7-54 所示。检查电路正确无误后,合上主电源开关 QS。

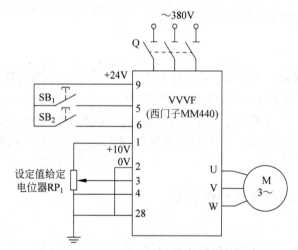

图 7-54　MM440 变频器模拟信号控制接线图

　　(2) 参数设置。

　　① 恢复变频器工厂默认值,设定 P0010＝30,P0970＝1,按下 P 键,开始复位。

　　② 设置电动机参数,具体设置见表 7-12。电动机参数设置完成后,设 P0010＝0,变频器处于准备状态,可正常运行。

表 7-12　电动机参数设置

参　数　号	出　厂　值	设　置　值	说　　明
P0003	1	1	设用户访问级为标准级
P0010	0	1	快速调试
P0100	0	0	工作地区:功率以 kW 表示,频率为 50Hz
P0304	230	380	电动机额定电压(V)

续表

参 数 号	出 厂 值	设 置 值	说　　　明
P0305	3.25	0.95	电动机额定电流(A)
P0307	0.75	0.37	电动机额定功率(kW)
P0308	0	0.8	电动机额定功率因数(cosφ)
P0310	50	50	电动机额定频率(Hz)
P0311	0	2800	电动机额定转速(r/min)

③ 设置模拟信号操作控制参数,具体见表7-13。

表 7-13　模拟信号操作控制参数

参 数 号	出 厂 值	设 置 值	说　　　明
P0003	1	1	设用户访问级为标准级
P0004	0	7	命令和数字I/O
P0700	2	2	命令源选择由端子排输入
P0003	1	2	设用户访问级为扩展级
P0701	1	1	ON接通正转,OFF停止
P0702	1	2	ON接通反转,OFF停止
P0004	0	10	设定值通道和斜坡函数发生器
P1000	2	2	频率设定值选择为模拟输入
P1080	0	0	电动机运行的最低频率(Hz)
P1082	50	50	电动机运行的最高频率(Hz)

(3) 变频器运行操作。

① 电动机正转与调速。按下电动机正转按钮 SB_1,数字输入端口 Din1 为 ON,电动机正转运行。转速由外接电位器 RP_1 控制,模拟电压信号在 0~10V 变化,对应变频器的频率在 0~50Hz 变化,对应电动机的转速在 0~1500r/min 变化。松开带锁按钮 SB_1,电动机停止运转。

② 电动机反转与调速。按下电动机反转按钮 SB_2,数字输入端口 Din2 为 ON,电动机反转运行。与电动机正转相同,反转转速的大小仍由外接电位器调节。松开带锁按钮 SB_2 时,电动机停止运转。

5. 成绩评价

成绩评价见表7-14。

表 7-14　成绩评价表

序号	主要内容	考核要求	评分标准	配分	扣分	得分
1	接线	能够正确使用工具和仪表,按照电路图正确接线	(1) 接线不规范,每处扣5~10分。 (2) 接线错误,扣20分	30		
2	参数设置	能够根据任务要求正确设置变频器参数	(1) 参数设置不全,每处扣5分。 (2) 参数设置错误,每处扣5分	30		

序号	主要内容	考核要求	评分标准	配分	扣分	得分
3	操作调试	操作调试过程正确	(1) 变频器操作错误,扣10分。 (2) 调试失败,扣20分	20		
4	安全文明生产	操作安全规范、环境整洁	违反安全文明生产规程,扣5~10分	20		

6. 巩固练习

通过模拟输入端口 10、11,利用外部接入的电位器,控制电动机转速的大小。连接线路,设置端口功能参数值。

7.4.4 变频器的多段速运行操作

1. 任务目的

(1) 掌握变频器多段速频率控制方式。

(2) 熟练掌握变频器的多段速运行操作过程。

2. 任务引入

由于工艺方面的要求,很多生产机械需在不同的转速下运行。为方便应用大多数变频器提供了多挡频率控制功能。用户可以通过几个开关的通、断组合选择不同的运行频率,实现在不同转速下运行的目的。

3. 相关知识点

多段速功能也称作固定频率,是指在设置参数 P1000＝3 的条件下,用开关量端子选择固定频率的组合,实现电机多段速度运行。可通过以下三种方法实现。

1) 直接选择(P0701－P0706＝15)

在这种操作方式下,1 个数字输入选择 1 个固定频率。端子与参数设置对应关系见表 7-15。

表 7-15　端子与参数设置对应表

端子编号	对应参数	对应频率设置值	说　　明
5	P0701	P1001	
6	P0702	P1002	
7	P0703	P1003	(1) 频率给定源 P1000 必须设置为 3。
8	P0704	P1004	(2) 当多个选择同时激活时,选定的频率是它们的
16	P0705	P1005	总和
17	P0706	P1006	

2) 直接选择＋ON 命令(P0701－P0706＝16)

在这种操作方式下,数字量输入既可选择固定频率(见表 7-15),又具备起动功能。

3) 二进制编码选择＋ON 命令(P0701－P0704＝17)

MM440 变频器的 6 个数字输入端口(Din1～Din6),通过 P0701～P0706 设置实现多频段控制。每一频段的频率分别由 P1001～P1015 参数设置,最多可实现 15 频段控制,各个固定频率的数值选择见表 7-16。在多频段控制中,电动机的转速方向由 P1001～P1015 参数设置的频率正负决定。6 个数字输入端口,哪一个作为电动机运行、停止控制,哪些作为多段频率控制,可由用户任意确定。一旦确定了某一数字输入端口的控制功能,其内部的参数设置值必须与端口的控制功能相对应。

表 7-16 固定频率选择对应表

频率设定	Din4	Din3	Din2	Din1
P1001	0	0	0	1
P1002	0	0	1	0
P1003	0	0	1	1
P1004	0	1	0	0
P1005	0	1	0	1
P1006	0	1	1	0
P1007	0	1	1	1
P1008	1	0	0	0
P1009	1	0	0	1
P1010	1	0	1	0
P1011	1	0	1	1
P1012	1	1	0	0
P1013	1	1	0	1
P1014	1	1	1	0
P1015	1	1	1	1

4. 任务训练

1) 训练内容

实现 3 段固定频率控制,连接线路,设置功能参数,操作 3 段固定频率运行。

2) 训练工具、材料和设备

本实训需要西门子 MM440 变频器 1 台、三相异步电动机 1 台、实训台、开关按钮、导线若干、通用电工工具 1 套。

3) 操作方法和步骤

(1) 按要求接线。

按图 7-55 连接电路,检查线路正确后,合上变频器电源空气开关 QS。

(2) 参数设置。

① 恢复变频器工厂默认值。设定 P0010 = 30,P0970 = 1,按下 P 键,变频器开始复位到工厂默认值。

② 设置电动机参数,见表 7-17。电动机参数设置完成后,设 P0010 = 0,变频器处于准备状态,可正常运行。

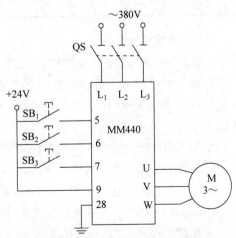

图 7-55 3 段固定频率控制接线图

表 7-17　电动机参数设置

参 数 号	出 厂 值	设 置 值	说　　明
P0003	1	1	设用户访问级为标准级
P0010	0	1	快速调试
P0100	0	0	工作地区：功率以 kW 表示，频率为 50Hz
P0304	230	380	电动机额定电压(V)
P0305	3.25	0.95	电动机额定电流(A)
P0307	0.75	0.37	电动机额定功率(kW)
P0308	0	0.8	电动机额定功率因数(cosφ)
P0310	50	50	电动机额定频率(Hz)
P0311	0	2800	电动机额定转速(r/min)

③ 设置变频器 3 段固定频率控制参数，见表 7-18。

表 7-18　变频器 3 段固定频率控制参数设置

参 数 号	出 厂 值	设 置 值	说　　明
P0003	1	1	设用户访问级为标准级
P0004	0	7	命令和数字 I/O
P0700	2	2	命令源选择由端子排输入
P0003	1	2	设用户访问级为拓展级
P0701	1	17	选择固定频率
P0702	1	17	选择固定频率
P0703	1	1	ON 接通正转，OFF 停止
P0004	2	10	设定值通道和斜坡函数发生器
P1000	2	3	选择固定频率设定值
P0003	1	2	设用户访问级为拓展级
P0004	0	10	设定值通道和斜坡函数发生器
P1001	0	20	选择固定频率 1(Hz)
P1002	5	30	选择固定频率 2(Hz)
P1003	10	50	选择固定频率 3(Hz)

（3）变频器运行操作。

当按下 SB_1 时，数字输入端口 7 为 ON，允许电动机运行。

① 第 1 频段控制。当 SB_1 按钮开关接通、SB_2 按钮开关断开时，变频器数字输入端口 5 为 ON，端口 6 为 OFF，变频器工作在由 P1001 参数所设定的频率为 20Hz 的第 1 频段上。

② 第 2 频段控制。当 SB_1 按钮开关断开，SB_2 按钮开关接通时，变频器数字输入端口 5 为 OFF，6 为 ON，变频器工作在由 P1002 参数所设定的频率为 30Hz 的第 2 频段上。

③ 第 3 频段控制。当按钮 SB_1、SB_2 都接通时，变频器数字输入端口 5 和 6 均为 ON，变频器工作在由 P1003 参数所设定的频率为 50Hz 的第 3 频段上。

④ 电动机停车。当 SB_1、SB_2 按钮开关都断开时，变频器数字输入端口 5、6 均为 OFF，电动机停止运行。或在电动机正常运行的任何频段，将 SB_3 断开使数字输入端口 7 为 OFF，电动机也能停止运行。

注意：3个频段的频率值可根据用户要求通过改变 P1001、P1002 和 P1003 的参数值进行修改。当电动机需要反向运行时，只要将相对应频段的频率值设定为负就可以实现。

5.成绩评价

成绩评价见表 7-19。

表 7-19 成绩评价表

序号	主要内容	考核要求	评分标准	配分	扣分	得分
1	接线	能够正确使用工具和仪表，按照电路图正确接线	(1) 接线不规范，每处扣 5～10 分。 (2) 接线错误，扣 20 分	30		
2	参数设置	能够根据任务要求正确设置变频器参数	(1) 参数设置不全，每处扣 5 分。 (2) 参数设置错误，每处扣 5 分	30		
3	操作调试	操作调试过程正确	(1) 变频器操作错误，扣 10 分。 (2) 调试失败，扣 20 分	20		
4	安全文明生产	操作安全规范、环境整洁	违反安全文明生产规程，扣 5～10 分	20		

6.巩固练习

用按钮控制变频器实现电动机 12 段速频率运转。12 段速设置分别为：第 1 段输出频率为 5Hz；第 2 段输出频率为 10Hz；第 3 段输出频率为 15Hz；第 4 段输出频率为 −15Hz；第 5 段输出频率为 −5Hz；第 6 段输出频率为 −20Hz；第 7 段输出频率为 25Hz；第 8 段输出频率为 40Hz；第 9 段输出频率为 50Hz；第 10 段输出频率为 30Hz；第 11 段输出频率为 −30Hz；第 12 段输出频率为 60Hz。画出变频器外部接线图，写出参数设置。

本 章 小 结

直流电动机和交流电动机是常用的执行机构。电动机在工作过程中，常常需要调节转速。直流电动机调速方案有三种：调节电枢电压、减弱励磁磁通、改变电枢回路电阻 R。为了得到稳定的转速，需要引入转速负反馈。双闭环直流调速系统由转速调节器 ASR 驱动电流调节器 ACR，再由 ACR 驱动触发装置。电流环为内环，转速环为外环。

根据电机学的原理，改变交流异步电动机转速的方法有：改变转差率的调速、改变定子供电频率的调速、改变极对数的调速。为了限制起动时的冲击电流，晶闸管交流调压器通常采用软起动方式。矢量控制和直接转矩控制是常用的异步电动机调速控制方式。在异步电动机调速系统中，变频器因其优异的调速性能应用场合越来越多。

习 题

(1) 为什么 PWM-电动机系统比晶闸管-电动机系统能够获得更好的动态性能？

(2) 某闭环调速系统的开环放大倍数为 15 时，额定负载下电动机的速降为 8r/min，如果将开环放大倍数提高到 30,它的速降为多少？在同样静差率要求下,调速范围可以扩大多少倍？

(3) 转速单闭环调速系统有哪些特点？改变给定电压能否改变电动机的转速？为什么？如果给定电压不变,调节测速反馈电压的分压比是否可以改变转速？为什么？如果测速发电机的励磁发生了变化,系统有无克服这种干扰的能力？

(4) 在转速负反馈调速系统中,当电网电压、负载转矩、电动机励磁电流、电枢电阻、测速发电机励磁各分量发生变化时,都会引起转速的变化,问系统对上述各量有无调节能力？为什么？

(5) 为什么用积分控制的调速系统是无静差的？在转速单闭环调速系统中,当积分调节器的输入偏差电压为 0 时,调节器的输出电压是多少？它取决于哪些因素？

(6) 转速、电流双闭环调速系统稳态运行时,两个调节器的输入偏差电压和输出电压各是多少？为什么？

(7) 如果转速-电流双闭环调速系统中的转速调节器由 PI 调节器改为 P 调节器,对系统的静态、动态性能会产生什么影响？

(8) 试画出采用单组晶闸管装置供电的 V-M 系统在整流和逆变状态下的机械特性,并分析这种机械特性适合何种性质的负载。

(9) 简述变频调速技术在节能方面的作用。

(10) 变频调速具有哪些优点？

(11) 异步电动机变频调速时,采用 U/f 为常数的控制方式,在低频时会出现什么现象？通常采用什么方法克服？

(12) 异步电动机变频调速时,常用的控制方式有哪几种？它们的基本思想是什么？分析其机械特性。

(13) 简述矢量控制和直接转矩控制的基本思想,并比较各自的特点。

(14) 通用变频器的额定参数有哪些？

(15) 通用变频器的工作频率有哪几种给定方法？

(16) 变频器的常见故障及产生原因是什么？

参 考 文 献

［1］ 王兆安,刘进军.电力电子技术[M].北京：机械工业出版社,2009.

［2］ 张兴,黄海宏.电力电子技术[M].北京：科学出版社,2018.

［3］ 莫正康.电力电子应用技术[M].北京：机械工业出版社,2010.

［4］ 陈伯时.电力拖动自动控制系统[M].北京：机械工业出版社,2005.

［5］ 林飞,杜欣.电力电子应用技术的 Matlab 仿真[M].北京：中国电力出版社,2011.

［6］ 胡寿松.自动控制原理[M].北京：科学出版社,2005.

［7］ 阮毅,杨影,陈伯时.电力拖动自动控制系统[M].北京：机械工业出版社,2019.

［8］ 周渊深.交直流调速系统与 MATLAB 仿真[M].3 版.北京：中国电力出版社,2023.